2020년
농식품사업 안내서

농림축산식품부

본 책자는 농식품 사업별 목적·주요내용, 지원 자격·요건이나 지원한도, 재원 구성, 연도별 재정투입현황, 담당자 연락처 등을 일목요연하게 정리한 것으로 둘 이상의 농업인, 농업법인 등을 대상으로 사업대상자를 선정하는 공모사업 등에 대한 구체적인 내용은 농식품 사업시행지침서를 통해 확인할 수 있습니다.

농식품 사업시행지침서는 별도 회원가입 절차 없이도 농림사업 정보시스템(www.agrix.go.kr)에 접속하여 확인할 수 있습니다.

2020년 농식품사업 안내서

목 차

■ 2020년 농식품사업 안내서

농촌분야

1-1. 경쟁력 제고 ··· 3
   1. 여성농업인교육 지원 ·· 5
   2. 농업농촌가치홍보 ·· 6
   3. 체험마을리더 교육지원사업 ·· 7

1-2. 농촌지역개발 및 도농교류활성화 ·· 9
   4. 귀농귀촌 교육 사업 ··· (사업시행지침 1번 참조) 11
   5. 귀농귀촌 박람회 ·· 12
   6. 귀농귀촌 실태조사 ·· 13
   7. 귀농귀촌종합센터 운영 ·· 14
   8. 귀농인의 집 조성사업 ·· 15
   9. 귀촌인 농산업 창업교육 사업 ··· (사업시행지침 2번 참조) 16
  10. 농촌관광주체 육성 지원사업 ·· 17
  11. 농촌관광활성화 지원사업 ··· 18
  12. 농촌유학 지원 사업 ··· 19
  13. 농촌유학 지원사업 운영관리 ··· 20
  14. 농촌융복합산업 제품 온라인 판로지원 ··· 21
  15. 농촌융복합산업 판촉 및 마케팅 지원 ··· 22
  16. 농촌융복합산업 홍보 및 온라인시스템 관리 ··· 23
  17. 농촌융복합산업지구조성사업(지자체) ·· 24
  18. 농촌다원적자원활용(민간경상보조)사업 ·· 25
  19. 농촌다원적자원활용(지자체경상보조)사업 ································ (사업시행지침 3번 참조) 26
  20. 농촌재능나눔 활성화지원사업 ·· 28
  21. 농촌지역 종합개발 지원사업 ·· 29
  22. 농촌활력정착지원 ·· 30
  23. 도시민농촌유치지원 ··· 31
  24. 마을단위 찾아가는 융화교육 ··· 32
  25. 주민주도마을만들기(자치단체) ·· 33

- i -

26. 지역단위 농촌융복합산업활성화 지원 ·· 34
27. 청년귀농 장기교육 사업 ·· (사업시행지침 4번 참조) 35
28. 청년 농촌보금자리조성 ··· 36
29. 농어촌 취약지역 생활여건 개조사업 ·· 37

1-3. 농촌복지 및 지역활성화 ·· 39

30. 농기계등화장치 부착지원 ·· 41
31. 농번기 아이돌봄방 지원 ·· (사업시행지침 5번 참조) 42
32. 농업안전보건센터 지정 운영 ··· 43
33. 농업인 행복버스 운영(행복버스)사업 ··· 44
34. 농업인자녀 및 농업후계인력 장학금 지원 ·································· (사업시행지침 6번 참조) 45
35. 농촌 공동아이돌봄센터 운영 지원 ······································· (사업시행지침 7번 참조) 46
36. 농촌 교육·문화·복지 지원사업 ······································· (사업시행지침 8번 참조) 47
37. 농촌집고쳐주기사업 ··· 48
38. 농촌축제 지원 사업 ··· 49
39. 농촌축제 지원 사업 운영관리 ··· 50
40. 농업농촌 사회적 가치확산지원 ·· (사업시행지침 9번 참조) 51
41. 영농도우미 지원 사업 ·· (사업시행지침 10번 참조) 52
42. 일반농산어촌개발사업 ··· (사업시행지침 11, 12번 참조) 53
43. 주민주도마을만들기(민간) ··· 54
44. 행복나눔이 지원 사업 ·· (사업시행지침 13번 참조) 55

▌농업분야 ▌

2-1. 경쟁력 제고 ··· 57

45. FTA분야 교육·홍보 사업 ··· 59
46. 경영실습임대농장 ·· (사업시행지침 14번 참조) 60
47. 곤충유통활성화 ··· (사업시행지침 15번 참조) 61
48. 곤충유통사업지원 ··· 62
49. 국제농기계박람회 ··· 63
50. 첨단 무인자동화 농업생산 시범단지 기본 및 실시설계비 ··· 64
51. 노지 스마트농업 시범사업 ·· 65
52. 농가활용서비스개발 ··· 66
53. 농식품기업 온실가스 에너지 목표관리제사업 ·· 67
54. 농식품 분야 해외 인턴십 지원 사업 ·· 68
55. 농업경영체 전문인력 채용지원사업 안내서 ·· 69
56. 농업경영컨설팅(사업평가운영)사업 안내서 ·· 70
57. 농업경영컨설팅(컨설팅지원)사업 안내서 ·· 71
58. 농업계학교 실습장(농대 스마트 실습시설 지원) ····················· (사업시행지침 16번 참조) 72
59. 농업계학교 실습장(농고) ·· (사업시행지침 17번 참조) 73

60. 농업농촌 자발적 온실가스 감축사업	74
61. 농업농촌교육지원	75
62. 농업·농촌 에너지자립모델 실증지원 사업 ········ (사업시행지침 18번 참조)	76
63. 농업마이스터대학 운영 지원사업 안내서	77
64. 농업법인 취업지원	78
65. 농업인교류센터	79
66. 농촌고용인력지원사업 ········ (사업시행지침 19번 참조)	80
67. 농축산용미생물효능평가지원	81
68. 단기체감서비스개발	82
69. 대한민국 농업박람회	83
70. 도시농업 교육인력양성 지원	84
71. 도시농업 종합정보시스템 구축운영	85
72. 도시농업공간조성	86
73. 도시농업박람회 및 도시농업 정책홍보 지원사업	87
74. 도시양봉 지원 ········ (사업시행지침 20번 참조)	88
75. 복합미생물분석장비구축	89
76. 생명자원통합DB구축	90
77. 스마트농정 통계체계 구축사업	91
78. 스마트농업정보 플랫폼 구축	92
79. 스마트팜 ICT기자재 국가표준 확산 지원	93
80. 스마트팜 등 빅데이터 센터 구축	94
81. 스마트팜 청년창업 보육센터(보육센터 교육훈련비)	95
82. 스마트팜 청년창업 보육센터(실습농장 조성)	96
83. 스마트팜 확산 교육 지원(현장실습형 교육)	97
84. 스마트팜 확산 교육 지원(권역별 현장지원센터) ········ (사업시행지침 21번 참조)	98
85. 식물백신 기업지원 시설건립	99
86. 영농정착지원 필수교육	100
87. 영농형 태양광 재배모델 실증 지원 ········ (사업시행지침 22번 참조)	101
88. 예비농업인교육지원	102
89. 유용미생물은행구축	103
90. 임산부 친환경농산물 지원 ········ (사업시행지침 23번 참조)	104
91. 저탄소 농축산물 인증제사업	105
92. 전문농업경영체육성지원	106
93. 종자산업진흥센터 운영	107
94. 청년 농업인 직불	108
95. 청년 농업인 직불 성과평가	109
96. 친환경비료 교육·홍보 지원	110
97. 한국농수산대학 졸업생 영농·영어정착 우수과제 지원 ········ (사업시행지침 24번 참조)	111
98. 후계농교육지원	112
99. 후계농업경영인 육성사업 관리	113
100. 한-뉴 FTA 협력사업	114

2-2. 생산기반확충 ·············· 115

101. 광역단위 친환경산지 조직육성 ·············· (사업시행지침 25번 참조) 117
102. 국가지방관리방조제개보수 ·············· (사업시행지침 26번 참조) 118
103. 국내채종 기반 구축사업 ·············· 119
104. 기후변화 실태조사 ·············· 120
105. 농기자재 수출기업 육성지원 ·············· 121
106. 농기자재 수출정보 지원 ·············· 122
107. 농림사업정보시스템 운영 ·············· 123
108. 농업가뭄 모니터링 및 평가분석사업 ·············· 124
109. 농업경영체 지원사업 통합관리시스템 구축 ·············· 125
110. 농업용수 관리 자동화 ·············· (사업시행지침 27번 참조) 126
111. 농업용수 수질개선 기본조사 ·············· 127
112. 농업용수 수질개선사업 ·············· (사업시행지침 28번 참조) 128
113. 농업용수 수질조사 ·············· 129
114. 농업정보이용활성화 지원 ·············· 130
115. 농업진흥지역 실태조사 ·············· 131
116. 농지범용화 시범사업 ·············· 132
117. 농지은행사업관리비 지원 ·············· 133
118. 농지은행인적역량강화사업 ·············· 134
119. 농지이용실태조사 지원 ·············· 135
120. 농지정보관리체계개선사업 ·············· 136
121. 경영회생지원 농지매입사업 ·············· 137
122. 농지제도개선홍보 지원사업 ·············· 138
123. 농지종합정보화 ·············· 139
124. 농촌 지하수 자원관리 ·············· 140
125. 농촌용수분야 국제협력 지원사업 ·············· 141
126. 농촌용수개발 ·············· (사업시행지침 29번 참조) 142
127. 대규모농업기반시설치수능력확대사업 ·············· 143
128. 대한민국우수품종상사업 ·············· 144
129. 무인 자율제어 배수 펌프장 ·············· 145
130. 민간육종가 지원사업 ·············· 146
131. 배수개선(민간)사업 ·············· 147
132. 배수개선(지자체)사업 ·············· (사업시행지침 30번 참조) 148
133. 비료품질관리시스템 ·············· 149
134. 사료용곤충산업화지원 ·············· (사업시행지침 31번 참조) 150
135. 수리시설개보수 ·············· (사업시행지침 32번 참조) 151
136. 수리시설유지관리 ·············· 152
137. 수질개선 사후 모니터링 지원사업 ·············· 153
138. 우수종묘증식보급기반구축 ·············· (사업시행지침 33번 참조) 154
139. 원원종 및 원종생산 사업 ·············· 155
140. 유기농업자재 지원 ·············· (사업시행지침 34번 참조) 156

141. 유기질비료 지원사업 ··· (사업시행지침 35번 참조) 157
142. 토양개량제 지원사업 ··· (사업시행지침 36번 참조) 158
143. 토양개량제사업(제주) ··· 159
144. 한발대비용수개발사업 ··· (사업시행지침 37번 참조) 160

2-3. 농가경영안정 ··· **161**

145. 경관보전직불제 ··· (사업시행지침 38번 참조) 163
146. 노후농기계대체사업 ·· 164
147. 농기계임대사업소 ··· (사업시행지침 39번 참조) 165
148. 농업자금이차보전 ··· (사업시행지침 40번 참조) 166
149. 농업인안전재해보험 보험료 지원 ··· 167
150. 농업재해대책비(지자체) ··· 168
151. 농업재해보험 보험료 지원사업 ··· 169
152. 농업정책보험금융원 기관운영비 지원 ··· 170
153. 농작물재해보험 운영비지원 ··· 171
154. 농업인 부채상환인센티브 ··· 172
155. 여성친화형농기계 구입지원사업 ·· 173
156. 유해야생동물포획시설지원 ······································· (사업시행지침 41번 참조) 174
157. 종자가치 홍보 ··· 175
158. 주산지일관기계화 농기계 지원사업 ·· 176
159. 친환경농업직불 ··· (사업시행지침 42번 참조) 177
160. 폐업지원 ··· 178
161. 피해보전직불 ·· 179

2-4. 가격안정 및 유통효율화 ·· **181**

162. 농경지 중금속 오염실태조사 사업 ·· 183
163. 수입권공매 입찰시행 위탁 ··· 184

2-5. 국제협력협상 ··· **185**

164. FAO한국협회지원사업 ··· 187
165. FTA정보조사 시스템구축 ··· 188
166. FTA해외정보조사사업 ·· 189
167. 개도국 농업발전 기획협력사업 ··· 190
168. 개도국 식량안보정보시스템 구축 사업 ·· 191
169. 농식품산업 해외진출지원(보조)사업 ··· 192
170. 농식품산업 해외진출지원(융자)사업 ························· (사업시행지침 43번 참조) 193
171. 축산물 생산 및 유통체계 초청연수 사업 ·· 194

2-6. 기술개발 ··· **195**

172. 농림축산식품 연구개발사업 ··· 197

식량분야

3-1. 경쟁력 제고 ··· 199
 173. 고품질쌀유통활성화 ··· (사업시행지침 44번 참조) 201
 174. 식량작물공동(들녘)경영체 교육컨설팅 지원 ··· (사업시행지침 45번 참조) 202
 175. 식량작물공동(들녘)경영체 사업다각화 지원 ··· (사업시행지침 47번 참조) 203
 176. 식량작물공동(들녘)경영체 시설장비 지원 ··· (사업시행지침 46번 참조) 204

3-2. 생산기반확충 ··· 205
 177. 간척농지영농편의 ··· 207
 178. 간척농지활용지원 ··· 208
 179. 조성토지관리처분비(민간) ··· 209
 180. 조성토지관리처분비(지자체) ··· 210

3-3. 가격안정 및 유통효율화 ··· 211
 181. 정부양곡관리비(민간이전) ··· 213
 182. 라이스랩 설치·운영 지원 사업 ··· (사업시행지침 49번 참조) 214
 183. 쌀 소비 활성화사업 ··· 215
 184. 양곡류 해외시장조사비 ··· 216
 185. 정부양곡관리비(민간이전) ··· 217
 186. 정부양곡관리비(지자체) ··· 218
 187. 정부양곡관리비(민간이전) ··· 219

축산분야

4-1. 경쟁력 제고 ··· 221
 188. 가공원료유 지원 ··· 223
 189. 가축전염병 발생농가 생계 및 소득안정 ··· 224
 190. 경주마 경쟁력 강화 ··· 225
 191. 기타가축개량지원(흑염소개량지원) ··· 226
 192. 농어촌형 승마시설 등 설치 ··· (사업시행지침 50번 참조) 227
 193. 농어촌형 승마시설 설치(융자) ··· (사업시행지침 50번 참조) 228
 194. 농촌관광 승마활성화 ··· (사업시행지침 50번 참조) 229
 195. 돼지경제능력검정 경상지원(자치단체) ··· 230
 196. 돼지경제능력검정 지원(민간경상보조) ··· 231
 197. 돼지경제능력검정 지원(민간자본보조) ··· 232
 198. 말산업 관련 수출시장 개척 ··· 233

199. 말산업 전문인력 양성 및 취업지원 ··· 234
200. 말산업전문인력 양성기관 경쟁성 강화(자치단체경상) ··································· 235
201. 말산업전문인력 양성기관 경쟁성 강화(자치단체자본) ··································· 236
202. 말산업 특구 지원 ··· 237
203. 스마트축산 ICT 시범단지 조성 ····································· (사업시행지침 51번 참조) 238
204. 승마 대중화 및 품질 제고 ··· (사업시행지침 50번 참조) 239
205. 승용마 전문 생산농가 지원 ··· (사업시행지침 50번 참조) 240
206. 승용마 조련 및 유통체계 구축 ·· (사업시행지침 50번 참조) 241
207. 승용마 조련 강화 ·· 242
208. 우량송아지생산비육시설지원사업 ···································· (사업시행지침 52번 참조) 243
209. 우수여왕벌 육종 보급 ··· (사업시행지침 53번 참조) 244
210. 말산업육성지원사업 ·· (사업시행지침 50번 참조) 245
211. 유소년 승마단 창단운영 지원 ·· (사업시행지침 50번 참조) 246
212. 유청소년 승마센터 건립 ·· (사업시행지침 50번 참조) 247
213. 인공수정용 번식 씨수말 도입 ·· (사업시행지침 50번 참조) 248
214. 전담 연구소 운영 및 통계조사 ··· 249
215. 전담기관 기능 강화 ·· 250
216. 조사료통계관측조사 ·· 251
217. 종축등록사업지원사업 ··· 252
218. 지속 발전을 위한 홍보 강화 ··· 253
219. 지자체 승마대회 지원 ·· 254
220. 임실치즈 역사문화관 ··· 255
221. 축사시설현대화(민간) ··· (사업시행지침 54번 참조) 256
222. 축산관련종사자 교육비 및 교육기관 운영비 지원 ·· 257
223. 축사시설현대화(자치단체, 융자) ··· 258
224. 축산물수급조절협의회운영사업 ··· 259
225. 축산분야 ICT 융복합 확산사업(민간) ··· 260
226. 축산분야 ICT 융복합지원(자치단체)사업 ······················· (사업시행지침 55번 참조) 261
227. 축산자조금 운영사업 ·· (사업시행지침 56번 참조) 262
228. 학생승마체험 ·· 263
229. 한우젖소개량 경상지원(자치단체) ·· 264
230. 한우젖소개량 자본지원(자치단체) ·· 265
231. 한우젖소개량지원(민간) ··· 266
232. 한우젖소개량지원(민간자본) ·· 267

4-2. 생산기반확충 ··· 269

233. CCTV 및 방역인프라(양봉) ··· (사업시행지침 57번 참조) 271
234. 가축분뇨처리사업 ·· (사업시행지침 58번 참조) 272
235. 계란유통센터시설현대화 ··· (사업시행지침 59번 참조) 274
236. 말고기 생산 유통 소비 기반 조성 ··· 275
237. 산지생태축산농장 조성사업 ·· (사업시행지침 60번 참조) 276

238. 소규모 도계장 설치 지원 ··· 277
239. 조사료생산기반확충사업 ··································· (사업시행지침 61번 참조) 278
240. 축산물 직거래 판매장 설치 지원사업 ················· (사업시행지침 62번 참조) 279
241. 친환경퇴비생산시설현대화 지원사업 ··· 280

4-3. 가격안정 및 유통효율화 ··· 281

242. 생산자소비자단체협력사업 ·· 283
243. 송아지생산안정지원사업 ································· (사업시행지침 63번 참조) 284
244. 우수 축산물브랜드 인증 ·· 285
245. 축산물 거래증명 통합시스템 ·· 286
246. 축산물등급판정 운영 ·· 287
247. 축산물등급판정 장비 지원 ·· 288
248. 축산물브랜드 경진대회 및 전시 ··· 289
249. 축산물브랜드 교육 ··· 290
250. 축산물유통정보조사 ··· 291
251. 축산물유통정보조사(자본보조) ·· 292
252. 친환경축산직불사업 ·· (사업시행지침 64번 참조) 293
253. 학교우유급식 지원 ··· 294

4-4. 축산물안전관리 ··· 295

254. GMP 컨설팅 지원 ·· 297
255. 가축매몰지 관리·소멸 ·· 298
256. 가축위생방역지원본부 방역장비 구입지원사업 ······································ 299
257. 가축위생방역지원본부 방역직 인건비 지원사업 ····································· 300
258. 가축위생방역지원본부 운영비 지원사업 ··· 301
259. 가축질병 예방 및 검진 약품 구입 등 지원(경상) ·································· 302
260. 공동방제단 운영사업 ·· 303
261. 구제역 예방백신 지원 ·· 304
262. 농가실태조사 ··· 305
263. 도축검사원 인건비 지원사업 ··· 306
264. 도축검사원 운영비 지원사업 ··· 307
265. 동물용의약품 교육 및 홍보 ··· 308
266. 동물용의약품 수출시장개척지원 ··· 309
267. 동물용의약품 효능·안전성 평가센터 구축사업 ······································· 310
268. 가축백신지원 ··· 311
269. 방역차량 및 질병 검사장비 등 지원(자본) ·· 312
270. 살처분가축처리 시설·장비 지원 ··· 313
271. 살처분 보상금 ··· 314
272. 수의사 보수교육 등 지원(민간경상) ·· 315
273. 수출혁신품목 육성 ··· 316
274. 동물용의약품 수출업체 운영 지원 ·· 317

275. 동물용의약품 제조시설지원 ··· 318
276. 잔류성 시험·분석 ·· 319
277. 지역축협 소독차량 지원(민간자본) ··· 320
278. 축산물HACCP 조사, 평가, 교육, 세미나, 홍보사업 ······················· 321
279. 축산물HACCP 현장 기술지도사업 ·· 322
280. 축산물HACCP컨설팅사업 ·· 323
281. 축산물위생검사기관 검사장비구입 지원사업 ····································· 324
282. 축산물위생검사기관 운영비 지원사업 ··· 325
283. 축산물위생관리인력 교육 지원사업 ··· 326
284. 축산물이력관리 장비 지원(민간) ··· 327
285. 축산물이력관리 지원(민간) ·· 328
286. 축산물이력관리 지원(자치단체) ··· 329
287. 축산업정보통합관리시스템 ·· 330

4-5. 동물복지 ·· 331

288. 동물보호 및 복지 교육·홍보 ··· 333
289. 길고양이 중성화 수술지원 ·· 334
290. 낙농통계관리시스템운영 ·· 335
291. 동물보호·복지 실태조사 정례화 ·· 336
292. 동물보호센터 설치지원 ·· 337
293. 동물복지축산 컨설팅사업 ·· 338
294. 유기·유실동물 관리수준 개선 지원 ·· 339

▍식품분야 ▍

5-1. 경쟁력 제고 ·· 341

295. GAP 교육·컨설팅 지원 ··· 343
296. 검역해소품목 지원 ·· 344
297. 생산기반조성 ·· 345
298. 농식품수출 바우처 지원 ·· 346
299. 대중국전략품목육성지원 ·· 347
300. 민관수출협의회 운영 등 ·· 348
301. 수출농식품 콜드체인 구축 ·· 349
302. 수출농식품 홍보 지원 ·· 350
303. 수출업체 맞춤 지원 ·· 351
304. 수출전략형 제품 인큐베이팅 ·· 352
305. 시장개척 플랫폼 구축 운영 ·· 353
306. 식품 기술거래 이전 지원 ·· 354
307. 식품명인 발굴육성 ·· 355

308. 식품외식산업 인력양성 교육 운영 ··· 356
309. 식품품질 및 위생역량제고 사업 ··· 357
310. 외식산업 수출지원 ··· 358
311. 외식창업 인큐베이팅 ······································· (사업시행지침 65번 참조) 359
312. 전통주 등 교육훈련 교육지원사업 ··· 360
313. 전통주 등 전문인력 양성기관 교육지원사업 ·· 361
314. 유기가공식품 생산·소비 활성화 등 지원 ·· 362
315. 청년 외식창업 공동체 공간조성 ·· 363
316. 친환경농산물 인증활성화 지원사업 ·· 364
317. 판매조직육성 ··· 365
318. 푸드페스타&캠페인 ·· 366
319. 해외식품인증지원센터 ··· 367
320. 해외정보조사 및 제공 ··· 368
321. 농식품글로벌육성지원자금(농식품원료구매) ·· 369
322. 농식품글로벌육성지원자금(농식품시설현대화) ·· 370

5-2. 생산기반확충 ··· 371

323. 식품외식종합자금(융자)사업 ······························ (사업시행지침 66번 참조) 373
324. 기능성 농식품 산업활성화 ··· 374
325. 기능성표시식품제도 정착지원 ··· 375
326. 기능성 원료은행 구축 ··· 376
327. 김치산업육성 ··· 377
328. 김치산업통계조사 ··· 378
329. 남해안권발효식품산업지원센터 건립 ·· 379
330. 농업과 기업 간 연계강화(민간) ·· 380
331. 농업과 기업 간 연계강화(지자체) ·· 381
332. 발효미생물산업화지원센터건립 ··· 382
333. 소스산업화센터건립지원 ··· 383
334. 전통식품안전성모니터링 ···································· (사업시행지침 67번 참조) 384
335. 전통주산업진흥사업 ··· (사업시행지침 68번 참조) 385
336. 종균활용 발효식품산업지원 ······························ (사업시행지침 69번 참조) 386
337. 찾아가는 양조장사업 ··· (사업시행지침 70번 참조) 387

5-3. 가격안정 및 유통효율화 ··· 389

338. GAP 안전성 분석 지원 ····································· (사업시행지침 71번 참조) 391
339. GAP생산여건 조성 ·· (사업시행지침 72번 참조) 392
340. GAP 위생시설 보완 지원 ································· (사업시행지침 73번 참조) 393
341. GAP인증 및 이력추적관리 유통활성화 지원 ··· 394
342. GAP인증기관 운영비 지원 ··· 395
343. PLS 교육 홍보 지원 ·· 396
344. 건전한 식생활 확산(민간보조) ··· 397

345. 건전한 식생활 확산(지자체보조) ·· 398
346. 김치 자조금 ·· 399
347. 농산물 소비실태 조사 ·· 400
348. 농식품 국가인증 홍보 ·· 401
349. 농식품 소비정보망 활성화 ·· 402
350. 농식품 소비정책 강화 ·· 403
351. 농식품 소비정책 강화(스마트 소비) ·· 404
352. 농식품 지리적표시 활성화 ·· 405
353. 명예감시원 운영 활성화 지원 사업 ·· 406
354. 한식복합문화공간 조성 설계비 ·· 407
355. 술 품질인증 신청비 지원사업 ·· 408
356. 식품기능성 평가지원 사업 ···································· (사업시행지침 74번 참조) 409
357. 식품소재 및 반가공산업육성(자치단체) ·············· (사업시행지침 75번 참조) 410
358. 식품외식정보분석 ·· 411
359. 식품표준화 ·· 412
360. 국산 식재료 공동구매 조직화 지원 ·· 413
361. 음식점 원산지 표시 정착 지원 사업 ·· 414
362. 한식진흥 및 음식관광활성화 ·· 415

▌유통원예분야 ▌

6-1. 경쟁력 제고 ··· 417

363. 과실브랜드 육성 ·· (사업시행지침 76번 참조) 419
364. 밭작물공동경영체육성지원 사업 개요 ················ (사업시행지침 77번 참조) 420
365. ICT 융복합 지원(스마트팜 확산 지원) ················ (사업시행지침 78번 참조) 421
366. 스마트팜 ICT융복합확산사업(시설보급, 컨설팅) 개요 ······································ 422
367. 스마트팜 실증단지(실증단지 시설구축) ·· 423
368. 스마트팜 실증단지(실증장비 구축) ·· 424
369. 스마트팜 실증단지(지원센터 조성) ·· 425

6-2. 생산기반확충 ··· 427

370. 농업에너지이용효율화사업 개요 ·························· (사업시행지침 79번 참조) 429
371. 고추비가림재배시설지원 ······································ (사업시행지침 80번 참조) 430
372. 과수분야 스마트팜확산 ·· (사업시행지침 82번 참조) 431
373. 과수거점산지유통센터 건립 지원 ························ (사업시행지침 83번 참조) 432
374. 과수고품질시설현대화 ·· (사업시행지침 84번 참조) 433
375. 과수우량묘목 운영 지원 ·· 434
376. 과수우량묘목 생산 지원 ······································ (사업시행지침 85번 참조) 435

377. 과실전문생산단지 기반조성 ··· (사업시행지침 86번 참조) 436
378. 과수인공수분용꽃가루생산단지조성 ······································ (사업시행지침 88번 참조) 437
379. 농산물산지유통센터(일반APC) 지원(자치단체) ······················· (사업시행지침 89번 참조) 438
380. 과원규모화 ··· (사업시행지침 87번 참조) 439
381. 스마트원예단지 기반조성사업 ··· (사업시행지침 90번 참조) 440
382. 시설원예현대화 지원 ··· (사업시행지침 91번 참조) 441
383. 유통시설현대화 ·· (사업시행지침 92번 참조) 442
384. 저온유통체계구축(산지저온시설)(자치단체)사업 ··· 443
385. 저온유통체계구축(산지저온시설 및 저온수송차량) ················ (사업시행지침 81번 참조) 444
386. 특용작물(버섯, 녹차, 약용)시설현대화 지원 ·························· (사업시행지침 93번 참조) 445
387. 특용작물(인삼)생산시설현대화 사업 ·· (사업시행지침 94번 참조) 446

6-3. 가격안정 및 유통효율화 ·· 447

388. 공동선별비지원(자치단체) ·· (사업시행지침 97번 참조) 449
389. 초등돌봄교실 과일간식 지원 시범사업 ·································· (사업시행지침 98번 참조) 450
390. 직거래장터 지원 ·· (사업시행지침 99번 참조) 451
391. 직거래활성화 교육·홍보 지원 ··· (사업시행지침 100번 참조) 452
392. 농산물산지유통센터(일반APC)지원 ·· 453
393. 산지유통활성화자금(융자) ·· (사업시행지침 104번 참조) 454
394. 약용작물산업화지원센터 ··· (사업시행지침 96번 참조) 455
395. 인삼특용작물계열화사업(융자) ·· (사업시행지침 95번 참조) 456
396. 농산물소비촉진지원(과수) 사업 ··· 457
397. 밭식량작물수매지원(융자) ·· (사업시행지침 48번 참조) 458
398. 농산물소비촉진지원(잡곡)사업 ·· 459
399. 농산물소비촉진지원(차류) ·· 460
400. 농식품유통교육훈련 ·· 461
401. 물류기기공동이용지원사업 개요 ··· (사업시행지침 101번 참조) 462
402. 비상품화 농산물 자원화센터 지원 ·· (사업시행지침 102번 참조) 463
403. 산지통합마케팅지원(자치단체) ··· (사업시행지침 103번 참조) 464
404. 산지통합마케팅지원 행정경비 ·· 465
405. 농산물 유통소비정보조사(수급정보조사 등) ·· 466
406. 인삼·특용작물 유통시설현대화사업 ·· (사업시행지침 105번 참조) 467
407. 자조금 지원사업(단체) ·· (사업시행지침 106번 참조) 468
408. 직매장 지원 ·· (사업시행지침 108번 참조) 469
409. 채소가격안정지원 ·· (사업시행지침 109번 참조) 470
410. 친환경농산물소비촉진 ·· 471
411. 친환경농산물직거래지원(융자) ··· (사업시행지침 107번 참조) 472
412. 스마트팜 패키지 수출 활성화(데모온실 조성) ··· 473
413. 스마트팜 패키지 수출 활성화(마케팅 지원) ··· 474

임업분야

7-1. 생산기반확충 ··· 475

    414. 조림사업 ··· (사업시행지침 110번 참조) 477
    415. 정책숲가꾸기사업 ·· (사업시행지침 111번 참조) 478
    416. 공공산림가꾸기 ·· (사업시행지침 112번 참조) 479
    417. 양묘시설현대화 공모사업 ······························ (사업시행지침 113번 참조) 480
    418. 임산물생산단지규모화사업 개요 ····················· (사업시행지침 114번 참조) 481
    419. 친환경임산물재배관리 개요 ···························· (사업시행지침 115번 참조) 482
    420. 목재산업시설 현대화 사업 개요 ······················ (사업시행지침 116번 참조) 483
    421. 수출기반구축 사업 개요 ································ (사업시행지침 117번 참조) 484
    422. 임산물 생산유통기반조성 개요 ······················· (사업시행지침 118번 참조) 485
    423. 청정임산물 소비촉진 및 홍보 개요 ·················· (사업시행지침 119번 참조) 486
    424. 목재펠릿보일러 보급 ···································· (사업시행지침 120번 참조) 487
    425. 산림사업종합자금(융자금) ·· 488
    426. 산림사업종합자금(이차보전) ·· 489
    427. 귀산촌인창업자금지원(융자금) ·· 490
    428. 임업인경영자금지원(융자금) ·· 491
    429. 사유림 산림경영계획작성사업 ························ (사업시행지침 121번 참조) 492
    430. 임산물 상품화 지원 개요 ······························ (사업시행지침 122번 참조) 493
    431. 목재산업단지 조성 ······································· (사업시행지침 123번 참조) 494
    432. 산림조합 특화사업 ······································· (사업시행지침 124번 참조) 495
    433. 백두대간 주민지원사업 ·································· (사업시행지침 125번 참조) 496

2020년 농식품사업 안내서

Ministry of Agriculture, Food and Rural Affairs

1-1. 경쟁력 제고

농촌분야

1. 여성농업인교육 지원

세부사업명	농업농촌교육훈련지원	세목	민간경상보조
내역사업명	여성농업인역량강화교육	예산 (백만원)	1,866
사업목적	○ 여성농업인의 역량강화 및 결혼이민여성과 그 가족의 기초농업교육을 통한 안정적인 농촌정착 지원		
사업 주요내용	○ 결혼이민여성을 대상으로 기초농업교육 및 1:1 맞춤형 농업교육 실시 ○ 결혼이민자 및 그 가족을 대상으로 농촌의 역사·문화·교육 등 집합교육 실시 ○ 여성농업인을 대상으로 성평등 전문인력 육성 및 특화교육실시		
국고보조 근거법령	○ 여성농어업인육성법 제9조(여성농어업인의 경영능력 향상) 및 동법 제10조(여성농어업인의 지위향상) ○ 다문화가족지원법 제6조(생활정보 제공 및 교육 지원)		
지원자격 및 요건	○ 민간경상보조(국고 100%)		
지원한도	-		

재원구성 (%)	국고	100%	지방비		융자		자부담	

연도별 재정투입 현황	구 분	2017년	2018년	2019년	2020년
	합 계	-	-	-	1,866
	국 고	-	-	-	1,866

(단위 : 백만원)

* '19년 사업이관, ('17)1,666 → ('18)1,666 → ('19)1,666

담당기관	담당과	담당자	연락처
농림축산식품부	농촌여성정책팀	권지은	044-201-1568

신청시기	- 매년 2~3월	사업시행기관	농협중앙회 농림수산식품교육 문화정보원
관련자료	-		

2. 농업농촌가치홍보

세부사업명	농업가치및소비촉진제고			세목	민간경상보조
내역사업명	농업농촌가치홍보			예산 (백만원)	4,377
사업목적	○ 농업농촌의 다원적 가치확산, 농정 공감실현 주요 주요 농정홍보 및 소통 활성화, 농업분야 일자리 창출 및 미래성장 동력 홍보					
사업 주요내용	○ 방송, 신문, 온오프라인 매체활용 농업농촌 가치 홍보				
국고보조 근거법령	○ 농업농촌 및 식품산업 기본법 제46조 및 동법 제11조의2, 도시와 농어촌 간의 교류촉진에 관한 법률 제25조				
지원자격 및 요건	○ 국고 100%				
지원한도	-				

재원구성 (%)	국고	100%	지방비		융자		자부담	

연도별 재정투입 계획 (단위 : 백만원)

구 분	2018년	2019년	2020년	2020년 이후
합 계	4,408	4,377	4,377	4,000
국 고	4,408	4,377	4,377	4,000

담당기관	담당과	담당자	연락처
농림축산식품부 농림수산식품교육문화정보원	홍보담당관실 가치공감실	이상범 김백주	044-201-1123 044-861-8840
신청시기	-	사업시행기관	농림수산식품교육 문화정보원
관련자료	-		

3. 체험마을리더 교육지원사업

세부사업명	농업농촌교육훈련지원				세목		자치단체 경상보조	
내역사업명	체험마을리더 교육지원사업				예산 (백만원)		170	
사업목적	○ 마을의 핵심리더, 사무장 등에 필요한 맞춤형 교육, 정책과 연계된 체계적인 교육을 통하여 농촌을 견인할 핵심인재 양성							
사업 주요내용	○ 농촌체험휴양마을 리더 및 사무장 대상 교육지원							
국고보조 근거법령	○ 도시와 농어촌 간의 교류촉진에 관한 법률 제6조(농어촌체험휴양마을사업의 육성 및 지원)							
지원자격 및 요건	○ 농촌체험휴양마을 리더 및 사무장							
지원한도	-							
재원구성 (%)	국고	50	지방비	30	융자	-	자부담	20

(단위 : 백만원)

연도별 재정투입 현황	구 분	2017년	2018년	2019년	2020년
	합 계	170	170	170	170
	국고	170	170	170	170

담당기관	담당과	담당자	연락처
농림축산식품부	농촌산업과	이동민	044-201-1592

신청시기	-	사업시행기관	시도, 시군구
관련자료			

1-2. 농촌지역개발 및 도농교류활성화

농촌분야

4. 귀농귀촌 교육 사업

세부사업명	귀농귀촌활성화지원		세목	민간경상보조
내역사업명	귀농귀촌 교육		예산 (백만원)	3,565
사업목적	○ 도시민의 농업·농촌 정착 지원을 위해 귀농귀촌종합센터 및 민간교육기관을 통한 기본 소양, 영농기술 등 교육 지원			
사업 주요내용	○ 농업법인 등 민간교육기관을 선정하고 이를 통해 귀농귀촌 희망자에게 대상·유형·단계별 수요자 맞춤형 귀농귀촌 교육 제공			
국고보조 근거법령	○ 귀농어·귀촌 활성화 및 지원에 관한 법 제10조			
지원자격 및 요건	○ (교육기관) 영농조합, 사단법인, 협동조합 등 농업관련 법인 및 고등교육법에 의한 대학, 산업대학, 전문대학, 기술대학 ○ (교육생) 귀농귀촌 희망자			
지원한도	○ (교육기관) 과정별 차등지원 - 강사수당, 강사여비, 교재비, 실습체험비, 홍보비 등 지급 ○ (교육생) 교육비(평균 140만원)의 70%(30% 자부담)			

재원구성 (%)	국고	70~100	지방비	-	융자	-	자부담	0~30

연도별 재정투입 현황 (단위 : 백만원)

구 분	2017년	2018년	2019년	2020년
합 계	3,318	3,961	3,961	3,565
국 고	3,318	3,961	3,961	3,565

담당기관	담당과	담당자	연락처
농림축산식품부 농림수산식품교육문화정보원	경영인력과 귀농귀촌지원실	홍근훈 장철이	044-201-1539 02-2058-2850

신청시기	기관선정(1~2월), 교육신청(2~10월)	사업시행기관	농림수산식품 교육문화정보원
관련자료	귀농귀촌 공모교육 운영사업 시행지침서 참조		

5. 귀농귀촌 박람회

세부사업명	귀농귀촌 활성화 지원		세목	민간경상보조
내역사업명	귀농귀촌 박람회		예산 (백만원)	300
사업목적	○ 청년 구직자에게 농림축산식품 분야의 채용·창업 등 다양한 일자리 정보 제공 및 홍보			
사업 주요내용	○ 공공기관·민간기업 인사담당자의 1:1 채용상담 ○ 농식품 분야 유망 산업·일자리 홍보 ○ 창업 선배의 노하우 전수 및 단계별 창업상담			
국고보조 근거법령	○ 귀농어·귀촌 활성화 및 지원에 관한 법률 제14조 ○ 농어업경영체 육성 및 지원에 관한 법률 제9조 및 제22조 ○ 농업·농촌 및 식품산업 기본법 제3절			
지원자격 및 요건	○ 국고 100%			
지원한도	○ 300백만원			

재원구성(%)	국고	100	지방비	-	융자	-	자부담	-

연도별 재정투입 현황 (단위 : 백만원)

구 분	2017년	2018년	2019년	2020년
합 계	400	400	700	300
국 고	400	400	700	300

담당기관	담당과	담당자	연락처
농림축산식품부 농림수산식품교육문화정보원	농업정책과 인재기획실	김상현 김기주	044-201-1725 044-861-8810
신청시기	-	사업시행기관	농림수산식품교육문화정보원
관련자료	-		

6 귀농귀촌 실태조사

세부사업명	귀농귀촌 활성화지원			세목		민간경상보조
내역사업명	귀농귀촌 실태조사			예산 (백만원)		500
사업목적	○ 귀농·귀촌 실태 상세조사를 통한 정책 참고 활용					
사업 주요내용	○ 최근 5년간('15~'19) 귀농·귀촌 각 2,000가구와 장애인 1,000가구 이상에 대한 생산활동, 주거, 농지 및 시설, 지역사회 참여, 준비, 만족도 가구현황 등 조사					
국고보조 근거법령	○ 귀농어·귀촌 활성화 및 지원에 관한 법 제9조					
지원자격 및 요건	○ 국고 100%					
지원한도	500백만원					
재원구성 (%)	국고	100	지방비	-	융자	-	자부담	-

연도별 재정투입 현황	(단위 : 백만원)

구 분	2017년	2018년	2019년	2020년
합 계	-	500	500	500
국 고	-	500	500	500

담당기관	담당과	담당자	연락처
농림축산식품부 농림수산식품교육문화정보원	경영인력과 귀농귀촌기획실	홍근훈 김준영	044-201-1539 02-2058-2072
신청시기	-	사업시행기관	농림수산식품 교육문화정보원
관련자료	-		

7. 귀농귀촌종합센터 운영

세부사업명	귀농귀촌 활성화지원			세목	민간경상보조
내역사업명	귀농귀촌종합센터 운영			예산 (백만원)	750
사업목적	○ 귀농귀촌종합센터 운영을 통한 상담·교육·정보서비스 제공으로 귀농귀촌 희망자의 안정적인 정착 지원					
사업 주요내용	○ 귀농귀촌 종합상담, 온·오프라인 정보 제공, 귀농귀촌 정책 홍보 및 저변 확대, 현장밀착형 귀농닥터 서비스 운영, 홈페이지 및 상담 콜시스템 운영 등					
국고보조 근거법령	○ 귀농어·귀촌 활성화 및 지원에 관한 법 제10조					
지원자격 및 요건	○ 국고 100%					
지원한도	750백만원					
재원구성 (%)	국고	100	지방비	-	융자	-	자부담	-

연도별 재정투입 현황 (단위 : 백만원)

구 분	2017년	2018년	2019년	2020년
합 계	1,000	1,000	833	750
국 고	1,000	1,000	833	750

담당기관	담당과	담당자	연락처
농림축산식품부 농림수산식품교육문화정보원	경영인력과 귀농귀촌기획실	홍근훈 김준영	044-201-1539 02-2058-2072
신청시기	-	사업시행기관	농림수산식품 교육문화정보원
관련자료	-		

8. 귀농인의 집 조성사업

세부사업명	귀농귀촌 활성화지원		세목	자치단체 경상보조
내역사업명	귀농인의 집		예산 (백만원)	750
사업목적	○ 귀농·귀촌 희망자가 거주지나 영농기반 등을 마련할 때까지 일정기간 동안 영농기술을 배우고 농촌을 체험할 수 있는 임시 거처 조성			
사업 주요내용	○ 농어촌 지역의 빈집 리모델링 및 이동식 조립주택 구입 지원			
국고보조 근거법령	○ 귀농어·귀촌 활성화 및 지원에 관한 법 제7조			
지원자격 및 요건	○ 「농어촌정비법」제2조에 따른 농어촌지역 중 읍·면 지역으로서 개발제약 요인이 없는 지역 ○ 사업신청일 현재 귀농 지원조례 제정, 녹색체험마을, 산촌마을, 정보화마을, 으뜸마을 등 국비 지원을 받아 도시민 대상 귀농·귀촌 지원프로그램을 운영하고 있는 마을			
지원한도	○ 개소당 3천만원 이내			

재원구성 (%)	국고	50	지방비	50	융자	-	자부담	-

연도별 재정투입 현황	(단위 : 백만원)			
	구 분	2017년	2018년	2019년	2020년
	합 계	2,100	2,100	2,100	1,500
	국 고	1,050	1,050	1,050	750
	지방비	1,050	1,050	1,050	750

담당기관	담당과	담당자	연락처
농림축산식품부	경영인력과	사무관 홍근훈 주무관 김형래	044-201-1539 044-201-1540
신청시기	(정기) 전년도 9월	사업시행기관	지방자치단체
관련자료	-		

9. 귀촌인 농산업 창업교육 사업

세부사업명	귀농귀촌 활성화지원		세목	민간경상보조
내역사업명	귀촌인 농산업 창업지원		예산 (백만원)	502
사업목적	○ 농산업 창업을 희망하는 귀촌인을 대상으로 농산물 가공, 유통, 홍보 등 실무 중심 창업교육 지원			
사업 주요내용	○ 농산업분야 창업교육 프로그램 기획 및 운영이 가능한 농업관련 법인을 선정하고 이를 통해 귀촌인에게 귀촌 이전 직업·적성 및 귀촌이후 지역특성을 고려한 창업교육 지원			
국고보조 근거법령	○ 귀농어·귀촌 활성화 및 지원에 관한 법 제10조			
지원자격 및 요건	○ (교육기관) 농업관련 법인(영농조합, 농업회사, 사단·재단법인, 협동조합, WPL 등) ○ (교육생) 만 65세 이하 귀촌인			
지원한도	○ (교육기관) 과정별 차등지원 - 강사수당, 강사여비, 교재비, 실습체험비, 홍보비 등 지급 ○ (교육생) 교육비(평균 140만원)의 70%(30% 자부담)			

재원구성(%)	국고	70	지방비	-	융자	-	자부담	30

연도별 재정투입 현황 (단위 : 백만원)

구 분	2017년	2018년	2019년(신규)	2020년
합 계	-	-	306	502
국 고	-	-	306	502

담당기관	담당과	담당자	연락처
농림축산식품부 농림수산식품교육문화정보원	경영인력과 귀농귀촌지원실	홍근훈 장철이	044-201-1539 02-2058-2850
신청시기: 기관선정(1월), 교육생모집(1~5월)		사업시행기관	농림수산식품 교육문화정보원
관련자료: 귀촌인 농산업 창업교육 사업시행지침 참조			

10. 농촌관광주체 육성 지원사업

세부사업명	농촌융복합산업활성화지원				세목	자치단체경상보조	
내역사업명	농촌관광주체 육성 지원				예산(백만원)	7,706	
사업목적	○ 농촌체험휴양마을 등 농촌관광자원에 대한 정보제공, 교육, 홍보, 경영 및 보험 등을 지원하여 농촌관광 활성화를 통한 농외소득 제고 및 지역경제 활력 증진						
사업 주요내용	○ 농촌관광 활성화를 위해 농촌체험휴양마을사업자로 지정받은 마을, 농촌민박, 유학 등 대상으로 사무장활동비 지원, 보험가입 지원 등						
국고보조 근거법령	○ 도시와 농어촌 간의 교류촉진에 관한 법률 제6조(농어촌체험휴양마을사업의 육성 및 지원)						
지원자격 및 요건	○ 농촌체험휴양마을사업자로 지정받은 마을, 농어촌민박 등 등						
지원한도	-						
재원구성(%)	국고	50	지방비	50	융자	-	자부담	-

(단위 : 백만원)

연도별 재정투입 현황	구 분	2017년	2018년	2019년	2020년
	합 계	7,380	7,315	8,932	7,706
	국고	7,380	7,315	8,932	7,706

담당기관	담당과	담당자	연락처
농림축산식품부	농촌산업과	이동민	044-201-1592

신청시기	-	사업시행기관	시도, 시군구
관련자료			

11. 농촌관광활성화 지원사업

세부사업명	농촌융복합산업활성화지원		세목	민간경상보조
내역사업명	농촌관광활성화 지원		예산 (백만원)	8,428
사업목적	○ 농촌관광 활성화를 통한 농촌지역 활력 및 농외소득 증진을 위해 농촌체험휴양마을 등을 대상으로 정보제공, 홍보 및 도시민 유치 확대 등을 지원			
사업 주요내용	○ 국내외 관광객 유치 확대를 위해 정보제공, 홍보 및 도시민 유치확대 등을 지원			
국고보조 근거법령	○ 도시와 농어촌 간의 교류촉진에 관한 법률 제6조(농어촌체험휴양마을사업의 육성 및 지원)			
지원자격 및 요건	○ 농촌관광 활성화 및 도농교류 촉진을 위한 정보제공 및 농촌관광사업 등급 및 평가, 홍보마케팅 등을 추진하는 도농교류지원센터 등			
지원한도	-			

재원구성(%)	국고	100	지방비	-	융자	-	자부담	-

연도별 재정투입 현황 (단위 : 백만원)

구 분	2017년	2018년	2019년	2020년
합 계	7,338	7,848	7,846	8,428
국 고	7,338	7,848	7,846	8,428

담당기관	담당과	담당자	연락처
농림축산식품부	농촌산업과	이동민	044-201-1592

신청시기	-	사업시행기관	한국농어촌공사
관련자료			

12 농촌유학 지원 사업

세부사업명	농촌융복합산업활성화지원사업			세목	자치단체 경상보조
내역사업명	농촌유학 지원 사업			예산 (백만원)	1,500
사업목적	○ 도시 학생들의 농촌 생활·학교 체험을 통한 도농교류 확대 및 농촌지역 교육공동체 형성 등 농촌 활력 제고				
사업 주요내용	○ 종사자 인건비, 프로그램 개발비 및 컨설팅·홍보비, 기자재 구입비 등 센터 운영비, 보험 가입비 등				
국고보조 근거법령	○ 「농어업인 삶의 질 향상 및 농어촌 지역개발 촉진에 관한 특별법」 제35조 (도시와 농산어촌의 교류확대)				
지원자격 및 요건	○ 법인격을 갖추고 장기(6개월 이상) 유학생이 있는 시설				
지원한도	유학생수, 운영현황 등 고려해서 차등 지원				
재원구성 (%)	국고 50%	지방비 50%	융자		자부담

연도별 재정투입 현황 (단위 : 백만원)

구 분	2017년	2018년	2019년	2020년
합 계	640	1,510	1,510	1,500
국 고	320	755	755	750

담당기관	담당과	담당자	연락처
농림축산식품부 자치단체	농촌사회복지과 시군구 ○○○과	이한병 ○○○	044-201-1578 000-0000-0000

신청시기	사업추진 직전연도 말	사업시행기관	자치단체
관련자료	농촌유학지원사업시행지침서(공문으로 송부)		

13. 농촌유학 지원사업 운영관리

세부사업명	농촌융복합산업활성화지원사업		세목	자치단체 경상보조
내역사업명	농촌유학 지원 사업 운영관리		예산 (백만원)	209
사업목적	○ 도시 학생들의 농촌생활·학교 체험을 통한 도농교류 확대 및 농촌지역 교육공동체 형성 등 농촌 활력 제고			
사업 주요내용	○ 농촌유학 지원대상 선정, 현장 컨설팅, 홍보 및 관리 지원			
국고보조 근거법령	○ 「농어업인 삶의 질 향상 및 농어촌 지역개발 촉진에 관한 특별법」 제35조 (도시와 농산어촌의 교류확대)			
지원자격 및 요건	○ 농촌유학 등 농촌지역 교육공동체 활성화 지원 등을 할 수 있는 공공기관(농어촌공사)			
지원한도	농촌유학 운영관리에 필요한 비용 지원			
재원구성 (%)	국고 100	지방비	융자	자부담

연도별 재정투입 현황 (단위: 백만원)

구 분	2017년	2018년	2019년	2020년
합 계	40	220	220	209
국 고	40	220	220	209

담당기관	담당과	담당자	연락처
농림축산식품부 농어촌공사	농촌사회복지과 도농교류부	이한병 신용호	044-201-1578 031-8084-9518

신청시기	연중	사업시행기관	농어촌공사
관련자료			

14. 농촌융복합산업 제품 온라인 판로지원

세부사업명	농촌융복합산업활성화지원			세목	민간경상보조
내역사업명	농촌융복합산업 제품 온라인 판로지원			예산 (백만원)	60
사업목적	○ 농촌지역의 부존자원(1차산업)을 이용, 식품가공 등 제조업(2차산업), 유통·관광 등 서비스업(3차산업)을 융·복합하여 농촌산업을 고도화함으로써 농촌지역의 신성장동력과 일자리 창출				
사업 주요내용	○ 농촌융복합산업 인증사업자 제품 대상 온라인 상세 페이지 제작 지원				
국고보조 근거법령	○ 농촌융복합산업 육성 및 지원에 관한 법률				
지원자격 및 요건	○ 농촌융복합산업 인증사업자 우수 제품(국고 100%)				
지원한도	-				

| 재원구성
(%) | 국고 | 100% | 지방비 | | 융자 | | 자부담 | |

연도별 재정투입 현황 (단위 : 백만원)

구 분	2017년	2018년	2019년	2020년
합 계	60	60	60	60
국 고	60	60	60	60

담당기관	담당과	담당자	연락처
농림축산식품부 한국농수산식품유통공사	농촌산업과 사이버거래소	이명우 박덕건	044-201-1585 02-6300-1827
신청시기	-	사업시행기관	한국농수산식품 유통공사
관련자료	-		

15. 농촌융복합산업 판촉 및 마케팅 지원

세부사업명	농촌융복합산업활성화지원		세목	민간경상보조
내역사업명	농촌융복합산업 판촉 및 마케팅 지원		예산 (백만원)	1,138
사업목적	○ 농촌지역의 부존자원(1차산업)을 이용, 식품가공 등 제조업(2차산업), 유통·관광 등 서비스업(3차산업)을 융·복합하여 농촌산업을 고도화함으로써 농촌지역의 신성장동력과 일자리 창출			
사업 주요내용	○ 농촌융복합산업 우수사례 경진대회 ○ 농촌융복합산업 인증사업자 심사 및 사후관리 ○ 농촌융복합산업 유통플랫폼 판촉지원, 박람회 부스 참가비 지원 ○ 농촌융복합산업 스마트 콘텐츠 제작 ○ 우수사례 및 제품판촉 연계 홍보 등			
국고보조 근거법령	○ 농촌융복합산업 육성 및 지원에 관한 법률			
지원자격 및 요건	○ 농촌융복합산업 인증사업자 (국고 100%)			
지원한도	-			
재원구성 (%)	국고 100%	지방비	융자	자부담

연도별 재정투입 현황 (단위 : 백만원)

구 분	2017년	2018년	2019년	2020년
합 계	738	1,238	1,438	1,138
국 고	738	1,238	1,438	1,138

담당기관	담당과	담당자	연락처
농림축산식품부 한국농어촌공사	농촌산업과 농어촌자원개발원	이명우 황희연	044-201-1585 031-8084-9552
신청시기	-	사업시행기관	한국농어촌공사
관련자료	-		

16. 농촌융복합산업 홍보 및 온라인시스템 관리

세부사업명	농촌융복합산업활성화지원		세목	민간경상보조
내역사업명	농촌융복합산업 홍보 및 온라인시스템 관리		예산 (백만원)	1,303
사업목적	○ 농촌지역의 부존자원(1차산업)을 이용, 식품가공 등 제조업(2차산업), 유통·관광 등 서비스업(3차산업)을 융·복합하여 농촌산업을 고도화함으로써 농촌지역의 신성장동력과 일자리 창출			
사업 주요내용	○ 농촌융복합산업 온라인 통합시스템 유지 관리 ○ 농촌융복합산업 우수사례 콘텐츠 제작·홍보			
국고보조 근거법령	○ 농촌융복합산업 육성 및 지원에 관한 법률			
지원자격 및 요건	○ 농촌융복합산업 인증사업자 (국고 100%)			
지원한도	-			
재원구성 (%)	국고 100%	지방비	융자	자부담

연도별 재정투입 현황 (단위: 백만원)

구 분	2017년	2018년	2019년	2020년
합 계	1,372	1,372	1,230	1,303
국 고	1,372	1,372	1,230	1,303

담당기관	담당과	담당자	연락처
농림축산식품부 농림수산식품교육문화정보원	농촌산업과 소비문화실	이명우 오세린	044-201-1585 031-8084-9568
신청시기	-	사업시행기관	농림수산식품 교육문화정보원
관련자료	-		

17. 농촌융복합산업지구조성사업(지자체)

세부사업명	농촌융복합산업활성화지원		세목	자치단체경상보조
내역사업명	농촌융복합산업지구조성사업(지자체)		예산(백만원)	4,800
사업목적	○ 농산물 생산, 가공, 유통, 관광 등 1·2·3차 산업이 집적된 지역을 융복합지구로 지정하여 전후방 산업이 융복합된 지역특화 산업의 클러스터로 육성			
사업 주요내용	○ 제조·판매·체험 등 공동인프라 조성, 기술·경영 컨설팅, 포장디자인 개선, 신상품·신서비스 개발, 공동 홍보·마케팅, 산업 주체간 연계·협력, 규제 발굴·개선 등			
국고보조 근거법령	○ 농업·농촌 및 식품산업기본법 제50조 ○ 농어업인 삶의 질 향상 및 농산어촌지역 개발촉진에 관한 특별법 제 31조 ○ 농어촌정비법 제72조 ○ 농촌융복합산업 육성 및 지원에 관한 법률 제30조~제36조			
지원자격 및 요건	○ 자치단체경상보조			
지원한도	○ 지구당 30억원(국고 50%, 지방비 등 50%)을 4년간 지원			

재원구성(%)	국고	50	지방비	50	융자	-	자부담	-

(단위 : 백만원)

연도별 재정투입 계획	구 분	2017년	2018년	2019년	2020년
	합 계	13,500	11,100	8,800	9,600
	국 고	6,750	5,550	4,400	4,800
	지방비	6,750	5,550	4,400	4,800

담당기관	담당과	담당자	연락처
농림축산식품부 자치단체(시·도/시·군)	농촌산업과 지자체별 상이	김동남 지자체별 상이	044-201-1586 지자체별 상이

신청시기	정기(전년도 12~1월 중)	사업시행기관	자치단체
관련자료			

18. 농촌다원적자원활용(민간경상보조)사업

세부사업명	농촌다원적자원활용			세목	민간경상보조
내역사업명	농업유산 보전관리			예산 (백만원)	200
사업목적	○ 세계중요농업유산 모니터링 및 홍보, 운영관리				
사업 주요내용	○ 세계중요농업유산 모니터링 및 농업유산 홍보 등 운영관리				
국고보조 근거법령	○ 「농어업인 삶의 질 향상 및 농어촌지역개발촉진에 관한 특별법」 제30조의 2				
지원자격 및 요건	○ 세계중요농업유산으로 등재된 농업유산 모니터링 등 운영관리				
지원한도	200백만원				
재원구성 (%)	국고 100%	지방비	융자		자부담

연도별 재정투입 현황 (단위 : 백만원)

구 분	2017년	2018년	2019년	2020년
합 계	-	100	200	200
국 고	-	100	200	200

담당기관	담당과	담당자	연락처
농림축산식품부 한국농어촌공사	농업역사문화전시체험관추진팀 지역개발지원단	최희숙 백승석	044-201-1545 042-610-1934
신청시기	-	사업시행기관	한국농어촌공사
관련자료	-		

19. 농촌다원적자원활용(지자체경상보조)사업

① 다원적자원 활용

세부사업명	농촌다원적자원활용		세목	자치단체 경상보조
내역사업명	① 다원적자원활용		예산 (백만원)	1,771
사업목적	○ 농촌의 토지이용을 통해 형성된 경관, 전통생태농법, 전통문화, 생물다양성 등 고유한 농업유산을 복원·발굴하여 활용함으로써 농촌의 다원적 가치를 증진하고 지역공동체 활성화 도모			
사업 주요내용	○ 국가중요농업유산의 자원조사, 복원·관리, 주변 환경정비 및 활용 지원			
국고보조 근거법령	○ 「농어업인 삶의 질 향상 및 농어촌지역개발촉진에 관한 특별법」 제30조의 2			
지원자격 및 요건	○ 신규 국가중요농업유산으로 지정된 지역으로 기 지원받은 지역은 제외 - 사업계획서를 수립(연구용역 또는 자체계획수립)한 시·군 - 원활한 사업추진을 위해 주민협의회와 자율관리협약을 체결한 시·군			
지원한도	○ 국가중요농업유산 보유지역 개소당 3년간 998백만원(국비기준) - 연차별 지원한도 : 1년차 98백만원, 2년차 455백만원, 3년차 445백만원			
재원구성 (%)	국고 70%	지방비 30%	융자	자부담

(단위 : 백만원)

연도별 재정투입 현황	구 분	2017년	2018년	2019년	2020년
	합 계	3,000	3,000	2,850	2,529
	국 고	2,100	2,100	1,995	1,771
	지방비	900	900	855	758

담당기관	담당과	담당자	연락처
농림축산식품부	농업역사문화전시체험관추진팀	최희숙	044-201-1545

신청시기	차년도(1월말까지)	사업시행기관	시·군
관련자료	농림사업정보시스템(AGRIX) 사업시행지침서		

② 농업유산보전관리

세부사업명	농촌다원적자원활용		세목	자치단체 경상보조
내역사업명	농업유산 보전관리		예산 (백만원)	400
사업목적	○ 세계중요농업유산의 지속적인 보전관리로 한국의 농업유산을 세계에 알려 농촌의 다원적 가치를 증진하고 지역공동체 활성화 도모			
사업 주요내용	○ 세계중요농업유산 보전관리			
국고보조 근거법령	○ 「농어업인 삶의 질 향상 및 농어촌지역개발촉진에 관한 특별법」 제30조의 2			
지원자격 및 요건	○ 세계중요농업유산(GIAHS) 등재 지역 : 4개소 - 완도 청산도 구들장 논, 제주도 밭담, 하동 전통차농업, 금산 전통인삼농업			
지원한도	○ 세계중요농업유산 등재지역 개소 당 1년간 100백만원(국비기준)			

재원구성 (%)	국고	50%	지방비	50%	융자		자부담	

연도별 재정투입 현황	구 분	2017년	2018년	2019년	2020년
	합 계	-	400	800	800
	국 고	-	200	400	400
	지방비	-	200	400	400

(단위 : 백만원)

담당기관	담당과	담당자	연락처
농림축산식품부	농업역사문화전시체험관추진팀	최희숙	044-201-1545
신청시기	정기(1월말)	사업시행기관	시·군
관련자료	농림사업정보시스템(AGRIX) 사업시행지침서		

20 농촌재능나눔 활성화지원사업

세부사업명	농촌공동체활성화지원(농특회계)		세목	민간경상보조
내역사업명	농촌재능나눔 활동지원		예산 (백만원)	2,287
사업목적	다양한 분야의 농촌재능나눔 활동지원을 통한 지역문제 해결 및 마을발전과 주민 삶의 질 향상			
사업 주요내용	농촌재능나눔 일반단체·대학교(동아리)·수시단체 활동지원 공모사업, 의료분야 재능나눔 활동, 농촌재능나눔 홍보공모전 등 추진			
국고보조 근거법령	**농촌재능나눔 활동지원** :「농업·농촌 및 식품산업 기본법」 제10조(지역농업의 발전과 농촌주민의 복지증진) 및 제54조(농촌주민의 복지증진),「농어업인 삶의 질 향상 및 농어촌지역 개발촉진에 관한 특별법」 제12조(농어업인 등의 복지증진) 및 제35조(도시와 농어촌간의 교류확대)			
지원자격 및 요건	(지원자격) 농촌재능나눔 활동에 참여하고자 하는 단체 및 대학생 등 (요건) 농촌재능나눔 지원대상 분야의 경험이 풍부한 직능·사회봉사단체, 법인 및 비영리단체, 사회적기업(농림축산식품부형 예비 사회적 기업 포함), 협동조합기본법에 의한 협동조합 등의 단체 및 기관, 기관·기업체(소속 사회봉사 단체 포함), 대학교 및 대학생 동아리 단체 등			
지원한도	**농촌재능나눔 활동지원** 사업(예산)규모 : 단체당 최대 30백만원내 국비 100% 지원			

재원구성 (%)	국고	100	지방	-	융자	-	자부담	-

연도별 재정투입 계획	구 분	2017년	2018년	2019년	2020년
	합 계	1,748	1,748	2,287	2,287
	국 고	1,748	1,748	2,287	2,287

(단위 : 백만원)

담당기관	담당과	담당자	연락처
농림축산식품부 한국농어촌공사	농업역사문화전시체험관추진팀 농어촌자원개발원 공동체지원부	김정권 업무 담당자	044-201-1542 031-8084-9561~6

신청시기	해당년도 1~5월, 수시	사업시행기관	한국농어촌공사
관련자료 등	농림축산식품사업시행지침, 2019년 농촌재능나눔 활동지원사업 추진계획, 스마일재능뱅크(www.smilebank.kr) 등		

21. 농촌지역 종합개발 지원사업

세부사업명	농촌공동체활성화지원		세목	민간경상보조
내역사업명	농촌지역종합개발지원		예산 (백만원)	2,982
사업목적	○ 기초생활권 일반농산어촌지역의 생활환경 개선과 특성 있는 발전을 위한 체계적인 지역개발 정책 추진 지원			
사업 주요내용	○ 지역개발사업 신규사업성 검토, 모니터링, 컨설팅 및 평가, 역량강화 지원			
국고보조 근거법령	○ 농업농촌 및 식품산업 기본법 제10조 농어업인 삶의질 향상 및 농어촌지역 개발촉진에 관한 특별법 제29조 제1항 제5호 및 제2항 농어업인 삶의질 향상 및 농어촌지역 개발촉진에 관한 특별법 제38조 국가균형발전특별법 제7조의2 국가균형발전특별법 제9조 국가균형발전특별법제16조 농어촌정비법 제71조 농어촌정비법 제75조			
지원자격 및 요건	○ 국비 100%			
지원한도	-			

재원구성 (%)	국고	100	지방비		융자		자부담	

연도별 재정투입 계획 (단위 : 백만원)

구 분	2018년	2019년	2020년	2020년이후
합 계	3,093	3,205	2,982	2,982
국 고	3,093	3,205	2,982	2,982

담당기관	담당과	담당자	연락처
농림축산식품부	지역개발과	사무관 김국회 주무관 윤주영	044-201-1560 044-201-1561
신청시기	-	사업시행기관	한국농어촌공사
관련자료	-		

22 농촌활력정착지원

세부사업명	농촌공동체활성화지원		세목	민간경상보조
내역사업명	농촌활력정착지원		예산 (백만원)	1,319
사업목적	○ 농촌융복합산업의 효율적 추진 및 핵심주체 육성을 위한 정부 정책 지원을 통한 농촌산업육성 및 지역경제 활성화 기여			
사업 주요내용	○ 정책사업 심의·평가·모니터링·관리 등 한국농어촌공사 경비 등 일반관리비			
국고보조 근거법령	○ 보조금 관리에 관한 법률 시행령 제4조			
지원자격 및 요건	○ 민간경상보조			
지원한도	-			
재원구성 (%)	국고 100%	지방비	융자	자부담

연도별 재정투입 현황 (단위 : 백만원)

구 분	2017년	2018년	2019년	2020년
합 계	1,375	1,375	1,615	1,319
국 고	1,375	1,375	1,615	1,319

담당기관	담당과	담당자	연락처
농림축산식품부 한국농어촌공사	농촌산업과 농어촌자원개발원	김동남 황희연	044-201-1586 031-8084-9552

신청시기	-	사업시행기관	한국농어촌공사
관련자료			

23 도시민농촌유치지원

세부사업명	귀농귀촌 활성화지원			세목	자치단체 경상보조
내역사업명	도시민농촌유치지원			예산 (백만원)	5,600
사업목적	○ 시·군별 도시민 유치와 귀농귀촌을 연계한 도시민 농촌유치 프로그램 지원				
사업 주요내용	○ (추진기구 운영) 도시민 농촌유치활동 전담기구에 소요되는 경비 지원 ○ (하드웨어 구축) 귀농귀촌지원센터 리모델링 및 임차비, 도시민 농촌이주를 위해 필요한 소규모 주거단지용 기반 조성 사업비 등 지원 ○ (소프트웨어 사업) 도시민 농촌유치지원 프로그램 개발·운영비 지원				
국고보조 근거법령	○ 귀농어·귀촌 활성화 및 지원에 관한 법 제13조				
지원자격 및 요건	○ 사업신청일 기준 귀농귀촌 지원조례를 제정·운영하고 있으며, 도시민 농촌유치와 귀농귀촌을 연계 추진하고자 하는 도농복합 시·군(수도권 및 광역시 제외) ○ 시·군의 지역주민, 지역사회단체가 도시민 농촌유치를 통한 귀농귀촌 활성화에 강한 의지를 갖고 있는 지역				
지원한도	시·군당 3년간 6억원 이내				
재원구성 (%)	국고	50	지방비	50	융자	-	자부담	-

연도별 재정투입 현황	(단위 : 백만원)				
	구 분	2017년	2018년	2019년	2020년
	합 계	5,400	5,400	5,400	5,600
	국 고	5,400	5,400	5,400	5,600

담당기관	담당과	담당자	연락처
농림축산식품부	경영인력과	사무관 홍근훈 주무관 김형래	044-201-1539 044-201-1540
신청시기	정기(전년도 8월중)	사업시행기관	지방자치단체
관련자료	-		

24 마을단위 찾아가는 융화교육

세부사업명	귀농귀촌 활성화지원		세목	자치단체 경상보조
내역사업명	마을단위 찾아가는 융화교육		예산 (백만원)	350
사업목적	○ 기존 지역민과 귀농귀촌인이 함께 참여하는 마을단위 융화교육 프로그램 운영 지원			
사업 주요내용	○ 귀농·귀촌인이 많거나 지역내 갈등사례가 있는 마을에 대해 우선적으로 신청 또는 추천을 받아 융화 우수사례, 갈등 관리방안, 역할극, 선진지 견학, 체험 프로그램 등 다양한 주민참여형 교육 실시			
국고보조 근거법령	○ 귀농어·귀촌 활성화 및 지원에 관한 법 제13조			
지원자격 및 요건	○ 도시민 농촌유치와 귀농·귀촌을 연계 추진하고자 하는 시·군 및 도농복합 시 (특광역시 제외)에 속한 마을			
지원한도	○ 마을당 1백만원 이내			

재원구성 (%)	국고	50	지방비	50	융자	-	자부담	-

연도별 재정투입 현황 (단위 : 백만원)

구 분	2017년	2018년	2019년(신규)	2020년
합 계	-	-	700	700
국 고	-	-	350	350
지방비	-	-	350	350

담당기관	담당과	담당자	연락처
농림축산식품부	경영인력과	사무관 홍근훈 주무관 김형래	044-201-1539 044-201-1540
신청시기	-	사업시행기관	지방자치단체
관련자료	-		

25. 주민주도마을만들기(자치단체)

세부사업명	농촌공동체활성화지원			세목	자치단체 경상보조
내역사업명	주민주도마을만들기(자치단체)			예산 (백만원)	540
사업목적	○ 주민주도의 마을 만들기 지원체계 구축을 통해 농촌공동체 활성화 도모				
사업 주요내용	○ 주민 역량조사 및 주민주도 마을발전 계획수립을 위한 농촌활성화지원센터 운영				
국고보조 근거법령	○ 「농업·농촌 및 식품산업 기본법」제10조(지역농업의 발전과 농촌주민의 복지증진), 「농어업인 삶의 질 향상 및 농어촌지역 개발촉진에 관한 특별법」 제19조 (고령 농어업인의 생활안정 지원 등) 및 제31조(농어촌산업 육성)				
지원자격 및 요건	○ 농촌활성화지원센터 - 주민주도 지역발전, 지자체 역량강화 등을 지원할 수 있는 대학, 공공·민간 전문기관이 컨소시엄을 통해 지원				
지원한도	-				
재원구성 (%)	국고	50	지방비	50	융자	-	자부담	-

연도별 재정투입 계획 (단위: 백만원)

구 분	2017년	2018년	2019년	2020년
합 계	1,020	1,020	1,020	1,020
국 고	540	540	540	540
지방비	540	540	540	540

담당기관	담당과	담당자	연락처
농림축산식품부	지역개발과	과 장 김 철 사무관 박혜민 주무관 이영택	044-201-1551 044-201-1556 044-201-1553
신청시기	정기(해당년도 2월중)	사업시행기관	시도
관련자료			

26 지역단위 농촌융복합산업활성화 지원

세부사업명	농촌융복합산업활성화지원		세목	민간경상보조
내역사업명	지역단위 농촌융복합산업 활성화 지원		예산 (백만원)	5,940
사업목적	○ 농촌지역의 부존자원(1차산업)을 이용, 식품가공 등 제조업(2차산업), 유통·관광 등 서비스업(3차산업)을 융·복합하여 농촌산업을 고도화함으로써 농촌지역의 신성장동력과 일자리 창출			
사업 주요내용	○ 농촌융복합산업 인증평가·심사 및 사후관리 ○ 전문상담 및 현장코칭 지원 ○ 안테나숍 운영 및 판매플랫폼 구축 지원 ○ 기초실태조사 ○ 지역단위 네트워크 구축 등			
국고보조 근거법령	○ 농촌융복합산업 육성 및 지원에 관한 법률			
지원자격 및 요건	○ 농촌융복합산업 인증사업자 (국고 50%, 지방비 50%)			
지원한도	-			
재원구성 (%)	국고 50%	지방비 50%	융자	자부담

연도별 재정투입 현황 (단위 : 백만원)

구 분	2017년	2018년	2019년	2020년
합 계	12,410	14,110	12,780	11,880
국 고	6,205	7,055	6,390	5,940
지방비	6,205	7,055	6,390	5,940

담당기관	담당과	담당자	연락처
농림축산식품부	농촌산업과	이명우	044-201-1585
신청시기 -		사업시행기관	시도별 농촌융복합산업 지원센터
관련자료 -			

27. 청년귀농 장기교육 사업

세부사업명	귀농귀촌활성화지원			세목	민간경상보조
내역사업명	청년귀농 장기교육			예산 (백만원)	1,205
사업목적	○ 영농경험이 부족한 청년층의 안정적인 정착지원을 위해 실습중심의 장기체류형 교육과정 운영을 통한 역량강화 지원				
사업 주요내용	○ 숙박·학습시설과 강사풀을 보유한 농업관련 법인을 선정하고 이를 통해 귀농 예정 청년들이 6개월 간 농장에서 체류하며 실제 복합농업 활동 및 농촌생활을 통해 직접 학습할 수 있도록 교육지원 - 교육생별 선택작목 직접 재배를 통한 영농기술 교육 포함				
국고보조 근거법령	○ 귀농어·귀촌 활성화 및 지원에 관한 법 제10조				
지원자격 및 요건	○ (교육기관) 농업관련 법인(영농조합, 농업회사, 사단·재단법인, 협동조합, WPL 등) ○ (교육생) 만 39세 이하의 귀농 예정 청년				
지원한도	○ (교육기관) 과정별 차등지원 - 강사수당, 강사여비, 교재비, 실습체험비, 홍보비 등 지급 ○ (교육생) 교육비(평균 1,120만원)의 70%(30% 자부담)				
재원구성 (%)	국고	70~100	지방비	-	융자	-	자부담	0~30

연도별 재정투입 현황	구 분	2017년	2018년(신규)	2019년	2020년
	합 계	-	404	808	1,205
	국 고	-	404	808	1,205

(단위 : 백만원)

담당기관	담당과	담당자	연락처
농림축산식품부 농림수산식품교육문화정보원	경영인력과 귀농귀촌지원실	홍근훈 장철이	044-201-1539 02-2058-2850

신청시기	기관선정(1월), 교육신청(1~7월)	사업시행기관	농림수산식품 교육문화정보원
관련자료	청년귀농 장기교육 사업시행지침 참조		

28. 청년 농촌보금자리조성

세부사업명	청년 농촌보금자리조성		세목	자치단체 자본보조
내역사업명	청년 농촌보금자리조성		예산 (백만원)	6,420
사업목적	○ 귀농귀촌 청년층의 주거·보육부담 완화, 문화·여가 등 생활여건 개선을 통해 청년들의 안정적 농촌 정착을 유도하고, 농촌의 지속가능성 제고			
사업 주요내용	○ 임대주택단지(개소당 30호 내외)를 조성하여 귀농귀촌 청년 및 신혼부부, 청년 양육가정에 저렴한 임대료로 장기 임대 ○ 임대주택단지 內 공동보육시설과 단지 입주민들의 문화·여가 활동을 위한 커뮤니티 시설 각 1개동씩 복합하여 설치			
국고보조 근거법령	○「농어업인 삶의 질 향상 및 농어촌지역 개발촉진에 관한 특별법」제29조(농어촌의 기초생활여건 개선), 동법 제34조(농어촌 문화시설의 설치 및 운영 지원)			
지원자격 및 요건	○ 사업대상 : 특별시·광역시를 제외한 155개 시·군(세종특별자치시, 제주특별자치도 포함) ○ 사업수혜자 : 만 40세 미만 귀농귀촌 청년 또는 가구주 연령 만 40세 미만인 귀농귀촌 신혼부부, 가구주 연령 만 40세 미만이면서 자녀를 양육 중인 가정			
지원한도	○ 개소당 총사업비 8,025백만원(1년차 40%, 2년차 40%, 3년차 20%)			
재원구성 (%)	국고	50	지방비	50	융자	-	자부담	-

연도별 재정투입 현황 (단위 : 백만원)

구 분	2017년	2018년	2019년	2020년
합 계	-	-	12,840	12,840
국 고	-	-	6,420	6,420
지방비	-	-	6,420	6,420
자부담	-	-	-	-

담당기관	담당과	담당자	연락처
농림축산식품부	지역개발과	김국회 윤주영	044-201-1560 044-201-1561

신청시기	-	사업시행기관	시·군
관련자료			

30. 농어촌 취약지역 생활여건 개조사업

세부사업명	지역행복생활권협력사업		세목	자치단체 자본보조
내역사업명	농어촌 취약지역 생활여건 개조사업		예산 (백만원)	61,500
사업목적	○ 취약지역 주민의 기본적인 생활수준(National Minimum) 보장을 위해 안전·위생 등 생활 인프라 확충 및 주거환경 개선, 주민역량 강화 등 지원			
사업 주요내용	○ (안전확보) 재해(산사태 등)예방, 노후위험시설(축대, 담장) 보수, CCTV 설치 등 ○ (생활·위생인프라) 상하수도 지원, 재래식 개량 및 공동 화장실 확충 등 ○ (주택정비) 주거여건 및 노후불량주택의 안전문제 개선 등 ○ (일자리·문화, 복지 등 휴먼케어) 육아·보육, 청소년 상담, 소외계층 취업, 노인돌봄, 건강관리, 사업 홍보 등 ○ (역량강화) 주민 공동체 활성화, 주민 참여 확대 등 도모			
국고보조 근거법령	○ '국가균형발전특별법' 제3조(국감 및 지방자치단체의 책무) ○ '국가균형발전특별법' 제39조(세출예산의 차등 지원)			
지원자격 및 요건	○ 최소 30가구 이상이며 30년 이상 노후주택비율이 40%이상 이거나 슬레이트 지붕 주택 비율이 40%이상인 지역			
지원한도	○ 개소 당 15억원 내외('19년도 선정 72개소, '20년 선정 100개소(계획))			

재원구성 (%)	국고	70%	지방비	30%	융자	-	자부담	30~50% (일부사업)

연도별 재정투입 현황 (단위: 백만원)

구 분	2017년	2018년	2019년	2020년
합 계	53,500	38,000	45,300	61,500
국 고	53,500	38,000	45,300	61,500

담당기관	담당과	담당자	연락처
농림축산식품부	지역개발과	정수진 김두환	044-201-1558 044-201-1559

신청시기	사업전년도 11월 ~ 사업년도 1월	사업시행기관	시·군·구
관련자료	2020년도 취약지역 생활여건 개조사업 가이드라인		

1-3. 농촌복지 및 지역활성화

농촌분야

30 농기계등화장치 부착지원

세부사업명	농업인안전재해보험		세목	자치단체경상보조
내역사업명	농기계등화장치 부착지원		예산 (백만원)	1,080
사업목적	○ 농기계 보급 증가에 따라 도로주행 농기계의 안전사고를 사전 방지함으로써 농업인의 귀중한 생명과 재산을 보호			
사업 주요내용	○ 도로주행 농기계(경운기, 트랙터)에 등화장치 부착 지원			
국고보조 근거법령	○ 농업기계화 촉진법 제4조(자금지원)			
지원자격 및 요건	○ 농업인이 보유하고 있는 도로주행 농업기계에 등화장치 부착지원(국고 40%, 지방비 60%)			
지원한도	○ 농업인이 보유한 농업기계당 등화장치 1개 부착지원(경운기 방향지시등은 추가 설치 지원 가능)			
재원구성 (%)	국고 40	지방비 60	융자 -	자부담 -

연도별 재정투입 현황 (단위 : 백만원)

구 분	2017년	2018년	2019년	2020년
합 계	3,000	3,000	3,000	2,700
국 고	1,200	1,200	1,200	1,080
지방비	1,800	1,800	1,800	1,620

담당기관	담당과	담당자	연락처
농림축산식품부 지방자치단체	농기자재정책팀 친환경농업과 등	최승묵 농기계담당자	044-201-1840

신청시기	정기(전년도 10~11월)	사업시행기관	지방자치단체
관련자료	농업기계 등화장치 부착지원 사업시행지침서		

31. 농번기 아이돌봄방 지원

세부사업명	농촌보육여건개선		세목	민간경상보조
내역사업명	농번기 아이돌봄방 지원		예산 (백만원)	420
사업목적	○ 돌봄시설이 부족한 농촌에서 농번기 주말동안 영유아를 안심하고 맡기고, 영농에 종사할 수 있도록 아이돌봄방을 설치·운영하여 일·가정 양립지원 및 농촌 돌봄사각지대 해소			
사업 주요내용	○ 농번기 동안 아이돌봄방을 운영할 수 있도록 시설개보수비용 및 운영비 지원 - 운영기간 : 4개월~6개월(운영시기는 지역별 여건에 따라 자율적으로 선택)			
국고보조 근거법령	○ 「여성농어업인육성법」제11조 ○ 「농어업인 삶의 질 향상 및 농어촌지역 개발 촉진에 관한 특별법」제18조			
지원자격 및 요건	○ 농촌지역에서 보육에 필요한 전문성, 시설 및 인력을 갖추고 농번기 주말동안 아이돌봄방을 운영하고자 하는 법인·단체(지역농협, 여성농업인센터, 사회복지법인 등)			
지원한도	○ (시설비) 20백만원 내외, (운영비) 17~25백만원 내외			
재원구성 (%)	국고 100%	지방비	융자	자부담

연도별 재정투입 현황

(단위 : 백만원)

구 분	2017년	2018년	2019년	2020년
합 계	245	245	235	420
국 비	245	245	235	420
지방비	-	-	-	-

담당기관	담당과	담당자	연락처
농림축산식품부	농촌여성정책팀	김재학 정광호	044-201-1566 044-201-1567
농어촌희망재단	-	윤여진 김하림	02-509-2445 02-509-2444

신청시기	매년 1~2월	사업시행기관	농어촌희망재단
관련자료	-		

32. 농업안전보건센터 지정 운영

세부사업명	농업안전보건센터 지정 운영			세목	민간경상보조
내역사업명	-			예산 (백만원)	1,500
사업목적	○ 농업인의 직업성 질환 예방을 위한 조사연구, 예방교육, 안전보건서비스 제공, 농업인 특화 건강검진 추진을 통한 농업인 직업성 질환 예방 및 건강증진, 삶의 질 향상				
사업 주요내용	○ 농업인의 직업성 질환 예방을 위한 조사연구, 예방교육, 안전보건서비스 제공, 농업인 특화 건강검진 추진을 위해 농업안전보건센터 지정·운영				
국고보조 근거법령	○ 「여성농어업인 육성법」제11조의3 ○ 「농어업인 삶의질 향상 및 농어촌지역 개발촉진에 관한 특별법」제15조의2				
지원자격 및 요건	○ 농식품부에게 농업안전보건센터로 지정된 기관				
지원한도	○ 해당없음				
재원구성 (%)	국고	100%	지방비	융자	자부담

연도별 재정투입 현황 (단위 : 백만원)

구 분	2017년	2018년	2019년	2020년
합 계	1,805	1,805	1,500	1,500
국 비	1,805	1,805	1,500	1,500

담당기관	담당과	담당자	연락처
농림축산식품부	농촌여성정책팀	김재학 정광호	044-201-1566 044-201-1567
농업안전보건센터	강원대학교병원 경상대학교병원 조선대학교병원 제주대학교병원 단국대학교병원	각 센터 대표번호	033-251-9011 055-750-9601 062-220-3971 064171-1526 041-550-7340

신청시기	-	사업시행기관	농업안전보건센터
관련자료	-		

33 농업인 행복버스 운영(행복버스)사업

세부사업명	농촌공동체활성화지원		세목	민간경상보조
내역사업명	농업인 행복버스 운영사업		예산 (백만원)	959
사업목적	○ 각종 서비스 접근성이 떨어지는 농업인을 대상으로 의료봉사, 장수사진 등의 서비스를 원스톱으로 제공하여 농업인 복지 증진 도모			
사업 주요내용	○ 의료서비스 낙후지역 농업인에 대한 질환 검진 및 물리치료, 장수사진 촬영 후 액자 제작 및 제공			
국고보조 근거법령	○ 농어업인 삶의질 향상 및 농어촌지역 개발촉진에 관한 특별법 제12조(농어업인 등의 복지증진)			
지원자격 및 요건	○ 의료서비스 낙후 농촌지역에 거주하는 60세 이상 농업인 및 농촌지역의 소외계층			
지원한도	○ 959백만원			
재원구성 (%)	국고 70% 지방비 융자 자부담 30%			

연도별 재정투입 현황 (단위 : 백만원)

구 분	2017년	2018년	2019년	2020년
합 계	983	983	932	1,370
국 고	777	777	746	959
자부담	206	206	186	411

담당기관	담당과	담당자	연락처
농림축산식품부	농촌사회복지과	이승규	044-201-1574

신청시기	연중	사업시행기관	농협경제지주
관련자료	농업인 행복버스 운영 계획서		

34 농업인자녀 및 농업후계인력 장학금 지원

세부사업명	농업인자녀 및 농업후계인력 장학금지원	세목	민간경상보조
내역사업명	농업인자녀 및 농업후계인력 장학금 지원	예산 (백만원)	17,679
사업목적	○ 농업인 자녀 및 농업 후계인력에게 장학금을 지원하여 농업인의 교육비 부담 경감 및 우수 농업 후계인력 육성		
사업 주요내용	○ 농업인 학비 부담경감 및 우수 농업 후계인력 육성을 위해 농업인자녀 및 농업후계 대학·고교생을 대상으로 장학금 지원		
국고보조 근거법령	○ 농업·농촌 및 식품산업 기본법 제53조 농림어업인삶의질향상 및 농산어촌지역 개발촉진에 관한 특별법 농어촌구조개선특별회계법		
지원자격 및 요건	(대학장학금) - 영농후계 : 농식품 계열학과 재학생(1학년2학기~2학년 재학생, 전문대 제외) 중 영농종사 의지 및 영농활동 실적, 성적 등 일정요건을 충족하는 학생 - 농업인자녀 : 소득수준, 성적 등 일정요건을 충족한 농업인 자녀 - 청년창업농육성 : 전공무관 3학년 이상 재학생(전문대는 1학년 2학기 이상, 만 40세미만) 중 농업활동 실적, 취창업계획서, 성적 등 일정요건을 충족하는 학생 (고교장학금) : 자영농고, 마이스터고, 일반농고의 농업계열 학과 재학생		
지원한도	○ 대학장학금: (농업인자녀) 50~200만원/학기, (영농후계) 250만원/학기, (청년창업농육성) 등록금전액+학업장려금200만원/학기 * 타 장학금과 중복 시 등록금 범위를 초과할 수 없음 ○ 고교장학금: 50만원/연		

재원구성 (%)	국고	100%	지방비		융자		자부담	

연도별 재정투입 현황	구 분	2017년	2018년	2019년	2020년 (단위 : 백만원)
	합 계	13,700	13,090	13,995	17,679
	국 고	13,700	13,090	13,995	17,679

담당기관	담당과	담당자	연락처
농림축산식품부 농어촌희망재단	농촌사회복지과 장학팀	이한병 박순용	044-201-1578 02-509-2244
신청시기	1학기(1월), 2학기(7월)	사업시행기관	농어촌희망재단
관련자료	농림사업정보시스템(AGRIX), 사업시행지침서		

35 농촌 공동아이돌봄센터 운영 지원

세부사업명	농촌보육여건개선		세목	지자체경상보조
내역사업명	농촌 공동아이돌봄센터 운영 지원		예산 (백만원)	1,198
사업목적	○ 보육시설이 없는 농촌지역에 농촌공동아이돌봄센터와 이동식 놀이교실의 설치·운영을 지원하여 농촌지역 보육여건 개선			
사업 주요내용	○ 농촌공동아이돌봄센터와 이동식 놀이교실의 시설비 및 운영비 지원			
국고보조 근거법령	○ 「농어업인 삶의 질 향상 및 농어촌지역 개발촉진에 관한 특별법」 제18조 ○ 「여성농어업인육성법」 제11조 ○ 「영유아보육법」 제36조 ○ 「농어촌주민의 보건복지증진을 위한 특별법」 제22조			
지원자격 및 요건	○ 농촌공동아이돌봄센터 - 보육시설이 없는 농촌지역의 영유아 3~20인을 보육하는 국공립어린이집 및 사회복지법인어린이집으로 지방보육정책위원회의 심의를 거친 곳 ○ 이동식 놀이교실 - 보육시설이 없는 농촌 마을을 놀이 차량을 이용하여 방문·보육서비스를 제공하고자 하는 도지사, 시장, 군수 및 위탁운영자			
지원한도	○ 농촌공동아이돌봄센터 : 개소당 최대 시설비 15,200만원, 운영비 1,370만원 ○ 이동식 놀이교실 : 개소당 최대 운영비 15,200만원 ※ 돌봄센터 시설비 및 놀이교실 운영비는 시설규모·운영여건에 따라 최대 30%까지 추가지원 가능			

| 재원구성
(%) | 국비 | 50% | 지방비 | 50% | 융자 | | 자부담 | |

연도별 재정투입 현황	(단위 : 백만원)			
	구 분	2017년	2018년	2019년	2020년
	합 계	786	786	2,080	2,396
	국 비	649	649	1,456	1,198
	지방비	137	137	624	1,198

담당기관	담당과	담당자	연락처
농림축산식품부	농촌여성정책팀	김재학 정광호	044-201-1566 044-201-1567
신청시기	매년 전년도 10~11월	사업시행기관	시도, 시군
관련자료	-		

36. 농촌 교육·문화·복지 지원사업

세부사업명	농촌공동체활성화지원		세목	민간경상보조
내역사업명	농촌교육·문화·복지 지원		예산 (백만원)	2,987
사업목적	○ 농촌의 교육·문화·복지 여건을 개선하고 지역 주민 스스로 교육·문화·복지 프로그램 실행이 가능한 환경조성 및 역량 개발			
사업 주요내용	○ 농촌 교육·문화·복지 여건 개선 및 지역 공동체 육성을 위해 교육·문화·복지 프로그램 운영에 필요한 비용 지원(프로그램 운영에 필요한 강사비, 학습 기자재비 및 공동체 운영에 필요한 인건비 등)			
국고보조 근거법령	○ 농어업인 삶의 질 향상 및 농어촌 지역개발 촉진에 관한 특별법 제20조(농어촌 교육여건 개선의 책무), 제21조(농어촌학교 학생의 학습권 보장 등) 제28조의2(농어업인등의 평생교육 지원), 제33조(농어촌의 문화예술 진흥), 제34조(농어촌 문화복지시설의 설치 및 운영 지원)			
지원자격 및 요건	(지역) 「농업·농촌 및 식품산업 기본법」제3조제5호에 따른 농촌 지역 (공동체 범위) 농촌 면단위 내 15명 이상이 참여하는 공동체 * 단, 지리·교통여건·연령 등의 사유로 15명 이상 구성이 어려운 경우 10명이상 구성 가능			
지원한도	○ 수혜 인원, 지원 횟수·시간, 사업 유형 등에 따라 차등 지원(개소당 5~25백만원)			

재원구성 (%)	국고	100%	지방비		융자		자부담	

연도별 재정투입 현황 (단위 : 백만원)

구 분	2017년	2018년	2019년	2020년
합 계	3,015	3,015	3,002	2,987
국 고	3,015	3,015	3,002	2,987

담당기관	담당과	담당자	연락처
농림축산식품부 농어촌희망재단	농촌사회복지과 복지팀	이한병 윤여진	044-201-1578 02-509-2445

신청시기	12월중	사업시행기관	농어촌희망재단
관련자료	농림사업정보시스템(AGRIX), 사업시행지침서		

37 농촌집고쳐주기사업

세부사업명	농촌공동체활성화지원(농특회계)		세목	민간경상보조
내역사업명	농촌집고쳐주기		예산 (백만원)	4,500
사업목적	재능기부와 자원봉사를 통해 **농촌 취약계층의 노후·불량 주택수리**로 주민 주거 및 마을 환경개선과 농촌 지역주민 삶의 질 향상			
사업 주요내용	농촌의 빈곤층 가구의 경.중보수에 해당하는 집수리(가구당 평균 500만원, 노후.불량 정도에 따라 650만원까지 지원)에 필요한 재료비, 봉사자 교통비, 식비, 교육.회의 간식비 등 활동비 지원			
국고보조 근거법령	**농촌집고쳐주기** : 「농업·농촌 및 식품산업 기본법」 제10조(지역농업의 발전과 농촌주민의 복지증진) 및 제54조(농촌주민의 복지증진), 「농어업인 삶의 질 향상 및 농어촌지역 개발촉진에 관한 특별법」 제12조(농어업인 등의 복지증진)			
지원자격 및 요건	(지원자격) 집수리 자원봉사에 참여하고자 하는 단체, 기관·기업체, 대학생 등 (요건) 시·군 읍·면 지역의 차상위계층(타 부처 지원을 받은 3년 이상 경과 된 기초생활 수급자 포함)에 있는 자가 또는 무상임차 주택 거주자 　　　(단, 무상임차의 경우 직계 존비속에 한함)			
지원한도	**농촌집고쳐주기** 사업(예산)규모 : 가구당 평균 5백만원 국비 100% 지원			

재원구성 (%)	국고	100	지방	-	융자	-	자부담	-

연도별 재정투입 계획 (단위 : 백만원)

구 분	2017년	2018년	2019년	2020년
합 계	1,243	1,243	4,500	4,500
국 고	1,243	1,243	4,500	4,500

담당기관	담당과	담당자	연락처
농림축산식품부 다솜둥지복지재단	농업역사문화전시체험관추진팀 다솜둥지복지재단	김정권 업무 담당자	044-201-1542 031-299-7897~9

신청시기	해당년도 1~3월	사업시행기관	다솜둥지복지재단
관련자료 등	농림축산식품사업시행지침, 2019년 농촌집고쳐주기사업 추진계획, 다솜둥지복지재단 홈페이지(www.dasomhouse.kr) 등		

38 농촌축제 지원 사업

세부사업명	농업농촌 사회적가치 확산			세목	자치단체 경상보조
내역사업명	농촌축제 지원 사업			예산 (백만원)	**400**
사업목적	○ 농촌 생활·경관·전통 등을 소재로 한 마을·권역단위 축제 지원을 통해 농촌 공동체 활성화 및 도농교류 등 유도('08~)				
사업 주요내용	○ 기획·컨설팅, 프로그램 운영 및 기자재 등 축제 개최비용 지원				
국고보조 근거법령	○ 「농어업인 삶의 질 향상 및 농어촌 지역개발 촉진에 관한 특별법」 제33조 (농어촌의 문화예술 진흥), 제35조(도시와 농산어촌의 교류확대)				
지원자격 및 요건	○ 농촌지역*에서 지역주민들이 주체가 되어 주민화합, 전통계승, 향토자원 특화 등 특정주제를 중심으로 지역공동체 활성화를 위해 개최하는 축제				
지원한도	축제참여 인원 등 규모를 감안하여 최대 9만원 지원				
재원구성 (%)	국고 50%	지방비 50%	융자		자부담

연도별 재정투입 현황	구 분	2017년	2018년	2019년	2020년
	합 계	1,000	1,000	1,000	800
	국 고	500	500	500	400

(단위 : 백만원)

담당기관	담당과	담당자	연락처
농림축산식품부 자치단체	농촌사회복지과 시군구 ○○○과	이한병 ○○○	044-201-1578 000-0000-0000
신청시기	사업추진 직전연도 말	사업시행기관	자치단체
관련자료	농촌축제지원사업시행지침서(공문으로 송부)		

39 농촌축제 지원 사업 운영관리

세부사업명	농업농촌 사회적가치 확산			세목	자치단체 경상보조
내역사업명	농촌축제 지원 사업 운영관리			예산(백만원)	80
사업목적	○ 농촌축제 사업 선정 및 운영 관리				
사업 주요내용	○ 농촌축제 지원대상 선정, 현장 컨설팅, 홍보 및 관리 지원				
국고보조 근거법령	○ 「농어업인 삶의 질 향상 및 농어촌 지역개발 촉진에 관한 특별법」 제33조(농어촌의 문화예술 진흥), 제35조(도시와 농산어촌의 교류확대)				
지원자격 및 요건	○ 농촌축제 등 농촌 공동체 활성화 지원을 할 수 있는 공공기관(농어촌공사)				
지원한도	농촌축제 운영관리에 필요한 비용 지원				
재원구성(%)	국고 100	지방비		융자	자부담

연도별 재정투입 현황 (단위 : 백만원)

구 분	2017년	2018년	2019년	2020년
합 계	80	80	80	80
국 고	80	80	80	80

담당기관	담당과	담당자	연락처
농림축산식품부 농어촌공사	농촌사회복지과 도농교류부	이한병 신용호	044-201-1578 031-8084-9518
신청시기	연중	사업시행기관	농어촌공사
관련자료			

40 농업농촌 사회적 가치확산지원

세부사업명	농업농촌사회적가치확산지원				세목	지자체경상보조	
내역사업명	사회적 농업 활성화 지원				예산 (백만원)	1,260	
사업목적	○ 농업 활동을 통해 국민의 정신건강을 증진하고, 사회적 약자를 대상으로 돌봄·교육·고용 등 다양한 서비스를 제공하는 사회적 농업의 확산 도모 ○ 사회적 농업을 통해 사회적 약자의 신체적.정신적 건강 증진 및 사회적 역할 수행을 돕고, 지역의 다양한 주체 간에 네트워크를 형성하여 농촌 공동체를 활성화하도록 유도						
사업 주요내용	○ 사회적 농업 활동 운영비 지원 ○ 사회적 농업 조직과 지역사회의 네트워크 구축비 지원 ○ 사회적 농업 활동에 따른 시설비 지원						
국고보조 근거법령	○ 「농어업인의 삶의 질 향상 및 농어촌지역 개발촉진에 관한 특별법」 제19조의 4 (농어업인 등의 일자리 창출 기여 등 단체에 대한 지원)						
지원자격 및 요건	○ 사회적 농업*을 실천하고 있는 농촌지역 소재 조직** * 농업인을 중심으로, 사회적 약자와 농업 생산활동 등을 통한 돌봄.교육.고용 효과를 도모하는 활동 및 실천 ** 농업법인, 사회적경제조직, 민법상 법인.조합, 상법상 회사 등 조직형태가 법인이거나 비영리민간단체 등 단체						
지원한도	○ 개소당 60백만원(국고 70%, 지방비 30%)						
재원구성 (%)	국고	70%	지방비	30%	융자	-	자부담	-
연도별 재정투입 현황	(단위 : 백만원) 	구 분	2017년	2018년	2019년	2020년
---	---	---	---	---
합 계	-	540	1,080	1,800
국 고	-	378	756	1,260							
	담당기관		담당과		담당자		연락처
	농림축산식품부 한국농어촌공사 농어촌자원개발원		농촌사회복지과 공동체지원부		신경미 김경동		044-201-1573 031-8084-9564
신청시기	사업 전년도 8월경				사업시행기관		농림축산식품부 (농촌사회복지과)
관련자료	-						

41. 영농도우미 지원 사업

세부사업명	취약농가 인력지원	세목	민간경상보조
내역사업명	영농도우미 지원 사업	예산 (백만원)	7,840

사업목적	○ 사고·질병농가에는 영농도우미를 지원하여 안정적인 영농활동도모
사업 주요내용	○ 영농도우미 사고로 2주이상 상해진단을 받거나, 질병으로 3일 이상 입원한 경우, 4대 중증질환 통원치료자, 영농교육 참여 여성농업인 등에게 영농도우미 최대 10일 지원
국고보조 근거법령	○ 농업·농촌 및 식품산업 기본법 제39조제3항
지원자격 및 요건	○ 사고로 2주이상 상해진단을 받거나 3일 이상 입원한 경우, 질병으로 3일 이상 입원한 경우, 4대 중증질환 통원치료자, 영농교육참여 여성농업인에게 영농도우미 최대 10일 지원
지원한도	- 1가구당 국고지원한도 : 49,000원

재원구성 (%)	국고	70%	지방비		융자		자부담	30%

연도별 재정투입 현황 (단위 : 백만원)

구 분	2017년	2018년	2019년	2020년
합 계	10,200	10,360	11,900	11,200
국 고	7,140	7,252	8,330	7,840
자부담	3,060	3,108	3,570	3,360

담당기관	담당과	담당자	연락처
농림축산식품부	농촌사회복지과	사무관 이승규	044-201-1574
농협중앙회	지역사회공헌부	팀 장 이명순 과 장 이유경 주 임 왕 정	02-2080-5410 02-2080-5412 02-2080-5415

신청시기	연중	사업시행기관	농협경제지주
관련자료	취약농가 인력지원 사업시행지침		

42 일반농산어촌개발사업

세부사업명	일반농산어촌개발사업(지역자율·제주·세종계정)	세목	자치단체 자본보조
내역사업명	농촌중심지활성화, 기초생활거점, 시·군역량강화	예산(백만원)	535,875
사업목적	○ 농산어촌지역 주민의 소득과 기초생활수준을 높이고, 농산어촌의 어메니티 증진 및 계획적인 개발을 통하여 농산어촌의 인구 유지 및 지역별 특화 발전 도모		
사업 주요내용	○ 지역주민의 공동체적 삶을 영위하는데 필요한 기초생활기반확충, 지역소득 증대, 지역경관개선, 지역역량강화 사업 지원 - 농촌중심지활성화, 기초생활거점, 시군역량강화		
국고보조 근거법령	○ 국가균형발전특별법 제34조, 제35조의2, 제35조의3 ○ 농어업인 삶의 질 향상 및 농어촌지역 개발촉진에 관한 특별법 제38조, 제39조 * 기본·시행계획 수립 및 사업추진 시에는 농어촌정비법에 따른 생활환경정비 사업 관련 조항을 준용		
지원자격 및 요건	○ 사업대상 : 일반농산어촌지역 123개 시·군 * 어촌지역 10개 시군은 별도 해수부 지침에 따름 ○ 재　　원 : 균형발전특별회계(지역자율계정, 제주계정, 세종계정)		
지원한도	○ 농촌중심지활성화 : 150억원 이하 ○ 기초생활거점 : 40억원 이하 ○ 시군역량강화 : 3억원 이하 ○ 농촌신활력플러스 : 70억원 이하 * 어촌지역은 별도 해양수산부(이하 해수부) 지침에 따름		

재원구성(%)	국고	70	지방비	30	융자	-	자부담	-

연도별 재정투입 현황 (단위 : 백만원)

구 분	2017년	2018년	2019년	2020년
합 계	1,246,191	1,256,220	1,322,278	523,869
국 고	872,334	879,351	925,595	9,202
지방비	373,857	376,869	396,319	2,804

담당기관	담당과	담당자	연락처
농림축산식품부	지역개발과	박혜민 사무관	044-201-1556
신청시기	사업 전년도 2월	사업시행기관	시·군
관련자료	농림사업정보시스템(AGRIX) 사업시행지침서 농산어촌지역개발 공간정보시스템(www.raise.go.kr)		

43 주민주도마을만들기(민간)

세부사업명	농촌공동체활성화지원		세목	민간경상보조
내역사업명	주민주도마을만들기(민간)		예산 (백만원)	203
사업목적	○ 지역개발사업 참여 우수 지구 및 마을 등에 인센티브를 부여함으로써 주민주도 마을만들기 참여의식 고취 및 내실있는 지역개발사업 추진 지원			
사업 주요내용	○ 농촌활성화지원센터 평가, 농촌마을대상 모니터링, 지역개발사업 우수지구 및 마을 등에 대한 인센티브 부여 등			
국고보조 근거법령	○ 「농업·농촌 및 식품산업 기본법」제10조(지역농업의 발전과 농촌주민의 복지증진), 「농어업인 삶의 질 향상 및 농어촌지역 개발촉진에 관한 특별법」 제19조(고령 농어업인의 생활안정 지원 등) 및 제31조(농어촌산업 육성)			
지원자격 및 요건	○ 지역개발사업 참여 우수 마을, 농촌활성화지원센터 등			
지원한도	-			
재원구성 (%)	국고 100	지방비 -	융자 -	자부담 -

연도별 재정투입 계획 (단위: 백만원)

구 분	2017년	2018년	2019년	2020년
합 계	259	259	214	203
국 고	259	259	214	203

담당기관	담당과	담당자	연락처
농림축산식품부	지역개발과	과 장 김 철 사무관 박혜민 주무관 이영택	044-201-1551 044-201-1556 044-201-1553
신청시기	정기(해당년도 2월중)	사업시행기관	한국농어촌공사
관련자료			

44. 행복나눔이 지원 사업

세부사업명	취약농가 인력지원		세목	민간경상보조
내역사업명	행복나눔이 지원 사업		예산 (백만원)	1,502
사업목적	○ 농촌 지역 고령·취약 가구에는 행복나눔이(기존 '가사도우미')를 지원하여 기초적인 가정생활 유지 도모			
사업 주요내용	○ 농촌거주 65세 이상가구, 수급자(중위소득 50%이하), 다문화 가정, 조손가구, 장애인 가구 및 경로당에 행복나눔이 최대 12일 지원			
국고보조 근거법령	○ 농어업인의 삶의 질 향상 및 농어촌 개발 촉진에 관한 특별법 제12조			
지원자격 및 요건	○ 농촌거주 65세 이상가구, 수급자(중위소득 50%이하), 다문화 가정, 조손가구, 장애인 가구 및 경로당에 행복나눔이 최대 12일 지원			
지원한도	- 1가구당 국고지원한도 : 10,500원			

재원구성 (%)	국고	70%	지방비		융자		자부담	30%

연도별 재정투입 현황 (단위 : 백만원)

구 분	2017년	2018년	2019년	2020년
합 계	1,910	1,910	2,310	2,146
국 고	1,337	1,337	1,617	1,502
자부담	573	573	693	644

담당기관	담당과	담당자	연락처
농림축산식품부	농촌사회복지과	사무관 이승규	044-201-1574
농협중앙회	지역사회공헌부	팀 장 이명순 과 장 이유경 주 임 왕 정	02-2080-5410 02-2080-5412 02-2080-5415

신청시기	연중	사업시행기관	농협경제지주
관련자료	취약농가 인력지원 사업시행지침		

2-1. 경쟁력 제고

45. FTA분야 교육·홍보 사업

세부사업명	자유무역협정이행지원센터운영		세목	민간경상보조
내역사업명	FTA분야 교육·홍보 사업		예산 (백만원)	3,095
사업목적	○ FTA대책 등에 대한 농업인·일반 국민 대상 교육 및 홍보 사업을 추진하여 정책소통을 강화하고 공감대 형성에 기여			
사업 주요내용	○ 공모 등을 통해 적정 사업을 선정하고, 선정된 사업시행자의 교육·홍보 사업 추진을 지원			
국고보조 근거법령	○ 「자유무역협정 체결에 따른 농어업인등의 지원에 관한 특별법」제20조(농업인등 지원센터·어업인등 지원센터 및 동법 시행령 제20조(지원센터의 지정 등)			
지원자격 및 요건	○ 민간경상보조 100%			
지원한도	-			

재원구성 (%)	국고	100%	지방비	-	융자	-	자부담	-

연도별 재정투입 현황	구 분	2017년	2018년	2019년	2020년
	합 계	2,945	2,945	3,095	3,095
	국 고	2,945	2,945	3,095	3,095

(단위 : 백만원)

담당기관	담당과	담당자	연락처
농림축산식품부	농업정책과	정성수 송태홍	044-201-1719 044-201-1721
신청시기	수시	사업시행기관	한국농촌경제연구원 FTA 이행지원센터
관련자료	○ 한국농촌경제연구원 FTA 이행지원센터 홈페이지(support.krei.re.kr)		

46 경영실습임대농장

세부사업명	농업농촌교육훈련지원		세목	자치단체 자본보조
내역사업명	경영실습임대농장		예산 (백만원)	4,500
사업목적	○ 영농기반 및 경험이 부족한 청년에게 시설(온실) 농업 경험 및 기술습득 기회를 제공하여 창업 후 안정적 운영 역량 제고			
사업 주요내용	○ 지방자치단체가 자체 보유하고 있는 농지 및 한국농어촌공사 비축 농지 등에 시설을 신축(개보수)하여 청년농업인(영농창업을 준비 중인 예비농업인 포함)에게 임대			
국고보조 근거법령	○ 「농업·농촌 및 식품산업 기본법」 제24조(가족농가의 경영안정과 농업종사자의 육성)			
지원자격 및 요건	○ (시설 임대인) 한국농어촌공사 비축농지 및 공유지(농지)를 보유한 지방자치단체 ○ (시설 임차인) 지방자치단체 장이 본인 명의의 시설이 없는 청년농업인의 영농창업 계획서를 평가하여 사업 대상자 확정(연령, 영농경력, 영농기반, 병역, 거주지 등 요건)			
지원한도	○ 1개소(국비+지방비)당 3억원 지원			
재원구성 (%)	국고 50%	지방비 50%	융자	자부담

연도별 재정투입 현황 (단위 : 백만원)

구 분	2017년	2018년	2019년	2020년
합 계	-	9,000	9,000	9,000
국 고	-	4,500	4,500	4,500
지방비	-	4,500	4,500	4,500

담당기관	담당과	담당자	연락처
농림축산식품부	경영인력과	김화태 고은지	044-201-1535 044-201-1536

신청시기	당해연도 1~3월	사업시행기관	지자체
관련자료	-		

47 곤충유통활성화

세부사업명	곤충미생물산업육성지원			세목	민간경상보조
내역사업명	곤충유통활성화			예산 (백만원)	50
사업목적	○ 곤충의 가치와 곤충산업의 중요성을 알려 곤충에 대한 인식개선 및 유통활성화에 기여					
사업 주요내용	○ 곤충의 날 기념행사 및 곤충체험·홍보전 등을 통해 곤충의 가치홍보					
국고보조 근거법령	○ 「곤충산업 및 지원에 관한 법률」제14조(재정 및 기술지원 등)					
지원자격 및 요건	○ (지원대상) 곤충관련 협회 ○ (지원요건) 국비 100%					
지원한도	해당없음					
재원구성 (%)	국고	100%	지방비	-	융자	-	자부담	-

연도별 재정투입 현황 (단위 : 백만원)

구 분	2017년	2018년	2019년	2020년
합 계	-	-	50	50
국 고	-	-	50	50

담당기관	담당과	담당자	연락처
농림축산식품부	종자생명산업과	이미영 박은총	044-201-2472 044-201-2473
신청시기	-	사업시행기관	곤충관련 협회
관련자료	-		

48 곤충유통사업지원

세부사업명	곤충미생물산업육성지원		세목	자치단체 경상보조
내역사업명	곤충유통사업지원		예산 (백만원)	260
사업목적	○ 곤충유통사업단(가칭)을 통한 곤충 농가 조직화, 품질관리, 마케팅 등을 지원하여 곤충산업의 영세성을 극복 ○ 곤충생산농가의 역량강화를 통한 정책 파트너로서의 역할 부여 및 곤충산업 주체 간 협력체계를 구축하여 곤충산업 수요를 견인			
사업 주요내용	○ 곤충 유통 활성화를 위한 농가조직화, 교육·컨설팅, 품질관리 및 제품개발·홍보·마케팅 경비 지원			
국고보조 근거법령	○ 「곤충산업의 육성 및 지원에 관한 법률」 제13조(지방자치단체의 곤충산업 사업수행)			
지원자격 및 요건	○ 지자체(시·도 또는 시·군·구).생산자단체.연구기관.유통조직 등으로 구성하여, 규모화·조직화·전문화에 기반하여 단일화된 마케팅 창구 기능을 수행하기 위해 운영되는 조직(가칭. 곤충유통사업단) * 참여를 희망하는 자는 곤충유통사업단 단체조직을 통해 신청이 가능하며, 개별 조직은 신청 제외			
지원한도	○ 곤충유통사업단(가칭) 개소별 260백만원(국비 130, 지방비 130)			
재원구성 (%)	국고 50%	지방비 50%	융자 -	자부담 -

(단위 : 백만원)

연도별 재정투입 현황	구 분	2017년	2018년	2019년	2020년(정부안)
	합 계	260	260	-	540
	국 고	130	130	-	260
	지방비	130	130	-	260
	자부담	-	-	-	-

담당기관	담당과	담당자	연락처
농림축산식품부	종자생명산업과	사무관 이미영 주무관 박은총	044-201-2472 044-201-2473
자치단체	시·군·구 농정담당부서	-	-

신청시기	2019년 12월	사업시행기관	시·도, 시·군·구
관련자료	농림사업정보시스템(AGRIX) 사업시행지침서('20년)		

49 국제농기계박람회

세부사업명	농기계임대			세목		민간경상보조	
내역사업명	국제농기계박람회			예산 (백만원)		400	
사업목적	중소 농업기계업체의 해외시장 개척 지원 및 국내 농기계 우수성 해외 홍보를 통해 농기계 수출 확대 및 산업 경쟁력 강화						
사업 주요내용	- 스마트팜 등 주요농기계·자재 전시, 국제학술심포지엄, 농기계 연시 및 체험관 운영, 중고농기계 전시 및 경매 등 -외국 농기계 회사 및 바이어 초청 국내 농업기계 홍보 및 수출						
국고보조 근거법령	농업기계화 촉진법 제13조의2(해외진출의 지원)						
지원자격 및 요건	한국농기계공업협동조합 대한민국 국제농기계박람회 개최 비용 4억원 (총 행사비의 16.7%)						
지원한도	400백만원						
재원구성 (%)	국고	정액 (4억원)	지방비		융자	자부담	

연도별 재정투입 계획

(단위 : 백만원)

구 분	2017년	2018년	2019년	2020년
합 계	-	400	-	400
국 고	-	400	-	400

담당기관	담당과	담당자	연락처
농림축산식품부 한국농기계공업협동조합	농기자재정책팀 수출전시팀	최승묵 김시민	044-201-1840 041-411-2131
신청시기	-	사업시행기관	한국농기계공업협동조합
관련자료	대한민국 국제농기계자재박람회 개최계획		

50 첨단 무인자동화 농업생산 시범단지 기본 및 실시설계비

세부사업명	첨단 무인자동화 농업생산 시범단지 조성		세목	자치단체자본보조
내역사업명	기본 및 실시설계비		예산 (백만원)	630
사업목적	○ 농업인구 감소 및 고령화에 대비하여 첨단 농업기계화(무인화·자동화)를 통한 첨단 농업생산 시스템 기반 마련			
사업 주요내용	○ 자율주행 무인 트랙터, 농업용드론, 농업용로봇 등 첨단 농기계를 이용한 미래형 농업생산 시범단지 조성			
국고보조 근거법령	○ 농업기계화 촉진법 제3조(농업기계화 촉진의무), 제4조(자금지원)			
지원자격 및 요건	○ 첨단 농업기계화(무인화·자동화) 농업생산 시범단지 조성을 위한 설계비, 시설·장비 구축비 등 지원(총사업비 400억원)			
지원한도	○ 기본 및 실시설계비 630백만원			

재원구성 (%)	국고	50	지방비	50	융자	-	자부담	-

(단위 : 백만원)

연도별 재정투입 현황	구 분	2017년	2018년	2019년	2020년
	합 계	-	-	-	630
	국 고	-	-	-	630
	지방비	-	-	-	-

담당기관	담당과	담당자	연락처
농림축산식품부 전라남도 농업기술원	농기자재정책팀 농촌지원과	최승묵	044-201-1840
신청시기	-	사업시행기관	전라남도
관련자료	-		

51. 노지 스마트농업 시범사업

세부사업명	노지 스마트농업 시범사업			세목	자치단체 자본 및 경상보조, 민간경상보조
내역사업명	노지 스마트농업 시범사업			예산 (백만원)	8,840
사업목적	노동집약적·관행농법 위주의 노지재배를 생산부터 유통까지 전분야에 걸쳐 데이터에 기반한 스마트 영농으로의 전환과 확산기반 마련				
사업 주요내용	생산부터 유통까지 노지 전분야의 스마트영농을 위하여 기초기반 조성, 자동화장비·기계 지원, 기존시설 스마트화 등				
국고보조 근거법령	○ 농업·농촌·식품산업기본법 제52조(농업농촌지역의 정보화 촉진) 제3항 ○ 「농어촌정비법」제2조(정의) 제5호 나목 ○ 「농어촌정비법」제10조(농업생산기반정비사업 시행자)				
지원자격 및 요건	○ 노지 스마트농업 시범단지를 조성하고자 하는 광역자치단체 - 「농어업경영체 육성 및 지원에 관한 법률」제4조에 따라 농업경영정보를 등록한 농업인·농업법인 등이 참여				
지원한도	○ '20년 국비 : 8,140백만원, 2개소(총 사업비(3년간) : 16,550백만원/개소) - 농림수산식품교육문화정보원 700백만원 별도				
재원구성 (%)	국고	50~100	지방비	30~50	융자	-	자부담	-

연도별 재정투입 계획 (단위 : 백만원)

구 분	2017년	2018년	2019년	2020년
합 계	-	-	-	12,900
국 고	-	-	-	8,840

담당기관	담당과	담당자		연락처
농림축산식품부	농산업정책과	과 장	박상호	044-201-2411
		사무관	심동욱	044-201-2425
한국농어촌공사	사업계획처	처 장	박태선	061-338-6201
		부 장	윤성은	

신청시기	정기(전년도 3월중, '20년 사업은 완료)	사업시행기관	광역자치단체, 농림수산식품교육문화정보원
관련자료	농림사업정보시스템(AGRIX) 사업시행지침서		

52 농가활용서비스개발

세부사업명	농식품 ICT융복합촉진		세목	민간경상보조
내역사업명	농가활용서비스개발		예산 (백만원)	1,475
사업목적	○ 스마트팜에서 발생하는 정보(환경, 생육, 영농 등)를 수집·분석하여 농가 활용 서비스 제공 및 연구기관·기업이 활용 가능한 데이터 제공			
사업 주요내용	○ ICT 융복합 확산농가의 현장 활용을 위한 정보서비스 개발 - 스마트팜 선도농가의 생육·환경정보를 공동 활용하여 생산성 향상 지원 - 축적된 정보를 연구기관 및 기업체에 제공하여 작물생육 연구 및 제품 업그레이드 지원			
국고보조 근거법령	○ 농업·농촌 및 식품산업 기본법 제52조(농업 및 농촌지역의 정보화 촉진) ○ 농업·농촌 및 식품산업 기본법 제36조의 2(정보통신기술 융복합 기반의 농업 및 식품산업 육성)			
지원자격 및 요건	○ 국고 100% ○ 스마트팜 농가 또는 예정 농업인 참여			
지원한도	해당 없음			
재원구성 (%)	국고 100	지방비 0	융자 0	자부담 0

연도별 재정투입 계획 (단위 : 백만원)

구 분	2017년	2018년	2019년	2020년
합 계	1,132	1,132	1,614	1,475
국 고	1,132	1,132	1,614	1,475

담당기관	담당과	담당자	연락처
농림축산식품부 농림수산식품교육문화정보원	농산업정책과 빅데이터실	심동욱 사무관 이경개 실장	044-201-2425 044-861-8750
신청시기	-	사업시행기관	농림수산식품교육 문화정보원
관련자료	-		

53. 농식품기업 온실가스 에너지 목표관리제사업

세부사업명	저탄소농림축산식품기반구축		세목	민간경상보조
내역사업명	농식품기업 온실가스 에너지 목표관리제		예산 (백만원)	1,048
사업목적	○ 농식품기업의 온실가스 에너지 감축목표를 설정, 감축이행 점검 및 지원하여 국가 온실가스 감축목표 달성에 기여			
사업 주요내용	○ 식품기업의 온실가스 감축목표 설정, 감축실적 평가, 감축이행 점검 및 지원 등			
국고보조 근거법령	○ 농어촌구조개선 특별회계법 제5조, 보조금 관리에 관한 법률 제9조			
지원자격 및 요건	○ 국고 100%			
지원한도	○ 에너지경영세스템 및 감축설비 성과검증 지원(국비50%, 자비50%) ○ 온실가스 에너지 감축수단 발굴 컨설팅(중소·중견 국비 100%, 대기업 70%)			
재원구성 (%)	국고 100%	지방비	융자	자부담

연도별 재정투입 현황 (단위 : 백만원)

구 분	2017년	2018년	2019년	2020년
합 계	1,048	1,048	1,048	1,048
국 고	1,048	1,048	1,048	1,048

담당기관	담당과	담당자	연락처
농림축산식품부 농업기술실용화재단	농촌재생에너지팀 기후변화대응팀	강명승 김찬호	044-201-2914 063-919-1470
신청시기	관리업체 선정(매년 4월)	사업시행기관	농업기술실용화재단
관련자료	사업지침자료 농업기술실용화재단 홈페이지(www.fact.or.kr)		

54. 농식품 분야 해외 인턴십 지원 사업

세부사업명	농업농촌교육훈련지원			세목	민간경상보조
내역사업명	농식품 분야 해외 인턴십 지원			예산 (백만원)	754
사업목적	○ 청년들을 위한 농식품 분야 해외 진출 지원 및 미래 농식품 산업 수요에 부합하는 인재양성				
사업 주요내용	○ 국제기구, 해외연구소·기업 등과 인턴 수요를 협의, 자격요건에 맞는 우리나라 청년들을 선발·파견하고 그에 따른 체재비 등을 지원				
국고보조 근거법령	○ 「청년고용촉진특별법」 제12조(글로벌인재 양성사업 및 협력체계)				
지원자격 및 요건	○ 만 20세 이상 34세 이하의 재학생(대학 2학년 이상 이수자 및 석박사 과정생) 및 졸업생				
지원한도	○ 파견기간(3~6개월) 동안 해외 체재비*(월 120~150만원), 왕복항공료 및 비자·보험 등 준비비, 사전교육 등 * 체재비는 파견 지역에 따라 차등 지급				
재원구성 (%)	국고	100%	지방비	-	융자	-	자부담	-

(단위 : 백만원)

연도별 재정투입 현황	구 분	2017년	2018년	2019년	2020년
	합 계	-	410	410	754
	국 고	-	410	410	754

담당기관	담당과	담당자	연락처
농림축산식품부	국제협력총괄과	김소형 장진영	044-201-2036 044-201-2037

신청시기	매년 상·하반기 각 1회	사업시행기관	농림수산식품교육 문화정보원
관련자료	농림축산식품부 홈페이지(www.mafra.go.kr) 및 농림수산식품교육문화정보원 홈페이지(www.epis.or.kr)		

55 농업경영체 전문인력 채용지원사업 안내서

세부사업명	농업·농촌교육훈련지원		세목	민간경상보조
내역사업명	농업경영체 전문인력 채용지원		예산 (백만원)	2,434
사업목적	○ 다양한 분야의 전문성을 보유한 전문인력 고용 촉진을 통해 농업경영체의 경영 혁신을 달성하고, 젊고 유능한 신규인력의 농산업 유입을 확대			
사업 주요내용	○ 농업경영체의 기술개발 및 경영 규모화를 위해 전문인력(CEO, 전문인력, 농고·농대 졸업생 등)을 채용하는 경우 인건비 중 일부를 지원			
국고보조 근거법령	○ 농업·농촌 및 식품산업기본법 제28조 ○ 농어업경영체 육성 및 지원에 관한 법률 제20조			
지원자격 및 요건	○ 농업법인 : 경영체 등록을 완료하고 농림축산식품분야 재정사업관리 기본규정 제35조 제9항(별표6)의 지원요건을 충족한 경영체 ○ APC, RPC, 거점도축장 운영사업자 : 직전년도 경영평가 D등급 이상(거점도축장은 직전년도 경영평가 C등급 이상) ○ 들녘별경영체 : 들녘별경영체 육성 지원사업 대상자			
지원한도	○ 채용유형 및 지원연차에 따라 1인당 최대 월100~180만원			

재원구성 (%)	국고	100	지방비	-	융자	-	자부담	-

연도별 재정투입현황 (단위 : 백만원)

구 분	2017년	2018년	2019년	2020년
합 계	800	800	2,434	2,434
국 고	800	800	2,434	2,434

담당기관	담당과	담당자	연락처
농림축산식품부 농림수산식품교육문화정보원	경영인력과 일자리지원실	전창희 윤영진	044-201-1534 044-861-8778
신청시기	사업시행 전년도 12월 ~	사업시행기관	농림수산식품 교육문화정보원
관련자료	농업경영체 전문인력 채용지원 시행지침 참조		

56 농업경영컨설팅(사업평가운영)사업 안내서

세부사업명	농업·농촌교육훈련지원		세목	민간경상보조
내역사업명	농업경영컨설팅(사업평가운영)		예산 (백만원)	149
사업목적	○ 역량진단에 기반한 맞춤형 경영컨설팅 지원을 통해 농업경영체의 경영역량을 강화하고 지속적 성장 및 수익창출을 유도하여 농업투자의 효율성 제고			
사업 주요내용	○ 기초컨설팅 수행, 컨설팅 전문업체 인증, 사업홍보 및 성과관리 등 농업경영 컨설팅 사업 추진을 위한 평가점검			
국고보조 근거법령	○ 농업·농촌 및 식품산업기본법 제39조 ○ 농어업경영체 육성 및 지원에 관한 법률 제20조			
지원자격 및 요건	○ 농업경영컨설팅 인증(재인증) 업체에 의한 컨설팅 평가 및 운영 가능 기관			
지원한도				

재원구성 (%)	국고	100	지방비	-	융자	-	자부담	-

연도별 재정투입 현황 (단위 : 백만원)

구 분	2017년	2018년	2019년	2020년
합 계	157	157	157	149
국 고	157	157	157	149

담당기관	담당과	담당자	연락처
농림축산식품부 농림수산식품교육문화정보원	경영인력과 일자리지원실	전창희 전준현	044-201-1534 044-861-8774

신청시기	사업시행 전년도 12월 ~	사업시행기관	농림수산식품 교육문화정보원
관련자료	농업경영컨설팅사업 시행지침 참조		

57　농업경영컨설팅(컨설팅지원)사업 안내서

세부사업명	농업·농촌교육훈련지원			세목	자치단체 경상보조
내역사업명	농업경영컨설팅(컨설팅지원)			예산 (백만원)	960
사업목적	○ 역량진단에 기반한 맞춤형 경영컨설팅 지원을 통해 농업경영체의 경영역량을 강화하고 지속적 성장 및 수익창출을 유도하여 농업투자의 효율성 제고					
사업 주요내용	○ 농업경영체의 기초컨설팅, 역량진단 등을 통한 민간전문가의 맞춤형 농업 심화 경영컨설팅 지원					
국고보조 근거법령	○ 농업·농촌 및 식품산업기본법 제39조 ○ 농어업경영체 육성 및 지원에 관한 법률 제20조					
지원자격 및 요건	○ 개별경영체(후계농업경영인, 귀농인), 법인경영체(영농조합법인, 농업회사법인)					
지원한도	○ 기초컨설팅 및 혁신역량진단결과에 따라 차등 지원 (개별경영체 10백만원, 법인경영체 30백만원)					
재원구성 (%)	국고	30	지방비	20	융자	-	자부담	50

연도별 재정투입 현황

(단위 : 백만원)

구 분	2017년	2018년	2019년	2020년
합 계	3,840	3,440	3,440	3,200
국 고	1,152	1,032	1,032	960
지방비	768	688	688	640
자부담	1,920	1,720	1,720	1,600

담당기관	담당과	담당자	연락처
농림축산식품부 농림수산식품교육문화정보원	경영인력과 일자리지원실	전창희 전준현	044-201-1534 044-861-8774
신청시기	사업시행 전년도 12월 ~	사업시행기관	지자체
관련자료	농업경영컨설팅사업 시행지침 참조		

58. 농업계학교 실습장(농대 스마트 실습시설 지원)

세부사업명	농업농촌교육훈련지원		세목	자치단체 자본보조
내역사업명	농대 스마트 실습시설 지원		예산 (백만원)	2,100
사업목적	○ 예비농업인 인력육성을 위해 농대에 기초 교육 인프라 개선 필요에 따라 농업계 대학교를 중심으로 시설지원 실시 - 최신 영농기술 실습시설과 장비를 지원하여 영농능력 배양을 통해 안정적인 영농정착 지원 및 후계농업인 육성			
사업 주요내용	○ 실습시설 확충, 개보수, 기자재·장비 구입 등 농업계 대학교 지원			
국고보조 근거법령	○ 농어업경영체육성 및 지원에 관한 법률 제9조(학교 등 농어업교육지원)			
지원자격 및 요건	○ 농업계 대학교(공모)			
지원한도	○ 학교당 600백만원 이내			

재원구성 (%)	국고	70%	지방비	30%	융자		자부담	

연도별 재정투입 현황 (단위: 백만원)

구 분	2017년	2018년	2019년	2020년
합 계	-	-	1,800	3,000
국 고	-	-	1,260	2,100
지방비	-	-	540	900

담당기관	담당과	담당자	연락처
농림축산식품부	경영인력과	김화태 고은지	044-201-1535 044-201-1536

신청시기	2019.12.10.~2020.1.3.	사업시행기관	지자체, 학교
관련자료	-		

59 농업계학교 실습장(농고)

세부사업명	농업농촌교육훈련지원		세목	자치단체 자본보조
내역사업명	농업계학교 실습장(농고)		예산(백만원)	5,000
사업목적	○ 예비농업인 인력육성을 위해 농고에 기초 교육 인프라 개선 필요에 따라 농업계 고등학교를 중심으로 시설지원 실시 - 최신 영농기술 실습시설과 장비를 지원하여 영농능력 배양을 통해 안정적인 영농정착 지원 및 후계농업인 육성			
사업 주요내용	○ 실습시설 확충, 개보수, 기자재·장비 구입 등 농업계 고등학교 지원			
국고보조 근거법령	○ 농어업경영체육성 및 지원에 관한 법률 제9조(학교 등 농어업교육지원)			
지원자격 및 요건	○ 농업계 고등학교(공모)			
지원한도	○ 학교당 500백만원 이내			

재원구성(%)	국고	100%	지방비		융자		자부담	

연도별 재정투입 현황 (단위 : 백만원)

구 분	2017년	2018년	2019년	2020년
합 계	1,300	1,300	1,300	5,000
국 고	1,300	1,300	1,300	5,000

담당기관	담당과	담당자	연락처
농림축산식품부	경영인력과	김화태 고은지	044-201-1535 044-201-1536

신청시기	2019.12.10.~2020.1.3.	사업시행기관	지자체, 학교
관련자료	-		

60 농업농촌 자발적 온실가스 감축사업

세부사업명	저탄소농림축산식품기반구축		세목	민간경상보조
내역사업명	농업농촌 자발적 온실가스 감축사업		예산 (백만원)	1,056
사업목적	○ 농업분야 저탄소 농업기술 확산 및 온실가스 감축역량 강화			
사업 주요내용	○ 농가의 자발적 온실가스 감축 실적을 모니터링, 평가 및 정부 구매 등을 통한 인센티브 제공			
국고보조 근거법령	○ 농어촌구조개선 특별회계법 제5조, 보조금 관리에 관한 법률 제9조			
지원자격 및 요건	○ 국고 100%			
지원한도	○ 사업계획 시 배정된 예산에 따라 사업수행			
재원구성 (%)	국고 100% 지방비		융자	자부담

연도별 재정투입 현황 (단위 : 백만원)

구 분	2017년	2018년	2019년	2020년
합 계	936	1,056	1,056	1,056
국 고	936	1,056	1,056	1,056

담당기관	담당과	담당자	연락처
농림축산식품부 농업기술실용화재단	농촌재생에너지팀 기후변화대응팀	강명승 정동균	044-201-2914 063-919-1470

신청시기	관리업체 선정(매년 4월)	사업시행기관	농업기술실용화재단
관련자료	사업지침자료 농업기술실용화재단 홈페이지(www.fact.or.kr)		

61 농업농촌교육지원

세부사업명	농업농촌교육훈련지원			세목	민간경상보조
내역사업명	농업농촌교육지원			예산 (백만원)	775
사업목적	○ 농업인 교육에 대한 체계적 관리, 농업·농촌교육 네트워크 운영 활성화 등 운영 효율화					
사업 주요내용	○ 농업농촌교육훈련 운영 경비 지원, 사업 관리·감독 강화, 정책개선을 위한 연구조사 등					
국고보조 근거법령	○ 농어업경영체육성 및 지원에 관한 법률 제9조(학교 등 농어업교육지원, 제22조(농어업교육 계획의 수립 등), 제23조(농어업인단체 등의 교육운영 지원)					
지원자격 및 요건	-					
지원한도	-					
재원구성 (%)	국고	100%	지방비		융자	자부담

연도별 재정투입 현황

(단위 : 백만원)

구 분	2017년	2018년	2019년	2020년
합 계	964	1,060	816	775
국 고	964	1,060	816	775

담당기관	담당과	담당자	연락처
농림축산식품부	경영인력과	김화태 고은지	044-201-1535 044-201-1536
신청시기	-	사업시행기관	지자체, 학교
관련자료	-		

62. 농업·농촌 에너지자립모델 실증지원 사업

세부사업명	농촌재생에너지보급지원			세목	민간보조
내역사업명	농업농촌 에너지자립모델 실증지원			예산 (백만원)	310
사업목적	○ 'ICT기반 농촌형 제로에너지 건축물의 설치 및 표준모델 개발사업(R&D)*' 후속 사업으로, 선행 연구로 마련된 공공생활시설 에너지자립 표준모델을 시범사업을 통해 실증 추진 * 농촌 공공생활시설을 에너지자립 모델이 적용된 제로에너지 건축물로 리모델링하여 이산화탄소 배출을 저감하고 쾌적한 실내 환경을 제공하여 주민생활 편익 도모				
사업 주요내용	○ 지자체가 신청한 농촌 지역 공공생활시설(마을회관 등) 중 2개소를 선정하고, 한국농어촌공사가 대상시설에 패시브(단열, 창호, 기밀성능 등) 및 재생에너지(태양광, 태양열 등) 기술을 적용 리모델링하여 탄소배출 절감 및 에너지자립 효과 실증 진단				
국고보조 근거법령	○ 신에너지 및 재생에너지 개발·이용·보급 촉진법 제4조(시책과 장려 등) ○ 한국농어촌공사 및 농지관리기금법 제10조(사업) 제1항 제11호 나목(농어촌 정주 지원과, 마목의 농어촌과 관련된 연구사업) ○ 농어업인의 삶의 질 향상 및 농어촌지역 개발촉진에 관한 특별법 제34조 (농어촌문화복지시설의 설치 및 운영 지원)				
지원자격 및 요건	○ 지방자치단체(시도, 시군구) - 자부담비 및 부지 확보, 주민 동의 등 사업 추진 여건이 양호한 지역				
지원한도	○ 국비 : 155백만원/개소				
재원구성 (%)	국고	50%	지방비	30%	융자	-	자부담	20%

연도별 재정투입 현황	구 분	2017년	2018년	2019년	2020년
	합 계	-	-	-	310
	국 고	-	-	-	310

(단위 : 백만원)

	담당기관	담당과	담당자	연락처
	농림축산식품부 한국농어촌공사	농촌재생에너지팀 기후변화대응부	박연주 정형모	044-201-2915 061-338-6564
신청시기	'20년 1월 중 별도 공고		사업시행기관	한국농어촌공사
관련자료	농림사업정보시스템(AGRIX) 사업시행지침서			

63 농업마이스터대학 운영 지원사업 안내서

세부사업명	농업·농촌교육훈련지원		세목	자치단체 경상보조
내역사업명	농업마이스터대학 운영 지원		예산 (백만원)	5,125
사업목적	○ 현장중심의 실습형 기술·경영교육을 통해 고급기술, 지식 및 경영능력을 갖춘 지역농업의 핵심리더 육성			
사업 주요내용	○ 13년 이상 농업에 종사한 경력이 있는 중상급 이상의 기술을 보유한 농업인 대상으로 9개 대학, 32개 캠퍼스, 100개 품목전공을 개설하여 4학기(2년)/ 총 32학점(전공 26학점 이상)의 품목교육			
국고보조 근거법령	○ 농업·농촌 및 식품산업기본법 제39조 ○ 농어업경영체 육성 및 지원에 관한 법률 제23조			
지원자격 및 요건	○ 해당 전공과정의 품목을 4년 이상 재배·사육 경력 포함, 13년 이상 농업에 종사한 경력이 있는 중상급 이상의 기술을 보유한 농업인			
지원한도	○ 사업계획 시 배정된 예산에 따라 사업수행			
재원구성 (%)	국고 50	지방비 26	융자 -	자부담 24

연도별 재정투입 현황 (단위 : 백만원)

구 분	2017년	2018년	2019년	2020년
합 계	10,250	10,250	10,250	10,250
국 고	5,125	5,125	5,125	5,125
지방비	2,617	2,617	2,617	2,617
자부담	2,508	2,508	2,508	2,508

담당기관	담당과	담당자	연락처
농림축산식품부 농림수산식품교육문화정보원	경영인력과 전문인재실	전창희 이치화	044-201-1534 044-861-8821

신청시기	정기(2년 교육과정으로 짝수년도 하반기 모집)	사업시행기관	지자체
관련자료	농업마이스터대학 운영 지침 참조		

64 농업법인 취업지원

세부사업명	농업·농촌교육훈련지원		세목	민간경상보조
내역사업명	농업법인 취업지원		예산 (백만원)	1,230
사업목적	○ 영농취업을 희망하는 청년층을 대상으로 농업법인 실무연수 기회를 제공하여 영농정착을 제고하고 농업부문 신규입력 유입 촉진			
사업 주요내용	○ 인턴을 채용한 농업법인에 인턴 1인당 월100만원 한도, 월보수의 50% 이내로 연간 600만원(6개월 기준)까지 지원			
국고보조 근거법령	○ 농업농촌 및 식품산업기본법 제24조 ○ 농어업경영체 육성 및 지원에 관한 법률 제20조			
지원자격 및 요건	○ 사업시행년도 1월1일 기준 만 18~39세 이하의 미취업자, 일정 경영규모 이상의 농업법인			
지원한도	○ 1인당 월1백만원(최대 6개월)			

재원구성 (%)	국고	100	지방비	-	융자	-	자부담	-

연도별 재정투입 현황 (단위 : 백만원)

구 분	2017년	2018년	2019년	2020년
합 계	-	1,410	1,230	1,230
국 고	-	1,410	1,230	1,230

담당기관	담당과	담당자	연락처
농림축산식품부 농림수산식품교육문화정보원	경영인력과 일자리지원실	전창희 한진선	044-201-1534 044-861-8773
신청시기	사업시행 전년도 12월 ~	사업시행기관	농림수산식품 교육문화정보원
관련자료	농업법인 취업지원 사업 시행지침 참조		

65 농업인교류센터

세부사업명	농업·농촌교육훈련지원		세목	민간경상보조
내역사업명	농업인교류센터		예산 (백만원)	500
사업목적	○ 농업 현장의 실생활 민원해결과 전문교육을 실시하여 농촌사회의 갈등을 해소하고 도시와의 정보격차 완화			
사업 주요내용	○ 전화, 인터넷, 방문 등 다양한 방법으로 농업인과 교류하여 실생활 민원을 해결하고, 법률법무 등 전문가가 현장에 직접 방문하여 교육 및 상담을 진행			
국고보조 근거법령	○ 농어업경영체 육성 및 지원에 관한 법률 제23조, 농업농촌 및 식품산업 기본법 제24조			
지원자격 및 요건	○ 국고 50~100%			
지원한도	-			
재원구성 (%)	국고 50~100% / 지방비 / 융자 / 자부담 0~50%			

연도별 재정투입 현황

(단위 : 백만원)

구 분	2017년	2018년	2019년	2020년
합 계	608	608	608	608
국 고	500	500	500	500
자부담	108	108	108	108

담당기관	담당과	담당자	연락처
농림축산식품부 농림수산식품교육문화정보원 한국농업경영인중앙연합회	농업정책과 인재기획실 회원지원센터	강누리 문진화 김 금	044-201-1722 044-861-8814 02-3401-6543
신청시기	-	사업시행기관	한국농업경영인 중앙연합회
관련자료	-		

2020년 농식품사업 안내서

66 농촌고용인력지원사업

세부사업명	농촌고용인력지원사업		세목	민간경상보조
내역사업명	농협 농촌인력중개센터(영농작업반) 운영		예산 (백만원)	2,960
사업목적		농업분야 특화된 인력수급 지원체계 구축을 통해 농촌인구 감소, 고령화 및 계절성에 따른 농촌 일손부족문제 완화 및 해소에 기여 * 농협 인력중개센터내에 영농작업반 운영을 통해 전문화된 인력의 안정적 공급 추진		
사업 주요내용		농촌지역 일손부족현상 완화를 위해 농협 인력중개센터를 강화하여 전담인력 배치, 영농작업반 구성, 사전수요조사, 인력풀 내에서 근로인력을 중개하는 사업 * 농협 인력중개센터 내에 상시적 영농작업 그룹을 육성·운영하는 것이 핵심		
국고보조 근거법령		농업.농촌 및 식품산업기본법 제8조(농업의 구조개선과 지속가능한 발전) ① 국가와 지방자치단체는 농업 종사 인력, 농업 경영, 농지의 소유 및 이용과 농산물의 유통 등을 포함한 농업구조를 개선하고, 식품산업과 농업 자재산업 등을 활성화시킴으로써 농업인의 소득이 안정적으로 증대될 수 있도록 노력하여야 한다.		
지원자격 및 요건		지원대상 : 농협중앙회, 지역본부(시군지부 포함) 및 지역농협 지원조건 : (민간경상보조) 국비 70%(농협 30%)		
지원한도		개소당 60백만원 (국고: 농협=7:3)		

재원구성 (%)	국고	70	지방비	0	융자	0	농협	30

연도별 재정투입 계획 (단위 : 백만원)

구 분	2020년	2021년	2022년	2023년 이후
합 계	4,228	4,228	4,228	4,228
국 고	2,960	2,960	2,960	2,960
지방비	0	0	0	0
융 자	0	0	0	0
자부담	1,268	1,268	1,268	1,268

담당기관	담당과	담당자	연락처
농림축산식품부	경영인력과	과 장 유원상 사무관 김일수	044-201-1531 044-201-1538
농협중앙회	농가소득지원부	팀 장 박수경 차 장 강동호	02-2080-5616 02-2080-5618

신청시기	매년(~1.17일까지)	사업시행기관	농협중앙회
관련자료			

67 농축산용미생물효능평가지원

세부사업명	곤충미생물산업육성지원		세목	자치단체 경상보조
내역사업명	농축산용미생물효능평가지원		예산 (백만원)	435
사업목적	○ 농축산용 미생물제품 사업화에 필요한 효능검정, 배양 및 제형화, 인력교육, 안전성 평가 등을 지원해 산업체 역량 강화			
사업 주요내용	○ 미생물 효능검증 및 보존(효능검증, 약효검사, 품질검증 등) ○ 미생물 배양 최적화 및 제형화(액제, 분제, 입제 등) ○ 농축산용 미생물 산업화 지원(포장·제형 지원, 시제품 제작 지원) ○ 산업계 역량강화 및 전문인력 양성(교육, 현장실습 등) ○ 미생물산업 기반 구축(유용미생물 균주수집, 보존, DB 구축 등) ○ 미생물제품 안전성 평가(미생물 병원성 검정 등)			
국고보조 근거법령	○ 농업생명자원의 보존·관리 및 이용에 관한 법률 제29조(국고보조 등)			
지원자격 및 요건	○ (지원대상) 농축산용 미생물 관련 업무를 수행하는 기관(지자체) ○ (지원요건) 국비 30%, 지방비 70%			
지원한도	해당 없음			
재원구성 (%)	국고	30%	지방비	70%	융자	-	자부담	-

| 연도별
재정투입
현황 | (단위 : 백만원) |

구 분	2017년	2018년	2019년	2020년
합 계	신규	신규	1,000	1,450
국 고	신규	신규	300	435
지방비	신규	신규	700	1,015

담당기관	담당과	담당자	연락처
농림축산식품부 전라북도	종자생명산업과 농식품산업과	이하나 조정현	044-201-2476 063-280-3673
신청시기	-	사업시행기관	(재)농축산용미생물 산업육성지원센터
관련자료	-		

68 단기체감서비스개발

세부사업명	농식품 ICT융복합촉진		세목	민간경상보조
내역사업명	단기체감서비스개발		예산(백만원)	785
사업목적	○ 중소농 및 스마트 팜을 적용하지 않은 농가 대상 데이터 기반 영농 및 생산 효율화 단기 체감형 모델 발굴 및 활용 지원으로 농가의 데이터 활용 관심도 제고 및 스마트 영농 확산 기반 마련			
사업 주요내용	- 선정 농가 대상 데이터 수집을 위한 장비 설치 및 개선 - 병해관리 및 방제시기 의사결정지원 모델 개발을 위한 환경 데이터 수집·분석 - 병해관리 모델 검증 및 민·관 협업을 통한 최소 환경데이터 활용 서비스 시범 개발 - 데이터 활용과 생육 환경관리 역량 제고를 위한 학습조직 및 데이터코디네이터 운영			
국고보조 근거법령	○ 농업·농촌 및 식품산업 기본법 제52조(농업 및 농촌지역의 정보화 촉진) ○ 농업·농촌 및 식품산업 기본법 제36조의 2(정보통신기술 융복합 기반의 농업 및 식품산업 육성)			
지원자격 및 요건	○ 국고 100%			
지원한도	해당 없음			
재원구성(%)	국고 100	지방비 0	융자 0	자부담 0

연도별 재정투입 계획 (단위 : 백만원)

구 분	2017년	2018년	2019년	2020년
합 계	-	1,593	648	785
국 고	-	1,593	648	785

담당기관	담당과	담당자	연락처
농림축산식품부 농림수산식품교육문화정보원	농산업정책과 빅데이터실	심동욱 사무관 이경개 실장	044-201-2425 044-861-8750
신청시기	-	사업시행기관	농림수산식품교육문화정보원
관련자료	-		

69 대한민국 농업박람회

세부사업명	대한민국 농업박람회		세목	민간경상보조
내역사업명	대한민국 농업박람회		예산 (백만원)	3,250
사업목적	○ 국민들이 농업을 이해하고 관심을 가질 수 있도록 관련 박람회·행사를 통합 연계하고 전시·체험이 가능한 국가적 규모의 농업 종합박람회 개최			
사업 주요내용	○ 농업의 미래상, 생산과정, 식품 가공·유통·수출, 농촌체험, 전후방 산업 등 농업·농촌을 종합적으로 체험·학습이 가능한 실내외 전시장 조성 및 운영 * 청년에게는 농업이 '미래 혁신 산업'으로 투자 가치가 높고, 소비자 등 국민에게는 '안전하고 깨끗한 농업'의 모습을 제시			
국고보조 근거법령	○ 각종 기념일 등에 관한 규정 제2조(농업인의 날), 농업·농촌 및 식품산업 기본법 제4조의2(농업인의 날)			
지원자격 및 요건	○ 국고 100%			
지원한도	-			

재원구성 (%)	국고	100%	지방비		융자		자부담	

연도별 재정투입 현황	(단위 : 백만원)			
	구 분	2017년	2018년	2019년	2020년
	합 계	-	-	-	3,250
	국 고	-	-	-	3,250

담당기관	담당과	담당자	연락처
농림축산식품부 농림수산식품교육문화정보원	농업정책과 박람회추진단	최재웅 백부천	044-201-1718 044-861-8717
신청시기	-	사업시행기관	농림수산식품교육 문화정보원
관련자료	-		

70 도시농업 교육인력양성 지원

세부사업명	도시농업활성화		세목	민간경상보조
내역사업명	도시농업 교육인력양성 지원		예산 (백만원)	670
사업목적	○ 도시농업 교육인프라 확충을 통해 도시민들의 교육 접근성 강화 및 민간 활성화 유도, 도시농업관리사 등 전문인력 양성			

사업
주요내용
	○ 도시농업 교육기관, 민간단체 등에서 도시농업인을 대상으로 한 교육을 담당할 지도.교수요원 양성 교육과정 지원
	  - 운영비, 교재 구입비, 교육프로그램 개발비 등 지원
	○ 학교교육형 도시농업 체험지원
	  - 미래세대 대상 도시농업 체험·교육 및 텃밭운영관리를 위한 도시농업관리사 학교텃밭 파견 지원			

국고보조 근거법령	○ 도시농업의 육성 및 지원에 관한 법률 제8조, 제10조, 제11조			
지원자격 및 요건	○ 민영 도시농업지원센터, 도시농업전문인력양성기관			
지원한도	-			
재원구성 (%)	국고 50~100%	지방비	융자	자부담 0~50%

연도별 재정투입 현황 (단위 : 백만원)

구 분	2017년	2018년	2019년	2020년
합 계	300	300	470	840
국 고	300	300	300	670
자부담	-	-	170	170

담당기관	담당과	담당자	연락처
농림축산식품부 농림수산식품교육문화정보원	과학기술정책과 가치공감실	우미옥 사무관 유보라 주무관 김백주 실장	044-201-2460 044-201-2461 044-861-8840
신청시기	비정기	사업시행기관	농림수산식품교육 문화정보원
관련자료	-		

71. 도시농업 종합정보시스템 구축운영

세부사업명	도시농업활성화		세목	민간경상보조
내역사업명	도시농업 종합정보시스템 구축운영		예산 (백만원)	270
사업목적	○ 도시농업 종합정보 온라인 서비스를 통해 도시농업 및 연관산업에 관한 정보 제공			
사업 주요내용	○ 도시농업 교육 인프라 DB구축 및 종합정보시스템 정보화 기획 및 이용자 소통강화			
국고보조 근거법령	○ 도시농업의 육성 및 지원에 관한 법률 제20조			
지원자격 및 요건	○ 국고 100%			
지원한도	-			

재원구성 (%)	국고	100%	지방비		융자		자부담	

연도별 재정투입 현황 (단위 : 백만원)

구 분	2017년	2018년	2019년	2020년
합 계	150	370	300	270
국 고	150	370	300	270

담당기관	담당과	담당자	연락처
농림축산식품부 농림수산식품교육문화정보원	과학기술정책과 가치공감실	우미옥 사무관 유보라 주무관 김백주 실장	044-201-2460 044-201-2461 044-861-8840
신청시기	-	사업시행기관	농림수산식품교육문화정보원
관련자료	-		

72 도시농업공간조성

세부사업명	도시농업활성화			세목	지자체경상보조
내역사업명	도시농업공간조성			예산 (백만원)	1,200
사업목적	○ 도시농업 인프라 구축 지원으로 자연친화적인 도시환경을 조성하고, 농업농촌에 대한 이해를 높여 도농상생 계기 마련				
사업 주요내용	○ 국공유지를 활용한 도시민의 텃밭공동체 활동 지원 ○ 농지조성 및 화장실, 주차장 등 편의시설 설치비 지원 ○ 그린벨트 유휴지, 도시농업공원, 건물옥상 및 벽면 등에 도시농업 공간조성 지원				
국고보조 근거법령	○ 도시농업의 육성 및 지원에 관한 법률 제3조, 제14조				
지원자격 및 요건	○ 도시농업육성법 제14조 및 시행규칙 제8조에 따른 '공영도시농업농장'을 조성할 수 있는 부지를 확보한 지방자치단체 ○ 공공기관(청사, 주민센터, 도서관, 복지관 등)의 건물옥상에 옥상텃밭을 조성할 수 있는 지방자치단체 ○ 공공기관(청사, 주민센터, 도서관, 복지관 등)의 실내공간에 실내정원 및 입면녹화를 조성할 수 있는 지방자치단체				
지원한도	-				
재원구성 (%)	국고 50%	지방비 50%		융자	자부담

연도별 재정투입 현황 (단위 : 백만원)

구 분	2017년	2018년	2019년	2020년
합 계	800	1,000	1,000	2,400
국 고	400	500	500	1,200
지방비	400	500	500	1,200

담당기관	담당과	담당자	연락처
농림축산식품부	과학기술정책과	우미옥 사무관 유보라 주무관	044-201-2460 044-201-2461

신청시기	비정기('19.12월)	사업시행기관	지자체
관련자료	-		

73. 도시농업박람회 및 도시농업 정책홍보 지원사업

세부사업명	도시농업활성화			세목	민간경상보조
내역사업명	도시농업 박람회 및 도시농업 정책홍보 지원사업			예산 (백만원)	330
사업목적	○ 도시민의 농사체험기회 확대를 위한 박람회, 홍보행사 등을 개최하여 도시민들의 관심유도 및 농업·농촌 가치확산				
사업 주요내용	○ 대한민국 도시농업박람회 개최를 위한 비용 지원 ○ 정부의 도시농업 정책을 홍보하기 위한 사업 추진				
국고보조 근거법령	○ 도시농업의 육성 및 지원에 관한 법률 제3조, 제19조				
지원자격 및 요건	○ 국고 100%				
지원한도	-				
재원구성 (%)	국고	100%	지방비	융자	자부담

연도별 재정투입 현황   (단위 : 백만원)

구 분	2017년	2018년	2019년	2020년
합 계	330	330	330	330
국 고	330	330	330	330

담당기관	담당과	담당자	연락처
농림축산식품부 농림수산식품교육문화정보원	과학기술정책과 가치공감실	우미옥 사무관 유보라 주무관 김백주 실장	044-201-2460 044-201-2461 044-861-8840
신청시기	-	사업시행기관	농림수산식품교육 문화정보원
관련자료	-		

74. 도시양봉 지원

세부사업명	도시농업활성화		세목	자치단체 경상보조
내역사업명	도시양봉지원(양봉산물 정보제공사업)		예산 (백만원)	100
사업목적	양봉농가가 소비자에게 양봉관련 학습과 체험을 통해 양봉에 대한 정보를 제공하고, 양봉산물 소비 확대를 유도			
사업 주요내용	양봉 및 양봉산물과 관련된 교육과 현장체험 지원			
국고보조 근거법령	축산법 제3조(축산발전시책의 강구)			
지원자격 및 요건	○ 양봉농가 : 소비자를 대상으로 교육, 체험, 관리 등이 가능한 양봉 분야 농업경영체 ○ 소비자 : 양봉관련 교육 및 체험을 희망하는 자로 해당 지자체에 신청하여 선정된 자(초등학생 이상)			
지원한도	○ 소비자 1인당 최대 25천원 지원 ○ 체험처(양봉농가) 당 최대 250만원(소비자 100명)까지 지원			

재원구성 (%)	국고	50	지방비		융자		자부담	50

연도별 재정투입 현황 (단위 : 백만원)

구 분	2017년	2018년	2019년	2020년
합 계	256	200	200	200
국 고	128	100	100	100
자부담	128	100	100	100

담당기관	담당과	담당자	연락처
농림축산식품부 자치단체	축산경영과 축산관련부서	김성구 유미랑	044-201-2336 044-201-2337

신청시기	연말 ~ 연초	사업시행기관	자치단체
관련자료	농림사업정보시스템(AGRIX) 사업시행지침서		

75 복합미생물분석장비구축

세부사업명	곤충미생물산업육성지원		세목	자치단체 자본보조
내역사업명	복합미생물분석장비구축		예산 (백만원)	1,000
사업목적	○ 상호 유익한 기능을 지닌 미생물들을 조합해 다양하고 안정적인 효능을 내는 복합미생물 제품의 산업화를 위한 분석 장비 구축			
사업 주요내용	○ 복합미생물 배양공정, 분석 및 안전성 평가 장비 구축 - (균주 분석) 소형발효기, 도립형 형광현미경, 유세포 분석기 등 - (미생물제품 분석) 고성능 액체크로마토그래피, 기체크로마토그래피 등			
국고보조 근거법령	○ 농업생명자원의 보존·관리 및 이용에 관한 법률 제29조(국고보조 등)			
지원자격 및 요건	○ (지원대상) 농축산용 미생물 관련 업무를 수행하는 기관(지자체) ○ (지원요건) 국비 50%, 지방비 50%			
지원한도	해당 없음			
재원구성 (%)	국고 50% 지방비 50% 융자 - 자부담 -			

연도별 재정투입 현황 (단위 : 백만원)

구 분	2017년	2018년	2019년	2020년
합 계	신규	신규	신규	2,000
국 고	신규	신규	신규	1,000
지방비	신규	신규	신규	1,000

담당기관	담당과	담당자	연락처
농림축산식품부 전라북도	종자생명산업과 농식품산업과	이하나 조정현	044-201-2476 063-280-3673
신청시기	-	사업시행기관	(재)농축산용미생물 산업육성지원센터
관련자료	-		

76 생명자원통합DB구축

세부사업명	곤충미생물산업육성지원		세목	민간경상보조
내역사업명	생명자원통합DB구축		예산 (백만원)	600
사업목적	○ 농업생명자원 정보의 공유 및 통합관리 체계를 마련하여 고부가가치 미래 생명산업 육성을 위한 인프라 구축			
사업 주요내용	○ 각 기관별(농진청, 산림청, 검역본부), 분야별(농업, 산림, 수의)로 분산 관리·운영되고 있는 농생명자원 정보에 대한 서비스 일원화 및 통합 관리 - 생명자원 통합DB 품질강화 및 추가 구축 - 생명자원 특허DB 추가 및 서비스 개선 - 나고야의정서 관련 국제 대응체계 구축 - 생명자원정보 이용활성화 및 관련 기관 협력체계 강화			
국고보조 근거법령	○ 농업생명자원의 보존·관리 및 이용에 관한 법률 제21조(정보화 및 인력육성 등)			
지원자격 및 요건	○ (지원대상) 생명자원 통합DB 구축 관련 기관 및 단체 ○ (지원요건) 국비 100%			
지원한도	해당 없음			

재원구성 (%)	국고	100%	지방비	-	융자	-	자부담	-

연도별 재정투입 현황 (단위 : 백만원)

구 분	2017년	2018년	2019년	2020년
합 계	661	661	650	600
국 고	661	661	650	600

담당기관	담당과	담당자	연락처
농림축산식품부 농림수산식품교육문화정보원	종자생명산업과 국제통상실	이하나 우명호	044-201-2476 044-861-8874
신청시기	-	사업시행기관	농림수산식품교육 문화정보원
관련자료	-		

77 스마트농정 통계체계 구축사업

세부사업명	스마트 농정 통계체계 구축			세목	민간경상보조
내역사업명	스마트 농정 통계체계 구축			예산 (백만원)	2,080
사업목적	○ 현장과 밀접한 농경지 경계 정보를 바탕으로 각종 통계 및 행정자료를 종합적으로 연계 통합하는 팜맵을 구축하여 농정 추진 효율성 증대				
사업 주요내용	○ 농경지 전자지도인 팜맵 및 스마트농정 농식품통계 활용·확산 기반 구축				
국고보조 근거법령	○ 농어업인 삶의질 법 제32조의2(농업농촌 공간정보 등의 종합정보체계 구축) ○ 통계법 제28조(통계의 보급) 및 제29조의2(통계자료의 보유 및 관리) ○ 농어업 농어촌 및 식품산업기본법 제11조2(농정원 설립 목적 및 사업)				
지원자격 및 요건	○ 국고100%				
지원한도	-				
재원구성 (%)	국고 100%	지방비		융자	자부담

연도별 재정투입 현황 (단위 : 백만원)

구 분	2017년	2018년	2019년	2020년
합 계	1,800	1,800	2,080	2,080
국 고	1,800	1,800	2,080	2,080

담당기관	담당과	담당자	연락처
농림축산식품부 농림수산식품교육문화정보원	정보통계정책담당관실 농정정보실	강종수 이규술	044-201-1406 044-861-8740

신청시기	-	사업시행기관	농림수산식품교육 문화정보원
관련자료	-		

78 스마트농업정보 플랫폼 구축

세부사업명	스마트 농정 통계체계 구축			세목	민간경상보조
내역사업명	스마트농업정보 플랫폼 구축			예산 (백만원)	4,665
사업목적	○ 농정지원, 과학적 생산 수급 관리 및 고품질 농산물 생산과 연계 가능한 고부가가치 빅데이터 수집·공유·분석 체계 구축 - 농업 전반의 혁신을 위해 정밀 농업안전 농식품과 함께 농촌 혁신 모델·과학 농정도 추진				
사업 주요내용	○ 스마트팜 혁신밸리 수집 지역단위 데이터와 농업관계기관 보유 공공데이터를 수집·가공하여 스마트농업 빅데이터 플랫폼 구축 - 농업 전문 데이터센터(공공, 민간, R&D 등)와 연계한 분석·활용·공유 플랫폼 구축 운영				
국고보조 근거법령	○ 농어업인 삶의질 법 제32조의2(농업농촌 공간정보등의 종합정보체계 구축), 동법 시행령 제12조의4(종합정보체계 구축·운영.관리에 관한 업무의 위탁)				
지원자격 및 요건	○ 국고 100%				
지원한도	-				
재원구성 (%)	국고	100%	지방비	융자	자부담

(단위 : 백만원)

연도별 재정투입 현황	구 분	2017년	2018년	2019년	2020년
	합 계	-	-	-	4,665
	국 고	-	-	-	4,665

담당기관	담당과	담당자	연락처
농림축산식품부 농림수산식품교육문화정보원	정보통계정책담당관실 농정정보실	손경자 이규술	044-201-1413 044-861-8740
신청시기	-	사업시행기관	농림수산식품교육 문화정보원
관련자료	-		

79 스마트팜 ICT기자재 국가표준 확산 지원

세부사업명	스마트팜 ICT 기자재 국가표준 확산 지원			세목	민간경상보조
내역사업명	스마트팜 ICT 기자재 국가표준 확산 지원			예산(백만원)	4,500
사업목적	○ 스마트팜 ICT 기자재간 호환성 확보를 위해 국가표준의 신속한 현장 확산을 위한 분석·개선·검정 등을 지원하여 국가 농업경쟁력의 향상을 도모				
사업 주요내용	○ 국가표준 적용을 위한 기존 제품 변경 컨설팅, 시제품 제작 및 기제품 개선 비용 지원, 검정 바우처 지원 등 표준 현장 확산을 위한 농산업체 지원 추진				
국고보조 근거법령	○ 「농업·농촌 및 식품산업 기본법」제36조의2(정보통신기술 융복합 기반의 농업·농촌 및 식품산업 육성)				
지원자격 및 요건	○ 국고 100% ○ 농업법인 및 스마트팜 농산업체 등				
지원한도	해당없음				
재원구성(%)	국고 100	지방비 0	융자 0	자부담	0

연도별 재정투입 계획 (단위 : 백만원)

구 분	2017년	2018년	2019년	2020년
합 계	-	-	-	4,500
국 고	-	-	-	4,500

담당기관	담당과	담당자	연락처
농림축산식품부 농업기술실용화재단	농산업정책과 스마트팜사업팀	심동욱 사무관 정경숙 팀장	044-201-2425 063-919-1710
신청시기	정기(상반기), 수시	사업시행기관	농업기술실용화재단
관련자료	-		

80 스마트팜 등 빅데이터 센터 구축

세부사업명	스마트농정통계체계구축			세목	자치단체 자본보조
내역사업명	스마트팜 등 빅데이터 센터 구축			예산 (백만원)	3,898
사업목적	○ 스마트팜 혁신밸리 등에서 생성된 생산·유통·안전 등 영농 정보를 수집하기 위한 지역 단위 빅데이터 센터 및 통합 관리 체계 구축				
사업 주요내용	○ 혁신밸리 내 생산·유통⇔창업·보육⇔연구·실증 단지별 데이터 생산·수집-분석 체계 구축으로 융합 서비스 발굴 및 대내외 활용 생태계 조성 - 스마트팜 혁신밸리 빅데이터의 효율적 운영 및 관리를 위한 로컬 클라우드 통합환경에서 온실 환경관리 및 데이터 생산·수집·분석·공유 체계 구축과 활용 서비스 발굴				
국고보조 근거법령	○ 농업·농촌 및 식품산업 기본법 제52조(농업 및 농촌지역의 정보화 촉진) ○ 농업·농촌 및 식품산업 기본법 제36조의 2(정보통신기술 융복합 기반의 농업 및 식품산업 육성)				
지원자격 및 요건	○ 광역지자체장(특별·광역·특별자치시장, 도지사, 특별자치도지사)				
지원한도	○ 개소당 1,949백만원(국비기준)				
재원구성 (%)	국고	70	지방비	30	융자	0	자부담	0

연도별 재정투입 계획	구 분	2017년	2018년	2019년	2020년
	합 계	-	-	-	5,568
	국 고	-	-	-	3,898

(단위 : 백만원)

담당기관	담당과	담당자	연락처
농림축산식품부 농림수산식품교육문화정보원	농산업정책과 지식정보실	심동욱 사무관 이경개 실장	044-201-2425 044-861-8750
신청시기	-	사업시행기관	농림수산식품교육 문화정보원
관련자료	-		

81. 스마트팜 청년창업 보육센터(보육센터 교육훈련비)

세부사업명	스마트팜청년창업보육센터		세목	민간경상보조
내역사업명	보육센터 교육훈련비		예산 (백만원)	4,000
사업목적	○ 청년들이 스마트팜을 활용하여 창농할 수 있도록 기본교육부터 창업초기 전문컨설팅까지 전과정 보육관리를 통한 영농조기정착 도모			
사업 주요내용	○ 청년들이 스마트팜에 창농할 수 있도록 스마트팜에 특화된 실습 위주의 장기(20개월) 보육프로그램을 제공하기 위한 교육비 지원보			
국고보조 근거법령	○ 「농어업경영체육성 및 지원에 관한 법」제9조(학교 등 농어업교육지원) ○ 「농업·농촌 및 식품산업기본법」제24조(가족농가의 경영안정과 농업 종사자의 육성)			
지원자격 및 요건	○ 사업시행년도 1월 1일 기준 만 18세 이상~만 40세 미만의 미취업자 청년			

지원한도	○ 연간 세부 운영계획 수립결과에 따라 예산범위 내에서 실소요액을 집행
	○ 지원한도
	  - 보육센터 : 혁신밸리 4개소/전북·경북(각1,350백만원), 전남·경남(각450백만원), 국비 100%
	  - 농정원 : 교육생 모집·선발 및 오리엔테이션, 사업관리, 홍보 등 400백만원			

재원구성 (%)	국고	100	지방비	0	융자	0	자부담	0

(단위 : 백만원)

연도별 재정투입 계획	구 분	2017년	2018년	2019년	2020년
	합 계	-	-	1,000	4,000
	국 고	-	-	1,000	4,000

담당기관	담당과	담당자	연락처
농림축산식품부 농림수산식품교육문화정보원	농산업정책과 스마트농업지원실	심동욱 사무관 원주언 실장	044-201-2425 044-861-8790
신청시기		사업시행기관	농림수산식품 교육문화정보원
관련자료			

82 스마트팜 청년창업 보육센터(실습농장 조성)

세부사업명	스마트팜 청년창업 보육센터			세목	자치단체 자본보조	
내역사업명	실습농장 조성			예산 (백만원)	13,388	
사업목적	○ 청년들이 스마트팜을 활용하여 창농 할 수 있도록 기본교육부터 현장·경영 실습, 판매·유통, 창업초기 전문가 컨설팅까지 전과정 보육관리를 통해 영농 조기 정착을 도모					
사업 주요내용	○ 스마트팜 교육 및 실습용 스마트 온실(빅데이터, ICT 등 융복합시설을 포함)의 신축을 지원하고 청년들에게 교육 및 실습장 제공					
국고보조 근거법령	○ 「농어촌정비법」제10조(농업생산기반 정비사업 시행자) ○ 「농어촌정비법」제108조(자금지원) ○ 「농업·농촌 및 식품산업기본법」제24조(가족농가의 경영안정과 농업 종사자의 육성) ○ 「농어업경영체육성 및 지원에 관한 법」제9조(학교 등 농어업교육지원)					
지원자격 및 요건	○ 광역지자체장(특별·광역·특별자치시장, 도지사, 특별자치도지사)					
지원한도	○ 개소당 교육형 온실 1.1ha, 경영형 온실 3.3ha 구축					
재원구성 (%)	국고	70	지방비	30	융자	0	자부담	0

연도별 재정투입 계획	구 분	2017년	2018년	2019년	2020년
	합 계	-	-	17,413	19,127
	국 고	-	-	12,190	13,388

(단위 : 백만원)

담당기관	담당과	담당자	연락처
농림축산식품부	농산업정책과	심동욱 사무관	044-201-2425
한국농어촌공사	첨단기술사업처	김희중 처장	061-338-5721
		한재욱 부장	

신청시기	-	사업시행기관	자치단체
관련자료	-		

83 스마트팜 확산 교육 지원(현장실습형 교육)

세부사업명	농업·농촌 교육훈련지원 사업		세목	민간경상보조
내역사업명	현장실습형 교육		예산 (백만원)	360
사업목적	○ 품목·지역별 스마트팜 전문가 육성 및 학습조직화를 통한 주변농가로의 스마트팜 기술 전파 및 확산			
사업 주요내용	○ 스마트팜 확산을 위한 전문 실습형 교육체계 마련 ○ 선진국 수준의 스마트팜을 견인할 선도농가 육성 ○ 농가 상호간 자생적 학습문화 정착 및 자립 역량 강화를 위한 학습조직 운영			
국고보조 근거법령	○ 농어업경영체육성 및 지원에 관한 법 제9조제1항 ○ 농업·농촌 및 식품산업기본법 제24조제2항			
지원자격 및 요건	○ 스마트팜 농가 또는 예정 농업인			
지원한도	○ 해당없음			

재원구성 (%)	국고	100	지방비	0	융자	0	자부담	0

연도별 재정투입 계획	(단위 : 백만원)				
	구 분	2017년	2018년	2019년	2020년
	합 계	0	0	360	360
	국 고	0	0	360	360

담당기관	담당과	담당자	연락처
농림축산식품부 농림수산식품교육문화정보원	농산업정책과 스마트농업지원실	심동욱 사무관 원주언 실장	044-201-2425 044-861-8790
신청시기		사업시행기관	농림수산식품교육문화정보원
관련자료			

84 스마트팜 확산 교육 지원(권역별 현장지원센터)

세부사업명	농업·농촌 교육훈련지원			세목	자치단체 경상보조
내역사업명	스마트팜 확산지원(권역별 현장지원센터)			예산 (백만원)	600
사업목적	농업에 ICT를 접목한 스마트팜 농가에 대한 교육, 컨설팅, 사후관리, A/S 등 지원을 통해 ICT 활용도 제고를 통한 생산성 및 품질향상				
사업 주요내용	현장에서 가까운 농업기술원, 농업기술센터 중심으로 기업, 전문가들과 협력하여 스마트팜 권역별 현장지원센터를 운영하고 농가의 현장 기술지도, 사후관리, 홍보 등을 지원				
국고보조 근거법령	농업·농촌 및 식품산업기본법 제39조(농업경영체의 경영안정 및 구조개선 등의 지원) 농업·농촌 및 식품산업기본법 제52조(농업 및 농촌지역의 정보화 촉진)				
지원자격 및 요건	도농업기술원, 시군농업기술센터 등 지자체 농업기술지도 기관에서 스마트팜 농가의 기술지원 및 사후관리를 담당할 수 있도록 운영경비 지원				
지원한도	10~120/센터(센터당 사업 수요에 따라 조정)				
재원구성 (%)	국고	50	지방비 50	융자 0	자부담 0

연도별 재정투입 계획 (단위 : 백만원)

구 분	2017년	2018년	2019년	2020년
합 계	900	1,200	1,200	1,200
국 고	450	600	600	600

담당기관	담당과	담당자	연락처
농림축산식품부 농림수산식품교육문화정보원	농산업정책과 신기술융합실	심동욱 사무관 원주언 실장	044-201-2419 044-861-8790
신청시기 9월		사업시행기관	자치단체
관련자료			

85. 식물백신 기업지원 시설건립

세부사업명	동물용의약품산업종합지원		세목	자지단체 자본보조
내역사업명	식물백신기업지원시설건립		예산 (백만원)	2,760
사업목적	○ 구제역, AI 등 가축전염병 발생빈도가 높아짐에 따라 신속하고, 안전하며, 대량생산이 가능한 신규 백신생산 시스템 도입			
사업 주요내용	○ 완전 밀폐형 식물재배시설 구축, 의약품 생산시설 구축, 개발 제품의 독성 평가 및 효능평가 시설 구축			
국고보조 근거법령	○ 농업생명자원의 보존·관리 및 이용에 관한 법률 제29조(국고보조 등)			
지원자격 및 요건	○ (지원대상) 식물백신 기업지원 시설건립 관련 업무를 수행하는 기관(지자체) ○ (지원요건) 국비 50%, 지방비 50%			
지원한도	해당 없음			
재원구성 (%)	국고 50% / 지방비 50% / 융자 - / 자부담 -			

연도별 재정투입 현황 (단위 : 백만원)

구 분	2017년	2018년	2019년	2020년
합 계	신규	500	5,150	8,660
국 고	신규	250	2,300	2,760
지방비	신규	250	2,850	5,900

* 지방비 추가 확보에 따라 재원구성 비율(국비, 지방비) 당초계획과 차이 발생

담당기관	담당과	담당자	연락처
농림축산식품부 경상북도	종자생명산업과 과학기술정책과	이하나 강상곤	044-201-2476 054-880-2432

신청시기	-	사업시행기관	(재)포항테크노파크
관련자료	-		

86. 영농정착지원 필수교육

세부사업명	농업·농촌교육훈련지원			세목	민간경상보조
내역사업명	영농정착지원 필수교육			예산 (백만원)	1,220
사업목적	○ 청년 농업인 영농정착 지원사업 대상자의 경영 능력 강화 및 영농창업 활성화				
사업 주요내용	○ 경영 능력 강화, 영농 규모화 및 농업 소득 증진 등에 필요한 교육 프로그램 운영				
국고보조 근거법령	○ 농업·농촌 및 식품산업 기본법 제24조(가족농가의 경영안정과 농업종사자의 육성) ○ 농어업경영체 육성 및 지원에 관한 법률 제10조(후계농어업경영인의 선정 및 지원)				
지원자격 및 요건	○ 청년 농업인 영농정착 지원사업 대상자로 선발된 자				
지원한도	-				

재원구성 (%)	국고	100%	지방비	-	융자	-	자부담	-

연도별 재정투입 현황 (단위 : 백만원)

구 분	2017년	2018년	2019년	2020년
합 계	-	705	1,008	1,220
국 고	-	705	1,008	1,220

담당기관	담당과	담당자	연락처
농림축산식품부 농림수산식품교육문화정보원	경영인력과 일자리지원실	이상진 김영식	044-201-1533 044-861-8771

신청시기	-	사업시행기관	농림수산식품교육 문화정보원
관련자료	-		

87. 영농형 태양광 재배모델 실증 지원

세부사업명	농촌재생에너지 보급 지원		세목	자치단체 자본보조
내역사업명	영농형 태양광 재배모델 실증 지원		예산(백만원)	525
사업목적	○ 농업인이 영농형 태양광 발전사업에 참여할 수 있도록 영농형태양광 적정품종 및 재배모델 실증 지원			
사업 주요내용	○ 도농업기술원, 시군농업기술센터의 유휴부지 등에 소규모 영농형 태양광 시설을 구축하여 품목별 감수율, 재배기법 등 연구			
국고보조 근거법령	○「신에너지 및 재생에너지 개발·이용·보급 촉진법」제4조(시책과 장려 등)			
지원자격 및 요건	○ 영농형 태양광 실증연구를 추진하고자 하는 도농업기술원, 시군농업기술센터			
지원한도	○ 개소당 105백만원, 5개소			
재원구성(%)	국고 70	지방비 30	융자 -	자부담 -

연도별 재정투입 계획 (단위: 백만원)

구 분	2017년	2018년	2019년	2020년 이후
합 계	-	-	-	750
국 고	-	-	-	525
지방비	-	-	-	225
융 자	-	-	-	-
자부담	-	-	-	-

담당기관	담당과	담당자	연락처
농림축산식품부	농촌재생에너지팀	이동기 엄기훈	044-201-2912 044-201-2913

신청시기	'20. 1월 공고	사업시행기관	지자체 (도농업기술원, 시군농업기술센터)
관련자료	○ '20년도 농림축산식품사업시행지침서		

88 예비농업인교육지원

세부사업명	농업농촌교육훈련지원		세목	민간경상보조
내역사업명	예비농업인교육지원		예산 (백만원)	14,125
사업목적	○ 농업계 학교 재학생을 대상으로 농산업분야(영농 포함) 진출 촉진을 위한 맞춤형 역량강화 지원 프로그램 운영			
사업 주요내용	○ 실습교육, 농산업분야 자격증 취득, 인턴십, 취.창업동아리 등 졸업 후 농업분야 진출을 위한 교육과정 운영을 위한 교육기관 지원 및 미래농업선도고교(3개교), 농대 영농창업특성화사업(5개교) 지원			
국고보조 근거법령	○ 농어업경영체육성 및 지원에 관한 법률 제9조(학교 등 농어업교육지원)			
지원자격 및 요건	○ 농업계열 학과가 설치된 농고 및 농대를 대상으로 공모(농업계학교교육지원) 및 지정(미래농업선도고교사업, 영농창업특성화사업)을 통해 선정된 교육기관			
지원한도	-			
재원구성 (%)	국고 100%	지방비	융자	자부담

연도별 재정투입 현황 (단위: 백만원)

구 분	2017년	2018년	2019년	2020년
합 계	6,336	10,170	13,966	14,125
국 고	6,336	10,170	13,966	14,125

담당기관	담당과	담당자	연락처
농림축산식품부	경영인력과	김화태 고은지	044-201-1535 044-201-1536

신청시기	연중(사업마다 상이)	사업시행기관	농수산식품 교육문화정보원
관련자료	-		

89 유용미생물은행구축

세부사업명	곤충미생물산업육성지원		세목	자지단체 자본보조
내역사업명	유용미생물은행구축		예산 (백만원)	4,850
사업목적	○ 농토, 분변 등에서 수집한 미생물 군집의 유전체 분석 및 효능시험을 통해 관련 연구와 산업을 지원할 수 있는 거점 마련			
사업 주요내용	○ 미생물 보존시설, 분석 장비 구축 및 마이크로바이옴 핵심 자원 구축 - (설계·건설) 미생물 보존시설, 연구·분석 시설, 기업·연구소 입주시설, 미생물 효능 기초시험용 온실·사육시설 등을 포함한 시설 건립 - (장비구축) 미생물 보존, 배양, 유전체·단백질 분석 등을 위한 장비 구축 - (핵심자원 구축) 전국 농가의 농토 및 축산 분변에서 미생물군집 시료를 수집, 유전체를 분석해 마이크로바이옴 핵심 자원 구축			
국고보조 근거법령	○ 농업생명자원의 보존·관리 및 이용에 관한 법률 제29조(국고보조 등)			
지원자격 및 요건	○ (지원대상) 유용미생물은행구축 관련 업무를 수행하는 기관(지자체) ○ (지원요건) 국비 50%, 지방비 50%			
지원한도	해당 없음			
재원구성(%)	국고 50%	지방비 50%	융자 -	자부담 -

연도별 재정투입 현황 (단위 : 백만원)

구 분	2017년	2018년	2019년	2020년
합 계	신규	신규	1,000	9,700
국 고	신규	신규	500	4,850
지방비	신규	신규	500	4,850

담당기관	담당과	담당자	연락처
농림축산식품부 전라북도	종자생명산업과 농식품산업과	이하나 이재혁	044-201-2476 063-280-3263
신청시기	-	사업시행기관	(재)발효미생물산업진흥원
관련자료	-		

90 임산부 친환경농산물 지원

세부사업명	임산부 친환경농산물 지원 시범사업			세목	자치단체 경상보조	
내역사업명	임산부 친환경농산물 지원 시범사업			예산(백만원)	9,060	
사업목적	○ 미래세대의 건강을 위해 임산부에게 건강한 친환경농산물을 공급하여 국민건강, 환경보전, 지역경제 활성화 등 사회적 가치 제고					
사업 주요내용	○ 임신부터 출산·이유기까지, 건강한 친환경농산물을 꾸러미 형태로 12개월(연 48만원 수준)간 공급					
국고보조 근거법령	○ 친환경농어업 육성 및 유기식품 등의 관리·지원에 관한 법률 제3조, 제7조 ○ 저출산·고령사회기본법 제9조, 제10조					
지원자격 및 요건	○ 지원신청서를 제출하고 임신확인서, 출생증명서 등을 통해 임신 및 출산 사실이 확인된 임산부					
지원한도	○ 임산부 1인당 연 48만원					
재원구성(%)	국고	40	지방비	40	융자	-	자부담	20

(단위: 백만원)

연도별 재정투입 계획	구 분	2017년	2018년	2019년	2020년 이후
	합 계	-	-	-	22,020
	국 고	-	-	-	9,060
	지방비	-	-	-	8,640
	자부담	-	-	-	4,320

담당기관	담당과	담당자	연락처
농림축산식품부	친환경농업과	김진수 최기정	044-201-2432 044-201-2433
자치단체 한국농수산식품유통공사	시·군·구 담당과 유통기획부	담당자 김영범	061-931-0880

신청시기	연중(1월~)	사업시행기관	자치단체
관련자료	농림사업정보시스템(AGRIX) 사업시행지침서		

91 저탄소 농축산물 인증제사업

세부사업명	저탄소농림축산식품기반구축		세목	민간경상보조
내역사업명	저탄소 농축산물 인증제		예산 (백만원)	1,086
사업목적	○ 농업분야 저탄소 농업기술 확산 및 온실가스 감축역량 강화			
사업 주요내용	○ 농산물 생산과정에서 저탄소 농업기술을 활용하여 온실가스를 감축하는 경우 컨설팅, 심사 등을 통해 저탄소 인증 부여 및 유통지원			
국고보조 근거법령	○ 농어촌구조개선 특별회계법 제5조, 보고금 관리에 관한 법률 제9조			
지원자격 및 요건	○ 국고 100%			
지원한도	○ 사업계획 시 배정된 예산에 따라 사업수행			
재원구성 (%)	국고 100%	지방비	융자	자부담

연도별 재정투입 현황

(단위 : 백만원)

구 분	2017년	2018년	2019년	2020년
합 계	1,259	1,254	1,086	1,086
국 고	1,259	1,254	1,086	1,086

담당기관	담당과	담당자	연락처
농림축산식품부 농업기술실용화재단	농촌재생에너지팀 기후변화대응팀	강명승 최윤실	044-201-2914 063-919-1470

신청시기	관리업체 선정(매년 4월)	사업시행기관	농업기술실용화재단
관련자료	사업지침자료 농업기술실용화재단 홈페이지(www.fact.or.kr)		

92 전문농업경영체육성지원

세부사업명	농업농촌교육훈련지원	세목	민간경상보조
내역사업명	전문농업경영체육성지원	예산(백만원)	5,496
사업목적	○ 선진 농업국과의 생산성 격차를 줄이기 위해 선도농업인의 전문기술과 핵심 노하우 등 현장의 전문기술 습득		
사업 주요내용	○ 현장실습교육(WPL), 첨단기술공동실습장, 농업경영인능력향상교육, 농업인 국외훈련 및 방문연수, 첨단품목특화전문교육, 마이스터활용 교육 등 지원		
국고보조 근거법령	○ 농어업경영체육성 및 지원에 관한 법률 제9조(학교 등 농어업교육지원), 제22조(농어업교육 계획의 수립 등), 제23조(농어업인단체 등의 교육운영 지원)		
지원자격 및 요건	○ 현장실습교육장(WPL) 125개소, 첨단기술교육실습장 7개소 등 교육운영기관, 농고생, 농대생, 농업인, 귀농인 등		
지원한도	-		

재원구성(%)	국고	50~80%	지방비		융자		자부담	20~50%

연도별 재정투입 현황 (단위 : 백만원)

구 분	2017년	2018년	2019년	2020년
합 계	7,931	7,052	5,606	5,496
국 고	7,931	7,052	5,606	5,496

담당기관	담당과	담당자	연락처
농림축산식품부	경영인력과	김화태 고은지	044-201-1535 044-201-1536

신청시기	연중(사업마다 상이)	사업시행기관	농수산식품 교육문화정보원
관련자료	-		

93 종자산업진흥센터 운영

세부사업명	종자산업기반구축		세목	민간경상보조
내역사업명	종자산업진흥센터 운영		예산 (백만원)	1,636
사업목적	○ 민간육종연구단지 내 종자산업진흥센터 운영 및 연구 지원			
사업 주요내용	○ 민간육종연구단지 운영·관리, 종자기업 대상 육종관련 분석 서비스 제공 등 육종연구 지원			
국고보조 근거법령	○ 종자산업법 제10조(재정 및 금융 지원 등)			
지원자격 및 요건	○ 농업기술실용화재단 / 국고 100%			
지원한도	-			
재원구성 (%)	국고 100% 지방비 융자 자부담			

연도별 재정투입 현황

(단위 : 백만원)

구 분	2017년	2018년	2019년	2020년
합 계	1,258	1,258	1,636	1,636
국 고	1,258	1,258	1,636	1,636

담당기관	담당과	담당자	연락처
농림축산식품부 농업기술실용화재단	종자생명산업과 종자산업진흥센터	양미희 안경구	044-201-2481 063-219-8851

신청시기	해당없음(비공모형)	사업시행기관	농업기술실용화재단
관련자료	농업기술실용화재단 종자산업진흥센터(www.seedcenter.fact.or.kr)		

94 청년 농업인 직불

세부사업명	청년 농업인 영농정착 지원		세목	자치단체경상보조
내역사업명	청년 농업인 직불		예산 (백만원)	31,099
사업목적	○ 청년 농업인(예비 농업인 포함)을 선발하여 영농정착 지원금을 지급하여 조기 영농 창업 활성화 및 농업 경영 안정화			
사업 주요내용	○ 영농 초기 농가경영비 및 생활안정 자금 지급(최장 3년간 월 최대 100만원)			
국고보조 근거법령	○ 농업·농촌 및 식품산업 기본법 제24조(가족농가의 경영안정과 농업종사자의 육성) ○ 농어업경영체 육성 및 지원에 관한 법률 제10조(후계농어업경영인의 선정 및 지원)			
지원자격 및 요건	○ 청년 농업인 영농정착 지원사업 대상자로 선발된 자			
지원한도	-			

재원구성(%)

국고	50~70%	지방비	30~50%	융자	-	자부담	-

연도별 재정투입 현황 (단위 : 백만원)

구 분	2017년	2018년	2019년	2020년
합 계	-	12,120	30,560	44,941
국 고	-	8,244	21,032	31,099
지방비	-	3,876	9,528	13,842

담당기관	담당과	담당자	연락처
농림축산식품부 지방자치단체	경영인력과 청년 창업농 담당 부서	이상진	044-201-1533
신청시기	2019.12.23. ~ 2020.1.22.	사업시행기관	지방자치단체 (시·군·구)
관련자료	-		

95 청년 농업인 직불 성과평가

세부사업명	청년 농업인 영농정착 지원		세목	민간경상보조
내역사업명	청년 농업인 직불 성과평가		예산(백만원)	350
사업목적	○ 청년 농업인 영농정착 지원사업 사후관리 등을 통한 사업 내실화			
사업 주요내용	○ 사업 홍보, 현장 의견 수렴 및 사후관리 등			
국고보조 근거법령	○ 농업·농촌 및 식품산업 기본법 제24조(가족농가의 경영안정과 농업종사자의 육성) ○ 농어업경영체 육성 및 지원에 관한 법률 제10조(후계농어업경영인의 선정 및 지원)			
지원자격 및 요건	○ 농업·농촌 및 식품산업기본법 제11조의2(농림수산식품교육문화정보원의 설립)			
지원한도	-			

재원구성(%)	국고	100%	지방비	-	융자	-	자부담	-

연도별 재정투입 현황 (단위 : 백만원)

구 분	2017년	2018년	2019년	2020년
합 계	-	105	340	350
국 고	-	105	340	350

담당기관	담당과	담당자	연락처
농림축산식품부 농림수산식품교육문화정보원	경영인력과 일자리지원실	이상진 김영식	044-201-1533 044-861-8771
신청시기	-	사업시행기관	농림수산식품교육문화정보원
관련자료	-		

96 친환경비료 교육·홍보 지원

세부사업명	친환경농자재지원		세목	민간경상보조
내역사업명	친환경비료 교육·홍보		예산 (백만원)	200
사업목적	○ 친환경비료 제도의 교육, 우수사례 발굴, 언론홍보 등 다양한 교육·홍보를 통한 친환경농업의 활성화 및 흙의 날 지원			
사업 주요내용	○ 유기질비료 및 토양개량제 사업 담당자 교육, 사업신청 홍보 지원 ○ 사업추진 실적 평가 및 시상, 흙의 날 행사 개최			
국고보조 근거법령	○ 비료관리법 제7조, 친환경농어업 육성 및 유기식품 등의 관리, 지원에 관한 법률 제5조의2			
지원자격 및 요건	○ 지원대상 : 농협경제지주			
지원한도	-			
재원구성 (%)	국고 100%	지방비	융자	자부담

연도별 재정투입 현황 (단위 : 백만원)

구 분	2017년	2018년	2019년	2020년
합 계	200	200	200	200
국 고	200	200	200	200

담당기관	담당과	담당자	연락처
농림축산식품부 농협경제지주	농기자재정책팀 자재부	이창호 이경호	044-201-1892 02-2080-6408

신청시기	-	사업시행기관	농협경제지주
관련자료	-		

97. 한국농수산대학 졸업생 영농·영어정착 우수과제 지원

세부사업명	한국농수산대학교육운영(책임운영)		세목	민간경상보조
내역사업명	한국농수산대학 졸업생 영농영어정착 우수과제 지원		예산 (백만원)	150
사업목적	○ 한국농수산대학 졸업생들의 영농영어정착에 필요한 아이디어, 현장애로 해결 및 우수과제를 발굴하여 성공적인 영농영어 정착 유도와 미래 전문경영인으로서의 토대구축			
사업 주요내용	○ 한국농수산대학 졸업생들의 영농영어정착에 필요한 아이디어, 현장애로 사항을 해결할 수 있는 우수과제를 공모 선발하여 지원			
국고보조 근거법령	○ 한국농수산대학 설치법 제10조 및 동법 시행령 제15조(졸업생 등에 대한 지원)			
지원자격 및 요건	○ 지원자격: 2020년 1월현재 한국농수산대학 졸업생인 자 - 제외: 기 수혜자(배우자 포함) 및 2019년도 졸업예정자			
지원한도	○ 과제당 국고 30백만원이내, 과제금액 중 국고 80%(자부담 20%)			
재원구성 (%)	국고 80%	지방비 -	융자 -	자부담 20%

연도별 재정투입 현황	구 분	2017년	2018년	2019년	2020년
	합 계	200	200	200	150
	국 고	200	200	200	150

(단위 : 백만원)

담당기관	담당과	담당자	연락처
한국농수산대학	교학과	박석영	063-238-9601

신청시기	정기(당해년도 3.31.일까지)	사업시행기관	한국농수산대학
관련자료	농림사업정보시스템(AGRIX) 사업시행지침서		

98 후계농교육지원

세부사업명	농업·농촌교육훈련지원					세목	자치단체경상보조
내역사업명	후계농교육지원					예산(백만원)	570
사업목적	○ 미래 농업·농촌을 이끌어 나갈 전문 인력 육성						
사업 주요내용	○ 경영 능력 강화, 영농 규모화 및 농업 소득 증진에 필요한 교육 프로그램 운영						
국고보조 근거법령	○ 농업·농촌 및 식품산업 기본법 제24조(가족농가의 경영안정과 농업종사자의 육성) ○ 농어업경영체 육성 및 지원에 관한 법률 제10조(후계농어업경영인의 선정 및 지원)						
지원자격 및 요건	○ 후계농업경영인으로 선정된 자						
지원한도	-						
재원구성(%)	국고	50%	지방비	40%	융자	자부담	10%

연도별 재정투입 현황 (단위: 백만원)

구 분	2017년	2018년	2019년	2020년
합 계	800	800	1,146	1,140
국 고	400	400	573	570
지방비	320	320	458	456
자부담	80	80	115	114

담당기관	담당과	담당자	연락처
농림축산식품부 지방자치단체	경영인력과 후계농업경영인 담당 부서	이상진	044-201-1533

신청시기		사업시행기관	지방자치단체 (시·군·구)
관련자료	-		

99. 후계농업경영인 육성사업 관리

세부사업명	농업·농촌교육훈련지원		세목	민간경상보조
내역사업명	후계농업경영인 육성사업 관리		예산 (백만원)	400
사업목적	○ 미래 농업·농촌을 이끌어 나갈 전문 인력 육성			
사업 주요내용	○ 후계농업경영인 육성사업 홍보, 사후관리 등			
국고보조 근거법령	○ 농업·농촌 및 식품산업 기본법 제24조(가족농가의 경영안정과 농업종사자의 육성) ○ 농어업경영체 육성 및 지원에 관한 법률 제10조(후계농어업경영인의 선정 및 지원)			
지원자격 및 요건	○ 농업·농촌 및 식품산업기본법 제11조의2(농림수산식품교육문화정보원의 설립)			
지원한도	-			
재원구성 (%)	국고 100% 지방비 - 융자 - 자부담 -			

연도별 재정투입 현황 (단위 : 백만원)

구 분	2017년	2018년	2019년	2020년
합 계	460	460	460	400
국 고	460	460	460	400

담당기관	담당과	담당자	연락처
농림축산식품부 농림수산식품교육문화정보원	경영인력과 일자리지원실	이상진 김영식	044-201-1533 044-861-8771
신청시기	-	사업시행기관	농림수산식품교육 문화정보원
관련자료	-		

100 한-뉴 FTA 협력사업

세부사업명	농업·농촌교육훈련지원		세목	민간경상보조
내역사업명	한-뉴 FTA 협력사업		예산 (백만원)	1,346
사업목적	○ 한-뉴 농업 협력을 토대로 농업·농촌 인적 역량 강화 및 기술협력 증진 - 농촌지역 청소년들의 어학 및 글로벌 의식 함양 - 청년들의 선진 농업기술·경영 노하우 획득 및 글로벌 역량 강화 - 농축산분야 전문인력 역량 강화 및 양국 간 협력 증진			
사업 주요내용	○ 농촌지역 어학연수: 한국 농업인 자녀 청소년들에게 8주 간 뉴질랜드 공립학교 대상 교환학습 및 어학연수 기회 제공(100명) ○ 농축산업 훈련비자연수: 질랜드 현지에서 농축산업 분야 직무·어학교육(3개월) 및 직무연수(최대 9개월)가 가능한 훈련비자 발급 지원(15명) ○ 농업협력장학금: 뉴질랜드 내 축산·수의 및 산림 분야 대학원에 진학하는 석사 및 박사 대학원생에게 장학금 지원(1명) ○ 농림축산분야 전문가훈련·연구협력: 동물질병, 산림연구 분야 공무원 및 민간 전문가를 뉴질랜드 연구기관 파견 및 훈련·연구 지원(7명)			
국고보조 근거법령	○ 대한민국과 뉴질랜드 간의 자유무역협정(FTA) 제14장 농림수산협력 - 대한민국과 뉴질랜드 간 농림수산협력에 관한 약정			
지원자격 및 요건	○ 농촌지역 어학연수: 농촌지역 농업인의 중·고등학생 자녀(중2~3학년, 고1~2학년) ○ 농축산업 훈련비자연수: 농업계열학과 전공 대학생 ○ 농업협력장학금: 축산·수의, 산림 분야 뉴질랜드 대학원 진학 예정자, 관련 학위보유자 ○ 농림축산분야 전문가훈련·연구협력: 동물질병, 산림연구 분야 공무원 및 민간 전문가			
지원한도	-			
재원구성 (%)	국고 100%	지방비	융자	자부담

연도별 재정투입 현황 (단위 : 백만원)

구 분	2017년	2018년	2019년	2020년
합 계	1,365	1,385	1,346	1,346
국 고	1,365	1,385	1,346	1,346

담당기관	담당과	담당자	연락처
농림축산식품부	경영인력과	과 장 유원상 사무관 김일수	044-201-1531 044-201-1538
농림수산식품교육문화정보원	국제통상실	실 장 이강오 대 리 임지윤	044-861-8870 044-861-8872
신청시기	상반기 2~4월 중	사업시행기관	농림수산식품교육 문화정보원
관련자료	-		

2-2. 생산기반확충

농업분야

101 광역단위 친환경산지 조직육성

세부사업명	농산물산지유통시설지원		세목	지자체경상보조
내역사업명	광역단위친환경산지조직육성		예산 (백만원)	1,500
사업목적	○ 친환경농산물 광역단위 산지유통조직을 육성하여 산지의 규모화·조직화를 통해 농가의 안정적 판로를 제공하고 시장교섭력 확보			
사업 주요내용	○ 친환경농산물 산지의 규모화·조직화 비용, 상품개발, 홍보물제작, 무점포시장 개발(모바일온라인 쇼핑몰 구축) 오프라인 판매망 구축, 마케팅 및 컨설팅 비용 등 지원			
국고보조 근거법령	○ 친환경농어업 육성 및 유기식품의 관리·지원에 관한 법률 제16조(친환경농수산물 등의 생산·유통·수출 지원) ○ 농수산물유통 및 가격안정에 관한 법률 제57조(기금의 용도) ○ 농업·농촌 및 식품산업 기본법 제38조(친환경농업 등의 촉진)			
지원자격 및 요건	○ 농협조직(경제지주, 지역조합, 조공법인), 농업법인(영농조합법인, 농업회사법인), 친환경농업인단체, 지방자치단체 출자·출연기관(지방공사 포함)			
지원한도	개소당 5억원(20년 신규 2개소/계속 2개소)			
재원구성 (%)	국고 50%	지방비 30%	융자	자부담 20%

				(단위 : 백만원)
연도별 재정투입 현황	구 분	2017년	2018년	2019년	2020년
	합 계	500	2,000	2,000	1,500
	국 고	500	2,000	2,000	1,500

담당기관	담당과	담당자	연락처
농림축산식품부 농림축산식품부	친환경농업과 친환경농업과	이윤식 사무관 홍금용 주무관	044-201-2439 044-201-2440
신청시기	전년도(전년도 5.30.일까지), 수시	사업시행기관	지자체(시도)
관련자료	-		

102 국가지방관리방조제개보수

세부사업명	국가지방관리방조제개보수			세목	자치단체 자본보조
내역사업명	국가지방관리방조제개보수			예산 (백만원)	51,238
사업목적	○ 노후화 등으로 지진·태풍·해일 등에 취약한 방조제를 보수·보강함으로써 국민의 인명 및 재산을 보호				
사업 주요내용	○ 시설물 안전진단(점검) 결과 파손 및 노후화된 방조제를 개수·보수 - 방조제 단면보강, 비탈면 사석보수, 노후 배수갑문 및 부속시설물 등 교체·보수				
국고보조 근거법령	○ 「방조제 관리법」 제7조, 「농어촌정비법」 제108조				
지원자격 및 요건	○ (지원대상시설) 「방조제 관리법」 제3조 및 제3조의2에 따라 결정 고시된 국가관리 방조제 또는 지방관리 방조제 ○ (지원자격) 시설물관리자(한국농어촌공사, 시장·군수, 시도지사)				
지원한도	○ 재해예방 등을 위한 시설물 성능개선과 기능유지 및 내구연한 연장 등을 위한 시설물 개보수 비용 ○ 지자체보조 : 국가관리(국고 100%), 지방관리(국고 50, 지방비 50)				
재원구성 (%)	국고	50~100	지방비	0~50	융자	-	자부담	-

연도별 재정투입 계획 (단위 : 백만원)

구 분	2017년	2018년	2019년	2020년
합 계	52,000	53,658	52,163	51,238
국 고	37,000	40,890	43,463	
지방비	15,000	12,768	8,700	

담당기관	담당과	담당자	연락처
농림축산식품부	농업기반과	김수현	044-201-1853

신청시기	정기(전년도 12.30.일까지), 수시	사업시행기관	시·군, 농어촌공사
관련자료	농림사업정보시스템(AGRIX) 사업시행지침서		

103 국내채종 기반 구축사업

세부사업명	품종심사 및 재배시험			세목	민간경상보조
내역사업명	국내채종 기반 구축사업			예산 (백만원)	4,163
사업목적	○ 해외채종에 따른 유전자원(원종 등)의 유출 예방·방지 ○ 국내채종 지원을 통해 국내 채종기반 구축·유지				
사업 주요내용	○ 국내 종자업체가 농가와 채종계약하고 지급한 수매대금 50%를 종자업체에 지원				
국고보조 근거법령	○ 종자산업법 제10조(재정 및 금융 지원 등), 동법 제11조(중소 종자업자 및 중소 육묘업자에 대한 지원)				
지원자격 및 요건	○ 종자업(채소)을 3년 이상 영위하고 있어야 함 ○ 신청 품목에 대해 품종보호출원(또는 등록) 실적 또는 생산·판매신고 실적이 있어야 **함** ※ 종자산업법 제37조에 따른 종자업등록자				
지원한도	○ 국내 채종단가의 약 50% 지원 (품목별 지원상한 단가 : 고추 138천원/kg, 수박 170, 오이 125, 멜론 167, 참외 163, 호박 35, 대목용박 54, 무 22.5, 배추 13.5, 청경채 13.5, 양배추 20, 양파 86)				
재원구성 (%)	국고	50	지방비 - 융자 -		자부담 50

연도별 재정투입 계획

(단위 : 백만원)

구 분	2017년	2018년	2019년	2020년 이후
합 계	7,042	7,042	6,760	8,324
국 고	3,521	3,521	3,380	4,163
자부담	3,521	3,521	3,380	4,163

담당기관	담당과	담당자	연락처
농림축산식품부 국립종자원	종자산업지원과	신현주 윤보경	054-912-0160 054-912-0162

신청시기	정기(전년도 12~1월)	사업시행기관	국립종자원
관련자료			

104 기후변화 실태조사

세부사업명	기후변화실태조사		세목	민간경상보조
내역사업명	기후변화 실태조사		예산 (백만원)	1,227
사업목적	기후변화 실태조사 결과를 활용하여 기후변화에 선제적 대응			
사업 주요내용	기후변화가 농업용수 및 농업생산기반시설에 미치는 영향 및 취약성 평가를 위한 실태조사			
국고보조 근거법령	농어촌구조개선 특별회계법 제5조 보조금 관리에 관한 법률 제9조			
지원자격 및 요건	국고보조 100%			
지원한도	-			

재원구성 (%)	국고	100	지방비	-	융자	-	자부담	-

(단위 : 백만원)

연도별 재정투입 계획	구 분	2017년	2018년	2019년	2020년
	합 계	400	833	833	1,227
	국 고	400	833	833	1,227

담당기관	담당과	담당자	연락처
농림축산식품부 한국농어촌공사	농촌재생에너지팀 기후변화대응부	이은경 정경훈	044-201-2918 061-338-6561
신청시기	-	사업시행기관	한국농어촌공사
관련자료	사업지침자료		

105 농기자재 수출기업 육성지원

세부사업명	농기자재수출활성화		세목	민간경상보조
내역사업명	농기자재수출기업육성		예산 (백만원)	378
사업목적	○ 인허가 및 해외마케팅 지원을 통해 국내 농기자재 기업의 수출활성화 촉진			
사업 주요내용	○ 수출국 진출을 위한 인허가 취득 관련 등록·실험비 지원 ○ 홍보자료 제작, 제품 테스트 비용 지원			
국고보조 근거법령	○ 「농업·농촌 및 식품산업 기본법」 제34조 ○ 「농업기계화촉진법」 제13조의2 등			
지원자격 및 요건	○ 농기자재 수출(예정)기업 ○ 국고 70%, 자부담 30%			
지원한도	○ 업체당 21백만원			

재원구성 (%)	국고	70	지방비		융자		자부담	30

연도별 재정투입 계획

(단위 : 백만원)

구 분	2017년	2018년	2019년	2020년
합 계	-	540	540	540
국 고	-	378	378	378
자부담	-	162	162	162

담당기관	담당과	담당자	연락처
농림축산식품부 농림수산식품교육문화정보원	농기자재정책팀 국제통상협력실	송하나 박지은	044-201-1894 044-861-8882
신청시기	-	사업시행기관	농림수산식품교육 문화정보원
관련자료	-		

106 농기자재 수출정보 지원

세부사업명	농기자재수출활성화			세목	민간경상보조
내역사업명	농기자재수출정보지원			예산 (백만원)	973
사업목적	○ 농기자재 수출전략정보의 체계적 수집 및 분석자료 제공을 통한 농기자재 수출기업의 수출 기반 마련					
사업 주요내용	○ 농기자재 분야별 수출유망국의 산업현황 및 인허가·바이어정보 등 수출전략정보 제공 ○ 농기자재 수출전략정보 제공을 위한 수출지원정보시스템 구축 ○ 수출기업 역량 강화 및 해외시장 판로 개척을 위한 교육·홍보					
국고보조 근거법령	○ 「농업농촌 및 식품산업기본법」 제34조 ○ 「농업기계화촉진법」 제13조의2 등					
지원자격 및 요건	○ 농기자재 수출(예정)기업 ○ 국고 100%					
지원한도	-					
재원구성 (%)	국고	100%	지방비		융자	자부담

연도별 재정투입 계획

(단위 : 백만원)

구 분	2017년	2018년	2019년	2020년
합 계	617	595	553	973
국 고	617	595	553	973

담당기관	담당과	담당자	연락처
농림축산식품부 농림수산식품교육문화정보원	농기자재정책팀 국제통상협력실	송하나 박지은	044-201-1894 044-861-8882
신청시기	-	사업시행기관	농림수산식품교육 문화정보원
관련자료	-		

107 농림사업정보시스템 운영

세부사업명	행정정보화(정보화)			세목	민간경상보조
내역사업명	농림사업정보시스템 운영			예산 (백만원)	1,404
사업목적	○ 농업경영체를 대상으로 하는 보조 융자 사업의 통합관리시스템 구축 운영				
사업 주요내용	○ 147개 농림사업 신청, 선정, 사후관리 등 사업관리 서비스 제공 ○ 농림사업 관련 대국민 맞춤형 지원 서비스 제공 ○ 농업인 대상 맞춤형 농림사업정보 안내 서비스 제공 ○ 농업 직접직불제 등록신청자 정보 열람 서비스 제공				
국고보조 근거법령	○ 보조금 관리에 관한 법률 제26조의2(보조사업 관리체계의 개선), 농업·농촌 및 식품산업기본법 52조(농업 및 농촌지역의 정보화 촉진)				
지원자격 및 요건	○ 국고 100%				
지원한도	-				
재원구성 (%)	국고 100%	지방비		융자	자부담

연도별 재정투입 현황 (단위 : 백만원)

구 분	2017년	2018년	2019년	2020년
합 계	1,364	1,364	1,364	1,404
국 고	1,364	1,364	1,364	1,404

담당기관	담당과	담당자	연락처
농림축산식품부 농림수산식품교육문화정보원	정보통계정책담당관실 농정정보실	손경자 이규술	044-201-1413 044-861-8740
신청시기	-	사업시행기관	농림수산식품교육문화정보원
관련자료	-		

108 농업가뭄 모니터링 및 평가분석사업

세부사업명	농촌용수관리			세목	민간경상보조
내역사업명	농업가뭄 모니터링 및 평가분석			예산 (백만원)	982
사업목적	국가 가뭄 예·경보 기술지원 및 뒷받침을 위해 한국농어촌공사에「농업가뭄대응센터」신설을 통한 가뭄 상시 및 선제적 대응					
사업 주요내용	가뭄 예·경보, 가뭄정보조사, 농업가뭄 평가대책 등					
국고보조 근거법령	농어촌정비법 제108조					
지원자격 및 요건	민간보조, 국고100%					
지원한도						
재원구성 (%)	국고	100	지방비	-	융자	-	자부담	-

연도별 재정투입 계획 (단위 : 백만원)

구 분	2017년	2018년	2019년	2020년
합 계	-	671	982	982
국 고	-	671	982	982

담당기관	담당과	담당자	연락처
농림축산식품부 한국농어촌공사	농업기반과 농업가뭄센터	강대일 사무관 이광야 센터장	010-4248-5308 010-2367-1156

신청시기	수시	사업시행기관	한국농어촌공사
관련자료			

109 농업경영체 지원사업 통합관리시스템 구축

세부사업명	농림축산식품통합관리망(정보화)		세목	민간경상보조
내역사업명	농업경영체 지원사업 통합관리시스템 구축		예산 (백만원)	1,962
사업목적	○ 167만 농업경영체 정보 등록 관리 및 경영체 연계 보조 사업의 효율적 사업관리			
사업 주요내용	○ 167만 농업경영체 등록 관리 서비스 제공 ○ 농업경영체 연계 보조 사업 신청, 접수, 선정 등 사업 관리 ○ 농업인 대상 농업경영체 등록 정보 온라인 조회 서비스 제공			
국고보조 근거법령	○ 보조금 관리에 관한 법률 제26조의2(보조사업 관리체계의 개선), 농업·농촌 및 식품산업기본법 52조(농업 및 농촌지역의 정보화 촉진)			
지원자격 및 요건	○ 국고 100%			
지원한도	-			
재원구성 (%)	국고 100%	지방비	융자	자부담

연도별 재정투입 현황 (단위 : 백만원)

구 분	2017년	2018년	2019년	2020년
합 계	1,668	1,880	1,880	1,962
국 고	1,668	1,880	1,880	1,962

담당기관	담당과	담당자	연락처
농림축산식품부 농림수산식품교육문화정보원	정보통계정책담당관실 농정정보실	손경자 이규술	044-201-1413 044-861-8740
신청시기	-	사업시행기관	농림수산식품교육 문화정보원
관련자료	-		

110 농업용수 관리 자동화

세부사업명	농촌용수관리			세목	민간자본보조
내역사업명	농업용수 관리 자동화			예산 (백만원)	17,661
사업목적	농업용수관리 자동화시스템 구축을 통해 과학적이고 효율적인 물 관리체계를 갖춰 용수절약, 재해 사전 예방				
사업 주요내용	'18년까지 93공구 중 54공구(지사) 완료(저수지, 양수장, 배수장 설치)				
국고보조 근거법령	농어촌정비법 제2조(정의) 및 제108조(자금 지원)				
지원자격 및 요건	민간보조, 국고100%				
지원한도					
재원구성 (%)	국고	100	지방비	-	융자	-	자부담	-

연도별 재정투입 계획

(단위 : 백만원)

구 분	2017년	2018년	2019년	2020년
합 계	10,800	10,373	12,669	17,661
국 고	10,800	10,373	12,669	17,661

담당기관	담당과	담당자	연락처
농림축산식품부 한국농어촌공사	농업기반과 첨단기술총괄부	강대일 사무관 조경진 차 장	010-4248-5308 010-3119-0190

신청시기	수시	사업시행기관	한국농어촌공사
관련자료	농림사업정보시스템(AGRIX) 사업시행지침서		

111 농업용수 수질개선 기본조사

세부사업명	농촌용수관리		세목	민간자본보조
내역사업명	농업용수 수질개선 기본조사		예산 (백만원)	680
사업목적	오염용수원 수질개선으로 깨끗한 농업용수 공급기반 구축과 농촌환경 개선			
사업 주요내용	수질개선사업 추진을 위한 기본조사			
국고보조 근거법령	- 농어촌정비법 제21조(농어촌용수오염 방지와 수질개선 등) 및 환경정책기본법 제4조(국가 및 지방자치단체의 책무) -환경영향평가법 제9조(전략환경영향평가의 대상) 및 동법 시행령 제7조(전략환경영향평가 대상계획의 종류) 별표 2에 의한 전략환경영향평가 대상사업			
지원자격 및 요건	민간보조, 국고 100%			
지원한도					

재원구성(%)	국고	100	지방비	-	융자	-	자부담	-

연도별 재정투입 계획 (단위 : 백만원)

구 분	2017년	2018년	2019년	2020년
합 계	680	1,190	1,590	680
국 고	680	1,190	1,590	680

담당기관	담당과	담당자	연락처
농림축산식품부 한국농어촌공사	농업기반과 수질환경부	강대일 사무관 김형중 차 장	010-4248-5308 010-2464-8817
신청시기	수시	사업시행기관	한국농어촌공사
관련자료			

112 농업용수 수질개선사업

세부사업명	농촌용수관리		세목	민간자본보조
내역사업명	농업용수 수질개선사업		예산 (백만원)	27,825
사업목적	오염용수원 수질개선으로 깨끗한 농업용수 공급기반 구축과 농촌환경 개선			
사업 주요내용	저수지 수질개선을 위한 침강지, 인공습지, 물순환시설 등 설치			
국고보조 근거법령	- 농어촌정비법 제21조(농어촌용수 오염 방지와 수질 개선 등) 및 환경정책기본법 제4조(국가 및 지방자치단체의 책무) - 환경영향평가법 제9조(전략환경영향평가의 대상) 및 동법 시행령 제7조(전략환경영향평가 대상계획의 종류) 별표 2에 의한 전략환경영향평가 대상사업			
지원자격 및 요건	민간보조, 국고 100%			
지원한도				
재원구성 (%)	국고 100	지방비 -	융자 -	자부담 -

연도별 재정투입 계획 (단위 : 백만원)

구 분	2017년	2018년	2019년	2020년
합 계	16,934	23,840	24,822	27,825
국 고	16,934	23,840	24,822	27,825

담당기관	담당과	담당자	연락처
농림축산식품부 한국농어촌공사	농업기반과 수질환경부	강대일 사무관 김형중 차 장	010-4248-5308 010-2464-8817
신청시기	수시	사업시행기관	한국농어촌공사
관련자료	농림사업정보시스템(AGRIX) 사업시행지침서		

113 농업용수 수질조사

세부사업명	농촌용수관리			세목	민간경상보조
내역사업명	농업용수 수질조사			예산 (백만원)	4,500
사업목적	전국 농업용수원 수질현황 및 수질변화 추이를 분석 평가하여 수질관리 및 개선을 위한 기초자료로 제공					
사업 주요내용	농업용수 수질측정망 조사비 지원					
국고보조 근거법령	- 친환경농어업 육성 및 유기식품 등의 관리·지원에 관한 법률 제11조(농어업 자원·환경 및 친환경농어업 등에 관한 실태조사·평가) - 수질 및 수생태계 보전에 관한 법률 제9조(상시측정과 수질·수생태계 현황 및 수생태계 건강성 조사)					
지원자격 및 요건	민간보조, 국고100%					
지원한도						
재원구성 (%)	국고		지방비		융자	자부담

연도별 재정투입 계획

(단위 : 백만원)

구 분	2017년	2018년	2019년	2020년
합 계	4,300	4,300	4,500	4,500
국 고	4,300	4,300	4,500	4,500

* 농업용수 수질개선사업 및 수질조사사업비 합산

담당기관	담당과	담당자	연락처
농림축산식품부 한국농어촌공사	농업기반과 수질환경부	강대일 사무관 김형중 차 장	010-4248-5308 010-2464-8817
신청시기	수시	사업시행기관	한국농어촌공사
관련자료			

114 농업정보이용활성화 지원

세부사업명	농업정보이용활성화(정보화)		세목	민간경상보조
내역사업명	농업정보이용활성화		예산 (백만원)	5,117
사업목적	○ 농업인이 현장에서 쉽게 활용할 수 있는 지식정보 제공 및 ICT융합모델 확산으로 농업인의 정보활용 능력 제고 및 농업농촌 정보화 촉진			
사업 주요내용	○ 농식품지식정보서비스(농업ON)를 통한 데이터기반 농식품 지식정보 제공 ○ 클라우드 기반 농식품 콘텐츠 통합관리 ○ 농식품 공공데이터 개방 확대 및 빅데이터 활용모델 개발 등 ○ 스마트팜 교육·홍보 등 ICT융복합 확산기반 조성 및 사후관리			
국고보조 근거법령	○ 「농업·농촌 및 식품산업 기본법」 제52조(농어업 및 농어촌지역 정보화촉진) ○ 「농수산물유통및가격안정에관한법률」 제72조(유통정보화의 촉진)			
지원자격 및 요건	○ 국고 100%			
지원한도	-			
재원구성 (%)	국고 100%	지방비	융자	자부담

연도별 재정투입 현황 (단위 : 백만원)

구 분	2017년	2018년	2019년	2020년
합 계	3,955	5,826	5,883	5,117
국 고	3,955	5,826	5,883	5,117

담당기관	담당과	담당자	연락처
농림축산식품부 농림수산식품교육문화정보원	정보통계정책담당관실 농정정보실	손경자 이규술	044-201-1413 044-861-8740
신청시기	-	사업시행기관	농림수산식품교육 문화정보원
관련자료	농식품 지식정보서비스(농업ON, www.agrion.kr)		

115 농업진흥지역 실태조사

세부사업명	농지종합정보화(정보화)	세목	민간경상보조
내역사업명	농업진흥지역 실태조사	예산(백만원)	295
사업목적	○ 진흥지역 실태조사를 통한 농업생산기반정비 등 국고가 투자된 우량농지 보전 　- 보전가치가 높은 우량농지는 농업생산기지로 보전하고, 현장 여건변화로 보전 　　가치가 낮은 농업진흥지역에 대한 현장 실태조사 실시 　- 농지전용 등 진흥지역 변경·해제 현황관리를 위한 전국 관리 시스템 구축		
사업 주요내용	○ 농업진흥지역 실태조사 시행 ○ 농업진흥지역 보완·정비 고시도면 제작 및 배포 ○ 농업진흥지역 도면 관리 시스템 구축		
국고보조 근거법령	○ 한국농어촌공사 및 농지관리기금법 제34조(기금의 용도) 및 동법 시행령 제31조 　(기금의 기타사업) ○ 농지법 제28조(농업진흥지역의 지정) ○ 농업진흥지역 관리규정 제8조		
지원자격 및 요건	○ 전국 지자체(시군구, 읍면동) 농지관리 담당 공무원		
지원한도	해당없음		

| 재원구성(%) | 국고 | 100 | 지방비 | - | 융자 | - | 자부담 | - |

연도별 재정투입 현황 (단위 : 백만원)

구 분	2017년	2018년	2019년	2020년
합 계	290	295	295	295
국 고	290	295	295	295
지방비	-	-	-	-
자부담	-	-	-	-

담당기관	담당과	담당자	연락처
농림축산식품부 한국농어촌공사	농 지 과 농지보전관리부	강민수 정영호	044-201-1737 061-338-5976
신청시기	사업년도 1월	사업시행기관	한국농어촌공사
관련자료			

116 농지범용화 시범사업

세부사업명	농지범용화 시범사업		세목	민간보조
내역사업명	농지범용화 시범사업		예산 (백만원)	200
사업목적	비축농지가 포함된 집단화된 농지(논)을 대상으로 용·배수시설 등을 정비하여 논·밭 전환이 가능한 생산성 높은 범용농지 조성 지원			
사업 주요내용	용·배수로 보수·보강 등 정비, 구조물화 및 확장, 객·복토 등 농업용수 공급 및 밭작물 침수피해 방지 등			
국고보조 근거법령	「농어촌정비법」 제7조, 제8조, 제9조 및 「한국농어촌공사 및 농지관리기금법」 제34조			
지원자격 및 요건	들녘내 집단화된 비축농지 및 논에 밭작물재배 희망 농업인 농지			
지원한도	농지범용화 시범사업에 소요되는 공사비, 용지매수보상비 및 시설부대경비 등 사업계획 금액 내에서 지원			

재원구성(%)	국고	100	지방비	-	융자	-	자부담	-

연도별 재정투입 현황 (단위: 백만원)

구 분	2017년	2018년	2019년	2020년
합 계	-	-	-	200
국 고	-	-	-	200

담당기관	담당과	담당자	연락처
농림축산식품부	간척지농업과 기반정비처	서기관 유재중 남윤선 부장	044-201-1881 061-338-6181
신청시기		사업시행기관	한국농어촌공사
관련자료			

117 농지은행사업관리비 지원

세부사업명	농지은행사업관리비		세목	민간경상보조
내역사업명	농지은행사업 관리비 지급		예산 (백만원)	72,044
사업목적	농지은행사업의 원활한 추진			
사업 주요내용	농지은행사업에 소요되는 비용(사업관리수수료 및 제세공과금)을 사업시행기관인 한국농어촌공사에 지원			
국고보조 근거법령	「한국농어촌공사 및 농지관리기금법」시행령 제15조(농지은행사업 등의 시행계획)			
지원자격 및 요건	민간경상보조 100%			
지원한도				
재원구성 (%)	국고 100	지방비	융자	자부담

연도별 재정투입 계획 (단위 : 백만원)

구 분	2017년	2018년	2019년	2020년
합 계	61,714	67,314	69,114	72,044
국 고	61,714	67,314	69,114	72,044

담당기관	담당과	담당자	연락처
농림축산식품부	농지과	최수아 서기관 김순천 주무관	044-201-1732 044-201-1733
신청시기	수시	사업시행기관	한국농어촌공사
관련자료			

118 농지은행인적역량강화사업

세부사업명	농지은행인적역량강화사업			세목	민간경상보조
내역사업명	농지은행 지원자 역량강화 교육비 지원			예산 (백만원)	345
사업목적	농업농촌경쟁력제고				
사업 주요내용	농지은행 지원자의 농지이용 및 관리능력 함양을 위한 교육 실시				
국고보조 근거법령	- 농업·농촌 식품기본법 제24조 및 제29조의2 (농어업인력의 육성 등) - 한국농어촌공사 및 농지관리기금법 제34조 (기금의 용도)				
지원자격 및 요건	민간경상보조 50~100%				
지원한도					
재원구성 (%)	국고	50~100%	지방비	-	융자	-	자부담	0~50%

(단위 : 백만원)

연도별 재정투입 계획	구 분	2017년	2018년	2019년	2020년
	합 계	330	330	330	345
	국 고	330	330	330	345

담당 기관	담당과	담당자	연락처
농림축산식품부	농지과	최수아 서기관 김순천 주무관	044-201-1732 044-201-1733
신청시기	수시	사업시행기관	한국농어촌공사
관련자료			

119 농지이용실태조사 지원

세부사업명	농지이용관리지원		세목	자치단체경상보조
내역사업명	농지이용실태조사 지원		예산 (백만원)	4,445
사업목적	○ 농지이용실태조사 효율적 실시			
사업 주요내용	○ 효율적 농지이용실태 조사를 위해 지자체 조사인력 채용경비 지원			
국고보조 근거법령	○ 「농지법」제10조(농업경영에 이용하지 아니하는 농지 등의 처분), 제49조제2항 (농지원부의 작성과 비치), 제54조(농지의 소유 등에 관한 조사), 한국농어촌공사 및 농지관리기금법 제34조(기금의 용도) 및 동법 시행령 제31조			
지원자격 및 요건	○ 자치단체 경상보조			
지원한도	-			
재원구성 (%)	국고 100 / 지방비 - / 융자 - / 자부담 -			

연도별 재정투입 현황

(단위 : 백만원)

구 분	2017년	2018년	2019년	2020년
합 계	4,238	4,318	4,455	4,455
국 고	4,238	4,318	4,455	4,455
지방비	-	-	-	-
자부담	-	-	-	-

담당기관	담당과	담당자	연락처
농림축산식품부	농지과	김정식	044-201-1736
신청시기	-	사업시행기관	시·도, 시·군·구
관련자료	-		

120 농지정보관리체계개선사업

세부사업명	농지정보관리체계개선		세목	민간경상보조 지자체경상보조
내역사업명	농지정보관리체계개선		예산 (백만원)	4,199
사업목적	○ 필지별 농업인·농지 관리 DB구축 및 일선행정기관의 실질적 지원체계 마련			
사업 주요내용	○ (지자체) 농지원부 정비, 농지전용, 농업진흥지역 등 일선 행정기관의 자료관리를 위한 인력배치 ○ (민간) 지자체 농지원부 정비 등 자료관리를 위한 교육 및 지원, 실시간 통계 DB구축을 위한 정보시스템 구축과 총괄 운영			
국고보조 근거법령	○ 「한국농어촌공사 및 농지관리기금법」제34조(기금의 용도) 제1항 13호 및 동법 시행령 제31조(기금에 의한 그 밖의 사업), 제32조(기금의 보조) ○ 「농지법」제28조(농업진흥지역의 지정), 제31조의3(실태조사), 제34조(농지의 전용허가·협의), 제49조(농지원부의 작성과 비치)			
지원자격 및 요건	○ (지자체) 자치단체 경상보조 70% (3,411백만원) ○ (민간) 경상보조 100% (788백만원)			
지원한도	-			

| 재원구성
(%) | 국고 | (지자체)
70%
(민간)
100% | 지방비 | (지자체)
30% | 융자 | | 자부담 | |

연도별 재정투입 현황					(단위: 백만원)
	구 분	2017년	2018년	2019년	2020년
	합 계	-	-	-	5,661
	국 고			-	4,199
	지방비	-	-	-	1,462
	자부담	-	-	-	-

담당기관	담당과	담당자	연락처
농림축산식품부 한국농어촌공사	농 지 과 정보화추진처	최문환 유수경	044-201-1742 061-338-5263

| 신청시기 | '20.1월 | 사업시행기관 | 시군구
한국농어촌공사 |

| 관련자료 | |

121 경영회생지원 농지매입사업

세부사업명	경영회생지원농지매입(융자)			세목	기타민간 융자금	
내역사업명	경영회생지원농지매입			예산 (백만원)	280,000	
사업목적	○ 자연재해, 부채 등으로 일시적 경영위기에 처한 농업인(농업법인)이 부채를 갚고 경영회생 할 수 있도록 지원					
사업 주요내용	○ 부채 등으로 경영위기에 처한 농가의 농지 등을 농지은행이 매입하고 농가는 매각대금으로 부채를 상환 ○ 매입농지 등은 당해농가에 장기임대하고, 그 기간동안 환매권을 부여					
국고보조 근거법령	○ 「한국농어촌공사 및 농지관리기금법」 제24조의3(경영회생지원 농지매입 등)					
지원자격 및 요건	○ 재해피해율이 50%이상 또는 부채가 30백만원 이상 ○ 자산대비 부채비율이 40% 이상인 농업경영체					
지원한도	○ 농업인은 10억원, 농업법인은 15억원					
재원구성 (%)	국고	100%	지방비	0	융자 0	자부담 0

연도별 재정투입 현황	구 분	2017년	2018년	2019년	2020년 (단위: 백만원)
	합 계	290,000	260,000	290,000	280,000
	국 고	290,000	260,000	290,000	280,000

	담당기관	담당과	담당자	연락처
	농림축산식품부	농지과	최문환	044-201-1742
	한국농어촌공사	농지연금부	김대래	061-338-5902
신청시기	수시(연중가능)		사업시행기관	한국농어촌공사
관련자료				

122 농지제도개선홍보 지원사업

세부사업명	농지제도개선홍보		세목	자치단체경상보조
내역사업명	농지제도개선홍보		예산 (백만원)	181
사업목적	○ 농지제도의 원활한 운영			
사업 주요내용	○ 농지실무 및 농지법령 개정사항에 대한 교육, 홍보 및 법령집 발간			
국고보조 근거법령	○ 한국농어촌공사 및 농지관리기금법」제34조(기금의 용도) 및 같은 법 시행령 제31조(기금의 기타사업)			
지원자격 및 요건	○ 민간경상보조			
지원한도	-			

재원구성 (%)	국고	100	지방비	-	융자	-	자부담	-

(단위 : 백만원)

연도별 재정투입 현황	구 분	2017년	2018년	2019년	2020년
	합 계	181	181	181	181
	국 고	181	181	181	181
	지방비	-	-	-	-
	자부담	-	-	-	-

담당기관	담당과	담당자	연락처
농림축산식품부	농지과	김정식	044-201-1736
신청시기	-	사업시행기관	한국농어촌공사
관련자료	-		

123 농지종합정보화

세부사업명	농지종합정보화(정보화)			세목	민간경상보조
내역사업명	농지종합정보화			예산 (백만원)	1,783

사업목적	○ 정보화를 통한 효율적인 농지관리 업무 처리와 대농업인 서비스 질 향상
	  - 농지의 효율적 보존 및 관리를 위한 필지별 농지관리 정보체계 구축
	  - 농지관리 및 농촌개발 관련 공간정보 DB구축으로 농정자료에 활용					

사업 주요내용	○ 농지관련 시스템간 DB연계 강화 및 시스템 고도화 ○ 전국 농지원부 및 농업진흥지역도 등 GIS DB 구축 관리 ○ 전국 농지정보를 통합한 농지정보시스템 구축 ○ 농지정보시스템 유지관리 및 지자체 운영 지원					
국고보조 근거법령	○ 한국농어촌공사 및 농지관리기금법 제34조(기금의 용도) 및 동법 시행령 제31조(기금에 의한 그 밖의 사업) ○ 농지법 제28조(농업진흥지역의 지정), 제34조(농지의 전용허가·협의), 제49조(농지원부의 작성과 비치)					
지원자격 및 요건	○ 전국 지자체(시군구, 읍면동) 농지관리 담당 공무원					
지원한도	해당없음					
재원구성 (%)	국고	100%	지방비		융자		자부담	

(단위 : 백만원)

연도별 재정투입 현황	구 분	2017년	2018년	2019년	2020년
	합 계	1,658	1,912	1,636	1,783
	국 고	1,658	1,912	1,636	1,783
	지방비	-	-	-	-
	자부담	-	-	-	-

담당기관	담당과	담당자	연락처
농림축산식품부 한국농어촌공사	농 지 과 정보화추진처	최문환 유수경	044-201-1742 063-338-5263
신청시기	사업년도 1월	사업시행기관	한국농어촌공사
관련자료			

124 농촌 지하수 자원관리

세부사업명	농촌용수관리			세목	민간자본보조
내역사업명	농촌 지하수 자원관리			예산 (백만원)	6,019
사업목적	지하수의 체계적인 관리를 통해 청정하고 안전한 지하수자원의 지속가능한 개발 이용 도모				
사업 주요내용	농어촌지역 주요 수자원인 지하수의 체계적인 관리를 통해 청정하고 안전한 지하수자원의 지속가능한 개발 및 이용 도모				
국고보조 근거법령	농어촌정비법 제108조(자금 지원), 지하수법 제5조(지하수의 조사) 보조금관리에 관한 법률 제9조(보조금의 대상 사업 및 기준보조율 등)				
지원자격 및 요건	한국농어촌공사, 국비 100%				
지원한도					
재원구성(%)	국고 100	지방비 -	융자 -	자부담 -	

연도별 재정투입 계획 (단위 : 백만원)

구 분	2017년	2018년	2019년	2020년
합 계	5,427	6,019	6,019	6,019
국 고	5,427	6,019	6,019	6,019

담당 기관	담당과	담당자	연락처
농림축산식품부 한국농어촌공사	농업기반과 지하수관리부	정경현 사무관 박수정 과 장	010-6226-7477 010-2387-8844

신청시기	수시	사업시행기관	한국농어촌공사
관련자료			

125 농촌용수분야 국제협력 지원사업

세부사업명	농촌용수관리		세목	민간경상보조
내역사업명	농촌용수분야 국제협력 지원		예산 (백만원)	100
사업목적	농촌용수분야 국제협력을 통해 우리나라의 선진기술 홍보를 통한 국격 제고			
사업 주요내용	국제협력에 필요한 사업비 지원			
국고보조 근거법령	- 농어업·농어촌 및 식품산업 기본법 제13조(통상 및 국제협력)			
지원자격 및 요건	민간보조, 국고100%			
지원한도				

재원구성(%)	국고	100	지방비	-	융자	-	자부담	-

연도별 재정투입 계획 (단위 : 백만원)

구 분	2017년	2018년	2019년	2020년
합 계	100	100	300	100
국 고	100	100	300	100

담당기관	담당과	담당자	연락처
농림축산식품부 한국농어촌공사	농업기반과 농어촌연구원	김문석 주무관 박은서 대 리	010-6660-4492 010-9931-2150

신청시기	수시	사업시행기관	한국농어촌공사
관련자료			

126 농촌용수개발

세부사업명	농촌용수개발			세목	민간자본보조 지자체자본보조	
내역사업명	다목적농촌용수개발, 농촌용수이용체계재편, 임진강수계농촌용수공급, 제주농업용수통합광역화			예산 (백만원)	357,407	
사업목적	가뭄상습지에 농업, 생활, 환경 등 각종 용수를 안정적으로 공급하여 안전영농기반 구축 및 농어촌 생활환경개선					
사업 주요내용	저수지, 양수장, 용수로 등 수리시설을 설치하여 필요 용수 확보 및 안정적인 공급체계 유지					
국고보조 근거법령	「농어촌정비법」 제7조 내지 제11조, 제108조					
지원자격 및 요건	·국고100% : 다목적농촌용수개발, 농촌용수이용체계재편, 임진강수계농촌용수공급 ·국고 80%, 지방비 20% : 제주농업용수통합광역화					
지원한도	수혜면적 50ha이상 농업용수 부족지역					
재원구성 (%)	국고	100 80	지방비	- 20	융자	- -	자부담	- -

연도별 재정투입 계획   (단위 : 백만원)

구 분	2017년	2018년	2019년	2020년
합 계	365,970	381,287	350,200	357,407
국 고	365,970	381,287	350,200	357,407

담당기관	담당과	담당자	연락처
농림축산식품부	농업기반과	강경만 서기관 임정근 주무관	044-201-1858 044-201-1859
신청시기	매년 상반기	사업시행기관	한국농어촌공사
관련자료	농림사업정보시스템(AGRIX) 사업시행지침서		

127 대규모농업기반시설치수능력확대사업

세부사업명	대규모농업기반시설 치수능력확대		세목	민간자본보조
내역사업명	대규모농업기반시설치수능력확대		예산 (백만원)	45,416
사업목적	- 최근 기후변화에 따른 집중호우 등에 대비하여 기설치된 저수지 및 방조제의 시설물(물넘이, 제체, 배수갑문) 보강을 통해 홍수배제능력 향상 및 재해예방 - 환경영향평가법 제36조(사후환경영향조사)에 의거 사업준공후 사후환경영향조사를 실시하여 사업이 환경에 미치는 영향을 평가하고 환경보전방안을 마련			
사업 주요내용	- 삽교방조제: 배수갑문 확장, 홍수 예·경보 시스템 - 이동저수지: 물넘이 및 방수로 확장 - 불갑저수지: 보조여수로 설치, 방수로 터널, 수로암거 - 사후환경영향조사: 6개지구			
국고보조 근거법령	「농어촌정비법」 제2조, 제7조~제9조, 제16조, 제18조, 제108조 「시설물의 안전관리에 관한 특별법」 제15조			
지원자격 및 요건	「한국농어촌공사 및 농지관리기금법」에 따른 한국농어촌공사(시설관리자)			
지원한도	농지조성 또는 농지조성을 포함하는 농업기반조성사업에 소요되는 개발비 (공사비, 보상비, 시설부대비 등 내부개발 소요 총사업비)			
재원구성 (%)	국고 100	지방비 -	융자 -	자부담 -

연도별 재정투입 계획 (단위: 백만원)

구 분	2017년	2018년	2019년	2020년
합 계	28,400	39,000	42,000	45,416
국 고	28,400	39,000	42,000	45,416

담당기관	담당과	담당자	연락처
농림축산식품부 한국농어촌공사	간척지농업과 기반정비처	유재중 이은수	044-201-1881 061-338-5301
신청시기	연중, 수시	사업시행기관	한국농어촌공사
관련자료	-		

128 대한민국우수품종상사업

세부사업명	품종심사및재배시험			세목	민간경상보조
내역사업명	대한민국우수품종상			예산 (백만원)	10
사업목적	○「대한민국우수품종상」포장재 제작을 지원하여 우수품종 홍보 및 보급 확대				
사업 주요내용	○「대한민국우수품종상」민간 수상자를 대상으로 포장재 제작 지원				
국고보조 근거법령	○ 종자산업법 제10조(재정 및 금융 지원 등)				
지원자격 및 요건	○최근 5년간「대한민국우수품종상」민간 수상 품종				
지원한도	○ 포장재 제작 비용의 50% 지원				
재원구성 (%)	국고 50	지방비 -	융자 -	자부담	50

(단위 : 백만원)

연도별 재정투입 계획	구 분	2017년	2018년	2019년	2020년 이후
	합 계	24	24	10	10
	국 고	24	24	10	10

담당기관	담당과	담당자	연락처
농림축산식품부 국립종자원	종자산업지원과	신현주 윤보경	054-912-0160 054-912-0162
신청시기	9월~10월	사업시행기관	국립종자원
관련자료			

129 무인 자율제어 배수 펌프장

세부사업명	농촌용수관리			세목	민간자본보조
내역사업명	무인 자율제어 배수 펌프장			예산 (백만원)	24,860
사업목적	집중호우 등 기상이변 발생시 배수장 비상 자동운전 등을 통해 농경지 등 침수피해 사전 예방				
사업 주요내용	한국농어촌공사 관리 농업용 배수펌프장 중 자동운전이 가능한 시설을 대상으로 계측·감시·통신·무인제어장비 등 설치				
국고보조 근거법령	- 농어촌정비법 제6조(농업생산기반 정비사업의 원칙), 자연재해대책법 제3조(책무)				
지원자격 및 요건	민간보조, 국고 100%				
지원한도					
재원구성(%)	국고 100	지방비 -	융자 -	자부담 -	

연도별 재정투입 계획 (단위 : 백만원)

구 분	2017년	2018년	2019년	2020년
합 계	-	-	-	24,860
국 고	-	-	-	24,860

담당기관	담당과	담당자	연락처
농림축산식품부 한국농어촌공사	농업기반과 첨단기술총괄부	강대일 사무관 조경진 차 장	044-201-1863 061-338-5667

신청시기	수시	사업시행기관	한국농어촌공사
관련자료			

130 민간육종가 지원사업

세부사업명	품종심사 및 재배시험		세목	민간경상보조
내역사업명	민간육종가 지원 사업		예산 (백만원)	344
사업목적	○민간육종가의 신품종 개발 활성화 지원을 통한 민간육종 저변 확대로 국내 종자산업 발전 도모			
사업 주요내용	○신품종개발비, 특수검정비, 홍보비, 해외전문교육비 등 지원			
국고보조 근거법령	○「종자산업법」제10조(재정 및 금융지원 등)			
지원대상 (자격)	○신품종개발비 : 민간육종가(개인육종가 및 상시근로자 10인 이하의 법인체) ○특수검정비, 해외전문교육비 등 지원 - 민간육종가(개인육종가 및 상시근로자 50인 이하의 법인) ○홍보비 : 민간육종가, 민간육종가협의회 또는 연합회 등			
지원한도	○신품종개발비 : 연간 1품종(4백만원) 지원 ○특수검정비 : 소요비용의 50% 지원 ○해외전문교육비 : 소요비용의 50% 지원 ○홍보비 : 소요비용의 70% 지원			

재원구성 (%)	국고	50~70	지방비	-	융자	-	자부담	30~50

연도별 재정투입 계획 (단위 : 백만원)

구 분	2017년	2018년	2019년	2020년 이후
국 고	344	344	344	344

담당기관	담당과	담당자	연락처
농림축산식품부 국립종자원	종자산업지원과	신현주 이진성	054-912-0160 054-912-0163

신청시기	분기, 수시	사업시행기관	국립종자원
관련자료			

131 배수개선(민간)사업

세부사업명	배수개선		세목	민간자본보조
내역사업명	배수개선(민간)		예산 (백만원)	3,200
사업목적	배수개선사업을 시행하기 위하여 필요한 영농방법, 작부체계조사, 주민의견수렴 및 호응도조사, 하천영향분석, 사업성 및 사업효과 분석 등 기본계획 수립을 위한 기본조사를 실시하여 실시설계 및 사업시행에 필요한 기초자료 제공			
사업 주요내용	배수개선사업을 시행하기 위하여 필요한 영농방법, 작부체계조사, 주민의견수렴 및 호응도조사, 하천영향분석, 사업성 및 사업효과 분석 등 기본계획 수립을 위한 기본조사 실시			
국고보조 근거법령	농어촌정비법 제6조(농업생산기반 정비사업의 원칙)			
지원자격 및 요건	상습침수 농경지 302.7천ha			
지원한도				
재원구성 (%)	국고 100 지방비 - 융자 - 자부담 -			

연도별 재정투입 계획

(단위 : 백만원)

구 분	2017년	2018년	2019년	2020년
합 계	2,000	2,000	2,300	3,200
국 고	2,000	2,000	2,300	3,200

담당기관	담당과	담당자	연락처
농림축산식품부	간척지농업과 기반정비처	유재중 김덕규	044-201-1881 061-338-5621

신청시기	수시	사업시행기관	한국농어촌공사

관련자료	농림사업정보시스템(AGRIX) 사업시행지침서

132 배수개선(지자체)사업

세부사업명	배수개선		세목	자치단체자본보조
내역사업명	배수개선(지자체)		예산 (백만원)	305,645
사업목적	상습침수 농경지에 배수장, 배수로 및 배수문 등의 방재시설을 설치하여 침수피해 방지와 논에서의 타작물 재배기반 조성			
사업 주요내용	상습침수 농경지에 배수장, 배수로 및 배수문 등의 방재시설 설치			
국고보조 근거법령	농어촌정비법 제6조(농업생산기반 정비사업의 원칙)			
지원자격 및 요건	상습침수 농경지 302.7천ha			
지원한도				
재원구성 (%)	국고 100	지방비 -	융자 -	자부담 -

연도별 재정투입 계획 (단위 : 백만원)

구 분	2017년	2018년	2019년	2020년
합 계	291,500	277,800	256,750	308,845
국 고	291,500	277,800	256,750	308,845

* 배수개선사업(민간, 지자체) 예산합계

담당기관	담당과	담당자	연락처
농림축산식품부	간척지농업과 기반정비처	유재중 이은수	044-201-1881 061-338-5301

신청시기	수시	사업시행기관	시도
관련자료	농림사업정보시스템(AGRIX) 사업시행지침서		

133 비료품질관리시스템

세부사업명	친환경농자재지원		세목	민간경상보조
내역사업명	비료품질관리시스템		예산(백만원)	75
사업목적	○ 비료의 생산부터 유통·판매까지 검사 및 감독 업무를 효율적으로 추진하기 위한 전국단위 비료품질관리시스템 운영			
사업 주요내용	○ 비료품질관리시스템 기능개선 및 유지보수			
국고보조 근거법령	○ 비료관리법 제7조, 제14조, 제14조의2, 제18조			
지원자격 및 요건	○ 지원대상 : 농림수산식품교육문화정보원			
지원한도	-			

재원구성(%)	국고	100%	지방비		융자		자부담	

연도별 재정투입 현황 (단위 : 백만원)

구 분	2017년	2018년	2019년	2020년
합 계	75	75	75	75
국 고	75	75	75	75

담당기관	담당과	담당자	연락처
농림축산식품부 농림수산식품교육문화정보원	농기자재정책팀 농정정보실	이창호 심보현	044-201-1892 044-861-8746
신청시기	-	사업시행기관	농림수산식품교육문화정보원
관련자료	-		

134 사료용곤충산업화지원

세부사업명	곤충미생물산업육성지원		세목	자치단체 자본보조
내역사업명	사료용곤충산업화		예산 (백만원)	600
사업목적	○ 축산·양어용·반려동물 등의 사료로 활용이 가능한 사료용 곤충의 생산·가공 시설 등을 지원하여 산업화 기반 구축			
사업 주요내용	○ 곤충 농업법인 및 사육농가에 사료용 곤충 산란장, 사육장, 가공 설비 등 지원 - 거점농가(농업법인)는 사료용곤충 종자를 협력농가에 공급하고, 협력 농가가 사육한 곤충을 거점농가(농업법인)가 수매하여 사료로 가공토록 함			
국고보조 근거법령	○ 「곤충산업 육성 및 지원에 관한 법률」 제13조(지방자치단체의 곤충산업 사업 수행), 제14조(재정 및 기술지원 등)			
지원자격 및 요건	○ 「농어업경영체 육성 및 지원에 관한 법률」 제4조에 따라 농업경영정보를 등록한 농업인·농업법인 ○ 「곤충산업의 육성 및 지원에 관한 법률」 제12조에 따른 곤충생산(사육) 신고 확인증을 받은 자			
지원한도	○ 개소당 300백만원(2개소×10억원×30%)			

재원구성 (%)	국고	30	지방비	40	융자	-	자부담	30

(단위 : 백만원)

연도별 재정투입 현황	구 분	2017년	2018년	2019년	2020년(정부안)
	합 계	-	-	2,000	2,000
	국 고	-	-	600	600
	지방비	-	-	800	800
	융 자	-	-	-	-
	자부담	-	-	600	600

담당기관	담당과	담당자	연락처
농림축산식품부 자치단체	종자생명산업과 시·군·구 농정담당부서	이미영 박은총	044-201-2472 044-201-2473

신청시기	2019년 12월	사업시행기관	지자체(시·군·구)
관련자료	○ 농림사업정보시스템(AGRIX) 사업시행지침서('20년)		

135 수리시설개보수

세부사업명	수리시설개보수			세목	민간자본보조
내역사업명	수리시설개보수			예산 (백만원)	538,136
사업목적	노후·파손 또는 기능이 저하된 수리시설의 보수·보강 등을 통해 재해예방, 물손실 최소화 및 영농편의기반 구축				
사업 주요내용	노후 저수지, 양·배수장, 취입보 및 노후수로 보수·보강과 흙수로 구조물화, 안전진단(정밀점검), 저수지 준설 등				
국고보조 근거법령	「농어촌정비법」 제108조				
지원자격 및 요건	농어촌공사관리 구역중 수리시설의 안전점검 및 정밀안전진단(정밀점검) 결과 등에 따라 보수·보강이 필요한 시설물에 대한 기본계획수립이 완료된 지구				
지원한도	수리시설개보수사업에 소요되는 공사비, 용지매수 보상비 및 시설부대경비, 안전진단은 농업기반시설 안전진단 대가 및 세부시행계획 금액 내에서 지원				
재원구성 (%)	국고	100	지방비	-	융자	-	자부담	-

연도별 재정투입 계획 (단위 : 백만원)

구 분	2018년	2019년	2020년	2021년 이후
합 계	460,000	558,018	538,136	4,598,446
국 고	460,000	558,018	538,136	4,598,446

기관	담당과	담당자	연락처
농림축산식품부	농업기반과	과 장 박종훈 사무관 이재천	044-201-1851 044-201-1860

신청시기	정기(전년도 12.30일까지)	사업시행기관	한국농어촌공사
관련자료	농림사업정보시스템(AGRIX) 사업시행지침서		

136 수리시설유지관리

세부사업명	수리시설유지관리		세목	민간경상보조
내역사업명	한국농어촌공사 수리시설유지관리		예산(백만원)	150,000
사업목적	농업생산기반시설의 본래 기능 유지 관리를 통한 농업생산성 증대 및 가뭄 홍수 등 국가재난 예방			
사업 주요내용	한국농촌공사가 관리하는 농업생산기반시설(수리시설물, 용배수로 등) 유지관리			
국고보조 근거법령	농어촌정비법 제16조(국가 등이 시행한 농업생산기반시설의 관리와 이관) 및 제18조(농업생산기반시설의 관리), 한국농어촌공사 및 농지관리기금법 제29조(보조금)			
지원자격 및 요건	민간경상보조 100%			
지원한도				
재원구성 (%)	국고 100	지방비 -	융자 -	자부담 -

연도별 재정투입계획

(단위 : 백만원)

구 분	2017년	2018년	2019년	2020년
합 계	154,700	162,232	150,000	150,000
국 고	154,700	162,232	150,000	150,000

담당기관	담당과	담당자	연락처
농림축산식품부	농업기반과	김영민 사무관 이경화 주무관	044-201-1852 044-201-1854
신청시기		사업시행기관	한국농어촌공사
관련자료			

137 수질개선 사후 모니터링 지원사업

세부사업명	농촌용수관리			세목	민간자본보조
내역사업명	수질개선 사후 모니터링 지원			예산 (백만원)	230
사업목적	수질개선사업이 완료된 저수지에 대한 사후관리 및 모니터링 등을 통해 시설물의 적정 운영				
사업 주요내용	수질개선사업 완료지구의 모니터링을 통한 운영 연차별 정화효율검증 및 수질정화효율 향상(활용)방안 연구				
국고보조 근거법령	- 농어촌정비법 제21조(농어촌용수 오염 방지와 수질 개선 등) 및 환경정책기본법 제4조(국가 및 지방자치단체의 책무) -환경영향평가법 제9조(전략환경영향평가의 대상) 및 동법 시행령 제7조(전략환경영향평가 대상계획의 종류) 별표 2에 의한 전략환경영향평가 대상사업				
지원자격 및 요건	민간보조, 국고 100%				
지원한도					
재원구성 (%)	국고	국고 100	지방비 -	융자 -	자부담

연도별 재정투입 계획 (단위 : 백만원)

구 분	2017년	2018년	2019년	2020년
합 계	140	170	210	230
국 고	140	170	210	230

담당기관	담당과	담당자	연락처
농림축산식품부 한국농어촌공사	농업기반과 수질환경부	강대일 사무관 김형중 차 장	010-4248-5308 010-2464-8817
신청시기	수시	사업시행기관	한국농어촌공사
관련자료			

138 우수종묘증식보급기반구축

세부사업명	종자산업기반구축		세목	자치단체 자본보조
내역사업명	우수종묘증식보급기반구축		예산 (백만원)	6,489
사업목적	○ 식량·원예·특용작물 등의 우수한 종묘(종자)를 농업인에게 효율적으로 증식·보급할 수 있는 기반조성 지원			
사업 주요내용	○ 종자보급 체계가 미비한 품목(씨감자, 고구마종순, 특수미, 약용작물 종자, 버섯 종균, 육묘, 딸기종묘, 과수묘목, 화훼종묘, 녹비·사료작물, 종묘삼, 마늘종구)에 대한 종묘 생산기반(시설·장비) 지원			
국고보조 근거법령	○ 종자산업법 제10조(재정 및 금융 지원 등)			
지원자격 및 요건	○ 지자체 및 농업법인 / 국고 30~50%, 지방비 30~50%, 자부담 40%			
지원한도	○ 총사업비 규모에 따라 2~30억원 차등지원 - 대규모(2년) : 20~30억, 중규모(1~2년) : 8~20억, 소규모(1년) : 2~8억			

재원구성 (%)	국고	30~50	지방비	30~50	융자		자부담	40

연도별 재정투입 현황 (단위 : 백만원)

구 분	2017년	2018년	2019년	2020년
합 계	18,214	17,303	17,303	14,722
국 고	7,565	7,210	7,210	6,489
지방비	6,665	6,344	7,210	6,489
자부담	3,984	3,749	2,480	1,744

담당기관	담당과	담당자	연락처
농림축산식품부 자치단체	종자생명산업과 시도 사업담당과	양미희 -	044-201-2482 -

신청시기	정기(전년도 9~10월)	사업시행기관	자치단체
관련자료	농림사업정보시스템(AGRIX) 사업시행지침서		

139 원원종 및 원종생산 사업

세부사업명	원원종 및 원종 생산		세목	자치단체 경상보조
내역사업명	원원종 및 원종 생산		예산 (백만원)	5,692
사업목적	○ 벼, 보리, 밀, 콩 등 보급종 생산에 필요한 상위단계 종자인 원원종 및 원종의 확보를 위해 지자체에 상위단계 종자생산에 소요되는 인건비, 재료비 등 직접생산비를 지원함으로써 안정적인 보급종 생산기반 조성			
사업 주요내용	○ 벼, 보리, 밀, 콩 등 보급종 생산에 필요한 원원종 및 원종 생산에 소요되는 인건비, 재료비 등 직접생산비를 지원			
국고보조 근거법령	○ 종자산업법 제22조 ○ 보조금 관리에 관한 법률 시행령 제4조			
지원자격 및 요건	○ 벼, 보리, 밀, 콩 등 주요 농작물의 원원종 및 원종을 생산하는 지자체			
지원한도	-			
재원구성 (%)	국고 100%	지방비	융자	자부담

연도별 재정투입 현황
(단위 : 백만원)

구 분	2017년	2018년	2019년	2020년
합 계	4,809	5,692	5,692	5,692
국 고	4,809	5,692	5,692	5,692

담당기관	담당과	담당자	연락처
국립종자원	식량종자과	박선영	054-912-0184

신청시기	비공모	사업시행기관	각 도 원원종 및 원종 생산기관
관련자료	-		

140 유기농업자재 지원

세부사업명	친환경농자재지원		세목	자치단체 경상보조
내역사업명	유기농업자재지원사업		예산 (백만원)	3,105
사업목적	○ 유기농업자재, 녹비작물 종자 등 구입비용을 친환경농업인 등에게 지원하여 경영비 부담을 줄이고, 지력증진, 농약·화학비료 사용감소를 유도함으로써 지속가능한 농업 구현			
사업 주요내용	○ 친환경농업인 등에게 유기농업자재, 녹비작물 종자 등 구입비용의 일부 지원			
국고보조 근거법령	○ 친환경농어업육성 및 유기식품 등의 관리·지원에 관한 법률 제10조 및 제16조			
지원자격 및 요건	○ 지원신청서를 제출하고 임신확인서, 출생증명서 등을 통해 임신 및 출산 사실이 확인된 임산부			
지원한도	○ 유기농업자재 및 자재원료: (유기) 200만원/ha, (무농약) 150만원/ha			

재원구성 (%)	국고	20	지방비	30	융자	-	자부담	50

연도별 재정투입 계획

(단위: 백만원)

구 분	2017년	2018년	2019년	2020년	2021년 이후
합 계	15,525.0	15,525.0	15,525.0	15,525.0	15,525.0
국 고	3,105.0	3,105.0	3,105.0	3,105.0	3,105.0
지방비	4,657.5	4,657.5	4,657.5	4,657.5	4,657.5
자부담	7,762.5	7,762.5	7,762.5	7,762.5	7,762.5

담당기관	담당과	담당자	연락처
농림축산식품부 자치단체	친환경농업과 시·군·구 담당과	김진수 최기정 담당자	044-201-2432 044-201-2433

신청시기	전년도(1월~)	사업시행기관	자치단체 등
관련자료	농림사업정보시스템(AGRIX) 사업시행지침서		

141 유기질비료 지원사업

세부사업명	친환경농자재지원		세목	자치단체경상보조
내역사업명	유기질비료 지원		예산 (백만원)	134,100
사업목적	○ 농림축산부산물의 자원화를 촉진하고 토양유기물 공급으로 토양환경을 보전하여 지속가능한 농업 추진			
사업 주요내용	○ 유기질비료, 퇴비 등 유기질비료 구입비 일부 지원			
국고보조 근거법령	○ 비료관리법 제7조, 친환경농어업 육성 및 유기식품 등의 관리, 지원에 관한 법률 제3조			
지원자격 및 요건	○ 농업경영체 등록된 농업경영체 중 유기질비료를 신청한 농지에 대해 지원 ○ 20kg 포대당 1,000원(800원~1,100원) - 부숙유기질비료 : 특등급 1,100원, 1등급 1,000원, 2등급 800원 - 유기질비료 : 1,100원			
지원한도	-			
재원구성 (%)	국고 100%	지방비	융자	자부담

연도별 재정투입 현황
(단위 : 백만원)

구 분	2017년	2018년	2019년	2020년
합 계	160,000	149,000	134,100	134,100
국 고	160,000	149,000	134,100	134,100
지방비	96,000	89,400	80,460	80,460

담당기관	담당과	담당자	연락처
농림축산식품부 지방자치단체	농기자재정책팀 친환경농업과 등	이창호 비료담당자	044-201-1892
신청시기	'19.11.5~12.4	사업시행기관	지자체, 농협
관련자료	유기질비료 지원사업 시행지침서		

142 토양개량제 지원사업

세부사업명	친환경농자재지원		세목	자치단체경상보조
내역사업명	토양개량제 지원		예산 (백만원)	54,078
사업목적	○ 산성토양 및 유효규산 함량이 낮은 농경지 개량으로 지속가능한 친환경 농업 실현			
사업 주요내용	○ 토양 개량을 위한 규산질비료, 석회질비료 공급 지원			
국고보조 근거법령	○ 농지법 제21조			
지원자격 및 요건	○ 「농어업경영체 육성 및 지원에 관한 법률」제4조에 따라 농업경영정보를 등록한 농업경영체로서 토양개량제(규산, 석회) 공급신청서를 작성하여 농지 소재지 읍.면.동에 토양개량제 공급을 신청한 자			
지원한도	-			
재원구성 (%)	국고 60%, 80	지방비 40, 20	융자	자부담

연도별 재정투입 현황 (단위 : 백만원)

구 분	2017년	2018년	2019년	2020년
합 계	57,560	50,830	51,272	54,078
국 고	57,560	50,830	51,272	54,078
지방비	27,756	21,784	29,008	29,769

담당기관	담당과	담당자	연락처
농림축산식품부 지방자치단체	농기자재정책팀 친환경농업과 등	이창호 비료담당자	044-201-1892

신청시기	'19.11.5~12.4	사업시행기관	지자체, 농협
관련자료	토양개량제 지원사업 시행지침서		

143 토양개량제사업(제주)

세부사업명	토양개량제사업(제주)			세목	자치단체자본보조
내역사업명	토양개량제사업(제주)			예산 (백만원)	2,289
사업목적	○ 산성토양 및 유효규산 함량이 낮은 농경지 개량으로 지속가능한 친환경 농업 실현				
사업 주요내용	○ 토양 개량을 위한 규산질비료, 석회질비료 공급 지원				
국고보조 근거법령	○ 농지법 제21조				
지원자격 및 요건	○ 「농어업경영체 육성 및 지원에 관한 법률」제4조에 따라 농업경영정보를 등록한 농업경영체로서 토양개량제(규산, 석회) 공급신청서를 작성하여 농지 소재지 읍.면.동에 토양개량제 공급을 신청한 자				
지원한도	-				
재원구성 (%)	국고	70%	지방비	30	융자		자부담	

(단위 : 백만원)

연도별 재정투입 현황	구 분	2017년	2018년	2019년	2020년
	합 계	3,281	2,858	2,143	3,480
	국 고	2,297	2,000	1,500	2,289
	지방비	984	858	643	1,191

담당기관	담당과	담당자	연락처
농림축산식품부 제주특별자치도	농기자재정책팀 친환경농업정책과	이창호 강다희	044-201-1892 064-710-3163

신청시기	'19.11.5~12.4	사업시행기관	지자체, 농협
관련자료	토양개량제 지원사업 시행지침서		

144 한발대비용수개발사업

세부사업명	한발대비용수개발			세목	자치단체자본보조
내역사업명	한발대비용수개발			예산 (백만원)	11,300
사업목적	가뭄취약지역에 긴급 용수대책비 지원으로 가뭄에 의한 농업피해 최소화 도모				
사업 주요내용	가뭄발생지역에 용수대책비 긴급지원으로 가뭄에 의한 영농피해 최소화 도모				
국고보조 근거법령	- 농어촌정비법 제108조(자금지원) -농어업재해대책법 제4조(보조 및 지원)				
지원자격 및 요건	국고 80%, 지방비 20%				
지원한도					
재원구성 (%)	국고	80	지방비	20	융자	-	자부담	-

연도별 재정투입 계획 (단위 : 백만원)

구 분	2017년	2018년	2019년	2020년
합 계	65,625	15,125	14,625	14,125
국 고	52,500	12,100	11,700	11,300
지방비	13,125	3,025	2,925	2,825

담당기관	담당과	담당자	연락처
농림축산식품부 자치단체	농업기반과 각 지자체 담당과	강대일 사무관 각 지자체 담당자	010-4248-5308
신청시기	수시	사업시행기관	시도, 시군구
관련자료	농림사업정보시스템(AGRIX) 사업시행지침서		

2-3. 농가경영안정

145 경관보전직불제

세부사업명	공익기능증진직불		세목	자치단체 경상보조
내역사업명	경관보전직불		예산 (백만원)	8,800
사업목적	○ 지역별 특색 있는 경관작물 재배를 통해 농촌의 경관을 아름답게 형성·유지·개선하고 이를 지역축제·농촌관광·도농교류 등과 연계하여 지역경제 활성화 도모			
사업 주요내용	○ 마을경관보전추진위원회를 구성하고, 시장·군수와 마을단위 경관보전협약을 체결한 후 지급대상 농지에 협약사항을 준수하여 경관작물을 재배·관리하는 농업인 등에게 직불금 지급			
국고보조 근거법령	○ 세계무역기구협정의 이행에 관한 특별법 제11조 농산물의 생산자를 위한 직접지불제도시행규정 제5장 농어업인 삶의 질 향상 및 농어촌지역개발촉진에 관한 특별법 제 30조 농업농촌 및 식품산업기본법 제44조			
지원자격 및 요건	○ 「농어업경영체 육성 및 지원에 관한 법률」 제4조 제1항에 따라 농업경영체로 등록한 자로서 경관보전직불금 지급대상 농지에서 경관작물을 재배·관리하는 농업인 또는 농업법인			
지원한도	○ 지급단가 : 경관작물 170만원/ha, 준경관작물 100만원/ha * 상한면적 : 농업인 30ha, 농업법인 50ha			
재원구성 (%)	국고	50	지방비	50	융자		자부담	

연도별 재정투입 현황 (단위 : 백만원)

구 분	2017년	2018년	2019년	2020년
합 계	23,080	18,536	16,712	17,600
국 고	11,592	9,320	8,356	8,800
지방비	11,488	9,216	8,356	8,800

담당기관	담당과	담당자	연락처
농림축산식품부	지역개발과	사무관 김국회 주무관 윤주영	044-201-1560 044-201-1561
국립농산물품질관리원	농업경영정보과	사무관 한창형 주무관 이지세	054-429-4072 054-429-4079

신청시기	4월	사업시행기관	시·도, 시·군·구
관련자료	농림사업정보시스템(AGRIX) 사업시행지침서		

146 노후농기계대체사업

세부사업명	농기계임대		세목	자치단체자본보조
내역사업명	노후농기계대체		예산(백만원)	4,000
사업목적	농기계 임대사업소의 노후농기계를 신형농업기계로 대체 지원하여 농기계 임대사업 활성화			
사업 주요내용	임대사업소 노후농기계를 신형 밭농업기계로 교체 지원			
국고보조 근거법령	농업기계화 촉진법 제8조의2(농업기계 임대사업의 촉진)			
지원자격 및 요건	농기계 임대사업소 운영 시군구 임대사업소 평가결과에 따른 우수임대사업소 노후농기계 교체비용 지원 2억원(국고50%, 지방비 50%)			
지원한도	농기계 임대사업소 개소당 100백만원			

재원구성(%)	국고	50	지방비	50	융자	0	자부담	0

연도별 재정투입 계획 (단위: 백만원)

구 분	2017년	2018년	2019년	2020년
합 계	2,000	10,000	10,000	8,000
국 고	1,000	5,000	5,000	4,000
지방비	1,000	5,000	5,000	4,000

담당기관	담당과	담당자	연락처
농림축산식품부 지방자치단체	농기자재정책팀 농정과	최승묵 농기계담당	044-201-1840

신청시기	정기(전년도 10~11월)	사업시행기관	지방자치단체
관련자료	농림사업정보시스템(AGRIX) 사업시행지침서		

147 농기계임대사업소

세부사업명	농기계임대		세목	자치단체자본보조
내역사업명	농기계임대사업소		예산 (백만원)	12,000
사업목적	농기계 구입이 어려운 농가에 농기계를 임대함으로써 농기계 구입부담을 경감하고 밭농업 기계화율 제고			
사업 주요내용	농업기계 임대사업소의 보관창고 설치 및 임대농업기계 구입비 지원			
국고보조 근거법령	농업기계화 촉진법 제8조의2(농업기계 임대사업의 촉진)			
지원자격 및 요건	임대사업소 신규설치 또는 증설 시군구 임대사업소 설치 개소당 10억 내외(국고 50%, 지방비 50%)			
지원한도	농기계 임대사업소 개소당 400~800백만원(평가 결과에 따른 차등지원)			

재원구성(%)	국고	50	지방비	50	융자	0	자부담	0

연도별 재정투입 계획 (단위 : 백만원)

구 분	2017년	2018년	2019년	2020년
합 계	42,000	32,000	24,000	24,000
국 고	21,000	16,000	12,000	12,000
지방비	21,000	16,000	12,000	12,000

담당기관	담당과	담당자	연락처
농림축산식품부 지방자치단체	농기자재정책팀 농정과	최승묵 농기계담당	044-201-1840

신청시기	정기(전년도 10~11월)	사업시행기관	지방자치단체
관련자료	농림사업정보시스템(AGRIX) 사업시행지침서		

148 농업자금이차보전

세부사업명	농업자금이차보전		세목	이차보전금
내역사업명	농업자금이차보전		예산 (백만원)	324,076
사업목적	○ 농업자금 저리 지원을 통해 농어업인의 금융부담을 완화하여, 농가의 경영 안정과 농어업의 안정적 발전 도모			
사업 주요내용	○ 농업자금(정책자금, 부채대책자금) 저리 지원에 따른 금융기관의 이자차액을 보전			
국고보조 근거법령	○ 「농어업인 부채경감에 관한 특별조치법」 제3조 내지 제11조 ○ 「농업·농촌 및 식품산업 기본법」 제21조 내지 제26조, 제28조, 제29조 ○ 「농림사업정책자금 이차보전규정」			
지원자격 및 요건	○ 농업인 등 융자 100% 지원, 금융기관 이차보전			
지원한도	- (세부사업별 별도 적용)			
재원구성 (%)	국고	100% 이차보전	지방비	융자	자부담

(단위 : 백만원)

연도별 재정투입 현황	구 분	2017년	2018년	2019년	2020년
	합 계	210,123	221,227	420,608	324,076
	국 고	210,123	221,227	420,608	324,076

담당기관	담당과	담당자	연락처
농림축산식품부 농협은행	농업금융정책과 농식품금융부	허정은 사무관 김종욱 팀장	044-201-1752 02-2080-7590
신청시기	연중	사업시행기관	농협은행 등 금융기관
관련자료	농림사업정보시스템(AGRIX) 사업시행지침서		

149 농업인안전재해보험 보험료 지원

세부사업명	농업인안전재해보험		세목	민간경상보조
내역사업명	농업인안전재해보험 보험료 지원		예산 (백만원)	82,335
사업목적	○ 농작업 중 발생하는 안전재해를 정책보험으로 보상하여 산재보험 가입대상에서 제외된 농업인을 보호하고 생활안정 도모 및 사회안전망 제공			
사업 주요내용	○ 보험료의 일부를 국고로 지원 - 국고지원율 : 일반농가 50%, 영세농가(기초생활수급자 및 차상위계층) 70% - 보험사업자 : 농업인안전보험(NH농협생명), 농기계종합보험(NH농협손해보험)			
국고보조 근거법령	○ 「농어업인의 안전보험 및 안전재해예방에 관한 법률」 제4조(국가 등의 재정지원) 제1항 국가는 매 회계연도 예산의 범위에서 농어업안전보험의 보험계약자가 부담하는 보험료의 100분의 50이상을 지원하여야 한다. 이 경우 지방자치단체는 예산의 범위에서 보험계약자가 부담하는 보험료의 일부를 추가 지원할 수 있다.			
지원자격 및 요건	○ 농업인안전보험 : 만15~87세(일부상품 84세)로 농업에 종사하는 농업인 ○ 농기계종합보험 : 보험대상 농기계(12종)를 소유 또는 관리하는 만19세 이상의 농업인			
지원한도	○ 보험료의 50%(일반농가), 70%(영세농가) 국고 지원 * 단, 농기계종합보험 농기계손해담보의 경우 가입금액 5,000만원까지 지원			
재원구성 (%)	국고 50, 70	지방비 - (별도지원)	융자 -	자부담 50, 30

연도별 재정투입 현황
(단위 : 백만원)

구 분	2017년	2018년	2019년	2020년
합 계	56,010	58,325	70,002	82,335
국 고	56,010	58,325	70,002	82,335

담당기관	담당과	담당자	연락처
농림축산식품부	재해보험정책과	임채홍 이병길	044-201-1792 044-201-1791

신청시기	연중	사업시행기관	NH농협생명 NH농협손해보험
관련자료	사업시행지침 별도 시행 예정		

150 농업재해대책비(지자체)

세부사업명	재해대책비		세목	자치단체 자본보조
내역사업명	농업재해대책비(지자체)		예산 (백만원)	30,000
사업목적	○ 자연재난으로 인하여 저수지 및 농수로 등 농업분야 공공시설 피해 발생 시 신속히 복구비를 지원하여, 피해 농가의 영농재개 및 경영안정 도모			
사업 주요내용	○ 자연재난으로 인하여 저수지 및 농수로 등 농업분야 공공시설 피해 발생 시 복구비의 일부를 해당 지자체에 지원			
국고보조 근거법령	○ 「농어업재해대책법」 제4조 ○ 「재난 및 안전관리 기본법」 제66조			
지원자격 및 요건	○ 지원대상 : 자연재해로 인해 농업분야 공공시설에 피해를 입은 지자체 ○ 지원조건 : (국가관리시설) 국비 100%, (지방관리시설) 국비 50, 지방비 50, (농어촌공사관리시설) 국비 70, 지방비 30			
지원한도	○ 「자연재난 구호 및 복구비용 부담기준 등에 관한 규정」 등에 따라 복구계획 수립			

재원구성(%)	국고	50~100%	지방비	30~50%	융자	-	자부담	-

연도별 재정투입 계획	○ 자연재난으로 인한 피해 발생 시, 신속히 피해 복구계획을 수립하여 지원

담당기관	담당과	담당자	연락처
농림축산식품부	재해보험정책과	강승규 안준영	044-201-1794 044-201-1795
신청시기	-	사업시행기관	지방자치단체
관련자료	-		

151 농업재해보험 보험료 지원사업

세부사업명	농업재해보험		세목	민간경상보조
내역사업명	농업재해보험 보험료 지원		예산 (백만원)	479,416
사업목적	○ 재해로 인한 농업피해를 보험제도로 실손 보상함으로써 농가의 소득 및 경영 안정을 도모하고, 안정적인 농업 재생산 활동을 뒷받침			
사업 주요내용	○ 보험대상 농작물(축산물)을 경작(양축)하는 농가의 보험료 중 일부를 국고로 지원			
국고보조 근거법령	○ 「농어업재해보험법」 제19조			
지원자격 및 요건	○ 농업재해보험에 가입하려는 농가 혹은 법인(국고 50%)			
지원한도	보험료 50% 지원			
재원구성 (%)	국고 50% / 지방비 - / 융자 - / 자부담 50%			

연도별 재정투입 현황 (단위: 백만원)

구 분	2017년	2018년	2019년	2020년
합 계	520,690	502,907	650,715	
국 고	286,995	252,148	326,046	479,416
자부담	233,695	250,959	324,869	478,178

* 2017년까지 농작물재해보험운영비 지원(국고 100%) 포함
* 자부담은 농가의 보험료 부담경감 위해 지자체에서 일부 지원(20~30%)

담당기관	담당과	담당자	연락처
농림축산식품부	재해보험정책과	조희윤 임은선	044-201-1728 044-201-1793
신청시기	수시	사업시행기관	재해보험사업자
관련자료	-		

152 농업정책보험금융원 기관운영비 지원

세부사업명	농업정책보험금융원 기관운영비 지원		세목	민간경상보조
내역사업명	농업정책보험금융원 기관운영비 지원		예산 (백만원)	7,678
사업목적	○ 농업인 등에게 지원하는 농업정책자금의 운용·관리 및 감독업무, 재해보험 관리 업무를 효율적으로 추진하기 위한 농업정책보험금융원의 직원 인건비, 경상운영비 등 기관운영비 지원			
사업 주요내용	○ 농업정책자금관리 ○ 농업재해보험 및 농업인안전재해보험사업 위탁관리			
국고보조 근거법령	○ 농업.농촌 및 식품산업기본법 제63조의2			
지원자격 및 요건	○ 예산의 범위 내에서 농업정책보험금융원의 설립, 운영 등에 필요한 경비의 전부 또는 일부 출연 또는 보조			
지원한도	○ 당해연도 예산범위 내			
재원구성 (%)	국고 100	지방비 -	융자 -	자부담 -

(단위 : 백만원)

연도별 재정투입 현황	구 분	2017년	2018년	2019년	2020년
	합 계	2,760	6,577	6,820	7,678
	국 고	2,760	6,577	6,820	7,678

* 2018년부터 농업정책자금관리, 농업재해보험 위탁기관 운영비, 농업인 안전재해보험 위탁기관 운영비 통합

담당기관	담당과	담당자	연락처
농림축산식품부	재해보험정책과	김석재 사무관	044-201-1796

신청시기	매분기	사업시행기관	농업정책보험금융원
관련자료	-		

153 농작물재해보험 운영비지원

세부사업명	농작물재해보험 운영비지원			세목	민간경상보조
내역사업명	농작물재해보험 운영비지원			예산 (백만원)	111,846
사업목적	○ 재해로 인한 농업피해를 보험제도로 실손 보상함으로써 농가의 소득 및 경영 안정을 도모하고, 안정적인 농업 재생산 활동을 뒷받침				
사업 주요내용	○ 농작물재해보험 사업자의 운영비를 지원하여, 농가 보험료 부담 완화 및 보험의 공익적 기능 강화				
국고보조 근거법령	○ 「농어업재해보험법」 제19조				
지원자격 및 요건	○ 농업재해보험 사업자 운영비(국고 100%)				
지원한도	운영비 100% 지원				
재원구성 (%)	국고 100%	지방비 -	융자 -	자부담	-

연도별 재정투입 현황	(단위 : 백만원)				
	구 분	2017년	2018년	2019년	2020년
	합 계	-	50,962	55,740	111,846
	국 고	-	50,962	55,740	111,846
	* 2018년 신규사업(2017년까지 농업재해보험 사업에 포함)				

담당기관	담당과	담당자	연락처
농림축산식품부	재해보험정책과	조희윤 임은선	044-201-1728 044-201-1793
신청시기	수시	사업시행기관	재해보험사업자
관련자료	-		

154 농업인 부채상환인센티브

세부사업명	농업자금이차보전	세목	민간경상보조
내역사업명	농업인부채상환인센티브	예산(백만원)	229

사업목적	○ 농가 부채경감대책의 일환으로 부채 및 그 이자를 정상적으로 상환한 농어업인에 대해 인센티브 지원
사업 주요내용	○ 농어업인 부채경감에 관한 특별조치법 제11조에 따라, 농어업인이 부채대책 정책자금을 정상적으로 상환, 또는 1년이상 조기 상환한 경우에 이자액의 일부(40%)를 환급
국고보조 근거법령	○ 농어업인 부채경감에 관한 특별조치법(법률 제13383호) 제11조
지원자격 및 요건	○ 정액보조
지원한도	- (해당없음)

재원구성 (%)	국고	100% 이차보전	지방비		융자		자부담	

연도별 재정투입 현황 (단위 : 백만원)

구 분	2017년	2018년	2019년	2020년
합 계	396	335	314	229
국 고	396	335	314	229

담당기관	담당과	담당자	연락처
농림축산식품부 농협은행	농업금융정책과 농식품금융부	허정은 사무관 김종욱 팀장	044-201-1752 02-2080-7590

신청시기	연중	사업시행기관	농협은행 등 금융기관
관련자료	농림사업정보시스템(AGRIX) 사업시행지침서		

155 여성친화형농기계 구입지원사업

세부사업명	농기계임대		세목	자치단체자본보조
내역사업명	여성친화형농기계 구입지원		예산 (백만원)	3,000
사업목적	○ 여성농업인이 사용하기 편리하게 제작되었거나, 여성농업인의 농작업을 대신할 수 있는 여성친화형 농업기계 지원			
사업 주요내용	○ 여성농업인이 사용하기 편리한 여성친화형 농기계 구입지원			
국고보조 근거법령	○ 농업기계화 촉진법 제8조의2(농업기계 임대사업의 촉진)			
지원자격 및 요건	○ 농기계임대사업소 운영 시군구 여성친화형 농업기계 구입비 100백만원 내외 (국고 50%, 지방비 50%)			
지원한도	○ 농기계 임대사업소 개소당 70~140백만원(평가 결과에 따른 사업비 차등지원)			
재원구성 (%)	국고	50	지방비	50	융자	-	자부담	-

연도별 재정투입 현황 (단위 : 백만원)

구 분	2017년	2018년	2019년	2020년
합 계	6,000	6,000	6,000	6,000
국 고	3,000	3,000	3,000	3,000
지방비	3,000	3,000	3,000	3,000

담당기관	담당과	담당자	연락처
농림축산식품부 지방자치단체	농기자재정책팀 친환경농업과 등	최승묵 농기계담당	044-201-1840
신청시기	정기(전년도 10~11월)	사업시행기관	지방자치단체
관련자료	농림사업정보시스템(AGRIX) 사업시행지침서		

156 유해야생동물포획시설지원

세부사업명	유해 야생동물 포획시설 지원		세목	자치단체 자본보조
내역사업명			예산 (백만원)	300
사업목적	○ 유해 야생동물로 인한 농작물 피해를 예방하여 농가경영 안정에 기여			
사업 주요내용	○ 멧돼지 등 유해 야생동물로 인한 농작물 피해를 예방하기 위하여, 유해 야생동물 포획시설 설치비 지원			
국고보조 근거법령	○ '농어업재해대책법' 제4조(보조 및 지원) ○ '야생동물 보호 및 관리에 관한 법률' 제12조(야생동물로 인한 피해의 예방 및 보상)			
지원자격 및 요건	○ 유해 야생동물로 인해 농작물 피해를 입은 농업경영체 등 ○ 최근 지역내 야생동물 개체수의 증가로 농작물 피해가 우려되는 농업경영체 등			
지원한도	○ 농업경영체당 포획시설 10개 이내			

재원구성 (%)	국고	40	지방비	40	융자	-	자부담	20

연도별 재정투입 계획 (단위 : 백만원)

구 분	2018년	2019년	2020년	2021년 이후
합 계	-	750	750	미정
국 고	-	300	300	미정
지방비	-	300	300	미정
자부담	-	150	150	미정

담당기관	담당과	담당자	연락처
농림축산식품부	재해보험정책과	강승규 안준영	044-201-1794 044-201-1795

신청시기	사업년도 2월	사업시행기관	시·도, 시·군·구

| 관련자료 | . |||

157 종자가치 홍보

세부사업명	종자산업기반구축		세목	민간경상보조
내역사업명	종자가치 홍보		예산 (백만원)	715
사업목적	○ 국제종자박람회 등 종자산업 가치홍보를 통한 농업경쟁력 제고			
사업 주요내용	○ 국제종자박람회 및 종자산업 워크숍 개최 등			
국고보조 근거법령	○ 종자산업법 제10조(재정 및 금융 지원 등)			
지원자격 및 요건	○ 국고 100%			
지원한도	-			

재원구성 (%)	국고	100%	지방비		융자		자부담	

연도별 재정투입 현황 (단위 : 백만원)

구 분	2017년	2018년	2019년	2020년
합 계	515	715	715	715
국 고	515	715	715	715

담당기관	담당과	담당자	연락처
농림축산식품부 농업기술실용화재단	종자생명산업과 종자산업진흥센터	양미희 안경구	044-201-2481 063-219-8851

신청시기	해당없음(비공모형)	사업시행기관	농업기술실용화재단
관련자료	농업기술실용화재단 종자산업진흥센터(www.seedcenter.fact.or.kr)			

158 주산지일관기계화 농기계 지원사업

세부사업명	농기계임대			세목	자치단체자본보조
내역사업명	주산지일관기계화 농기계 지원			예산 (백만원)	16,625
사업목적	○ 기계화율이 낮은 파종·정식 및 수확용 기계를 주요 밭작물 주산지에 중점 지원하여 밭농업 기계화율 제고				
사업 주요내용	○ 경운·정지부터 수확까지 일관작업 밭농업 농기계 구입지원 - 주요 밭작물의 규모화·집단화가 이루어진 지역의 임대사업소에 보급				
국고보조 근거법령	○ 농업기계화 촉진법 제8조의2(농업기계 임대사업의 촉진)				
지원자격 및 요건	○ 주요 밭작물의 규모화·집단화된 지자체 또는 논 타작물 전환사업 추진 지자체에 임대농기계 구입비 지원 2억원(국고 50%, 지방비 50%)				
지원한도	○ 농기계 임대사업소 개소당 200백만원(사업비)				
재원구성 (%)	국고	50	지방비 50	융자 -	자부담 -

(단위 : 백만원)

구 분	2017년	2018년	2019년	2020년
합 계	4,000	10,000	44,000	33,250
국 고	2,000	5,000	22,000	16,625
지방비	2,000	5,000	22,000	16,625

연도별 재정투입 현황

담당기관	담당과	담당자	연락처
농림축산식품부 지방자치단체	농기자재정책팀 친환경농업과 등	최승묵 농기계담당	044-201-1840

신청시기	정기(전년도 10~11월)	사업시행기관	지방자치단체
관련자료	농림사업정보시스템(AGRIX) 사업시행지침서		

159 친환경농업직불

세부사업명	공익기능증진직불(공익형직불제)	세목	자치단체 경상보조
내역사업명	친환경농업직불	예산 (백만원)	22,832
사업목적	○ 친환경농업 실천 농업인에게 소득 감소분 및 생산비 차이를 보전함으로써 친환경농업 확산을 도모하고 농업환경 보전 등 공익적 기능 제고		

사업 주요내용	○ 인증단계별·품목군별 지급단가*에 따라 재배면적에 비례하여 3~5년간 직불금 지급(불연속인 경우 3~5회 지급), 유기지속직불금은 기한 없이 지급
	  * (유기) 논 700천원/ha, 밭(과수) 1,400, 밭(채소·특작·기타) 1,300
	    (무농약) 논 500천원/ha, 밭(과수) 1200, 밭(채소·특작·기타) 1100
	    (유기지속) 논 350천원/ha, 밭(과수) 700, 밭(채소·특작·기타) 650		

국고보조 근거법령	○ 세계무역기구협정의 이행에 관한 특별법 제11조 제2항 ○ 농산물의 생산자를 위한 직접지불제도 시행규정 제16~23조		
지원자격 및 요건	○ 친환경농산물인증을 받고 농관원(인증기관)의 이행점검 결과 인증이 유효한 것으로 통보받은 자		
지원한도	○ 농가(경영체)당 지급한도 면적: 0.1~5.0ha		

재원구성 (%)	국고	100	지방비	-	융자	-	자부담	-

연도별 재정투입 계획 (단위 : 백만원)

구분	2017년	2018년	2019년	2020년	2021년 이후
합계	23,943	26,392	22,445	22,832	계속
국고	23,943	26,392	22,445	22,832	계속

담당기관	담당과	담당자	연락처
농림축산식품부 자치단체	친환경농업과 시·군·구 담당과	김진수 최기정 담당자	044-201-2432 044-201-2433

신청시기	정기(~3.31.)	사업시행기관	자치단체
관련자료	농림사업정보시스템(AGRIX) 사업시행지침서		

160 폐업지원

세부사업명	폐업지원			세목	자치단체 경상보조
내역사업명	폐업지원			예산 (백만원)	132,000
사업목적	○ FTA이행으로 해당사업을 계속하는 것이 곤란하다고 인정되는 품목에 대해 폐업을 희망하는 농가 등에 폐업지원으로 경영안정 및 해당산업의 구조조정 도모				
사업 주요내용	○ 폐업지원 요건을 충족하는 대상품목에 대해 폐업을 신청한 농업인 등에 폐업지원금 지원				
국고보조 근거법령	○ 자유무역협정 체결에 따른 농어업 등의 지원에 관한 특별법 제9조				
지원자격 및 요건	○ 지자체 보조(국고 100%)				
지원한도	-				

재원구성(%)	국고	100%	지방비	-	융자	-	자부담	-

연도별 재정투입 현황 (단위 : 백만원)

구 분	2017년	2018년	2019년	2020년
합 계	102,717	102,717	102,000	132,000
국 고	102,717	102,717	102,000	132,000

담당기관	담당과	담당자	연락처
농림축산식품부	농업정책과	정성수 권택만	044-201-1719 044-201-1720
신청시기	사업연도 6~7월경	사업시행기관	시·도, 시·군·구
관련자료	○ 6월경 지원대상 품목 고시 후 농식품부 홈페이지에서 확인 가능		

161 피해보전직불

세부사업명	피해보전직불		세목	자치단체 경상보조
내역사업명	피해보전직불		예산 (백만원)	40,000
사업목적	○ FTA이행으로 인한 수입증가로 발생한 피해분의 일정부분을 보전하여 농가의 경영안정 도모			
사업 주요내용	○ 피해보전직불제 발동요건을 충족하는 대상품목을 생산하는 농업인 등에 직불금 지원			
국고보조 근거법령	○ 자유무역협정 체결에 따른 농어업 등의 지원에 관한 특별법 제6조			
지원자격 및 요건	○ 지자체 보조(국고 100%)			
지원한도	○ 법인은 50백만원, 개인은 35백만원 한도			

재원구성 (%)	국고	100%	지방비	-	융자	-	자부담	-

연도별 재정투입 현황 (단위 : 백만원)

구 분	2017년	2018년	2019년	2020년
합 계	100,478	100,478	100,000	40,000
국 고	100,478	100,478	100,000	40,000

담당기관	담당과	담당자	연락처
농림축산식품부	농업정책과	정성수 권택만	044-201-1719 044-201-1720
신청시기	사업연도 6~7월경	사업시행기관	시·도, 시·군·구
관련자료	○ 6월경 지원대상 품목 고시 후 농식품부 홈페이지에서 확인 가능		

2-4. 가격안정 및 유통효율화

농업분야

162 농경지 중금속 오염실태조사 사업

세부사업명	농산물안전성조사		세목	민간경상보조
내역사업명	농경지 중금속 오염실태조사		예산 (백만원)	1,260
사업목적	○ 농산물에 잔류하는 유해물질(중금속) 안전관리를 위하여, 작물 생산의 기반이 되는 토양·용수에 대한 관리			
사업 주요내용	○ 토양환경보전법(환경부) 토양정밀조사지침 중 정밀조사,개황조사 기준준용 - (개황조사)오염우려지역의 개략적인 오염현황 파악을 위한 조사 - (정밀조사)개황조사 결과 오염 확인지역에 대하여 정확한 오염정도, 오염필지 확인을 위한 조사			
국고보조 근거법령	○ 「농수산물품질관리법」 제61조(안전성조사) ○ 「농지법」 제21조(토양의 개량·보전)			
지원자격 및 요건	○ 국고 100%			
지원한도	○ 해당없음			

재원구성 (%)	국고	100%	지방비		융자		자부담	

연도별 재정투입 현황 (단위 : 백만원)

구 분	2017년	2018년	2019년	2020년
합 계	1,260	1,260	1,260	1,260
국 고	1,260	1,260	1,260	1,260

담당기관	담당과	담당자	연락처
국립농산물품질관리원 한국농어촌공사	소비안전과 지하수지질처	정채현 박학윤	054-429-4136 061-338-5793

신청시기	2020.2월	사업시행기관	한국농어촌공사
관련자료	농식품안전안심서비스(www.safeqin.go.kr)		

163 수입권공매 입찰시행 위탁

세부사업명	관세할당물량 수입관리비		세목	민간경상보조
내역사업명	수입권공매 입찰시행 위탁		예산(백만원)	178
사업목적	○ FTA 협정에 따른 관세율할당물량(TRQ)의 수입권공매 입찰 시행 등 수입관리 경비 지원			
사업 주요내용	○ 수입권공매를 위한 입찰 공고료, 입찰설명회 등 수입관리 경비 ○ 수입관리 위탁에 따른 업무수탁기관 인건비·경비 지원			
국고보조 근거법령	○ 자유무역협정체결에 따른 농어업인 등의 지원에 관한 특별법 제23조 ○ 자유무역협정체결에 따른 농어업인 등의 지원에 관한 특별법 시행령 제22조			
지원자격 및 요건	○ 국고 100%			
지원한도	○ 178백만원			
재원구성(%)	국고 100%	지방비 -	융자 -	자부담 -

(단위 : 백만원)

구 분	2017년	2018년	2019년	2020년
합 계	133	173	173	178
국 고	133	173	173	178

담당기관	담당과	담당자	연락처
농림축산식품부	농업통상과	정명희 사무관 전미경 주무관	044-201-2056 044-201-2057
신청시기	교부(2월), 예산집행(연중)	사업시행기관	한국농수산식품유통공사
관련자료	비축농산물 전자입찰시스템(www.atbid.co.kr) 참조		

2-5. 국제협력협상

농업분야

164 FAO한국협회지원사업

세부사업명	국제기구분담금	세목	민간경상보조
내역사업명	FAO한국협회지원사업	예산(백만원)	677
사업목적	○ FAO 국제회의 대응 및 통상현안 관련 효과적인 정책 수립을 위한 업무 지원		
사업 주요내용	○ FAO 주관 국제회의 의제 분석, 발언자료 정리, 논의동향 수집·분석 업무 지원 및 국제기구와 외국의 농업정책 관련 보고서 및 통계자료 등 발간 보급		
국고보조 근거법령	○ 농어업·농어촌 및 식품산업기본법 제57조(농어업·농어촌 및 식품산업분야의 국제협력), 농산장려보조금 교부규칙(대통령령 제5178호, 1970.7.9)		
지원자격 및 요건	○ 민간보조(보조율 80)		
지원한도	-		

재원구성(%)	국고	80%	지방비	-	융자	-	자부담	20

연도별 재정투입 현황 (단위 : 백만원)

구 분	2017년	2018년	2019년	2020년
합 계	543	593	593	677
국 고	543	593	593	677

담당기관	담당과	담당자	연락처
농림축산식품부	국제협력총괄과	안완기	044-201-2032

신청시기	-	사업시행기관	FAO한국협회
관련자료	-		

165 FTA정보조사 시스템구축

세부사업명	농업협상대응		세목	민간경상보조
내역사업명	FTA정보조사 시스템구축		예산 (백만원)	738
사업목적	○ FTA 협상 정보와 노하우를 종합·지속적으로 분석·활용할 수 있는 정보시스템을 구축하여 데이터 기반의 국제통상 대응체계 구축			
사업 주요내용	○ FTA 진행단계별 상대국가의 농업현황, 농림축산물 수출입 교역통계, 관세자료 조사·분석하여 DB구축하여 체계적인 FTA 협상대응 기반 구축(FTA국가별, 품목별 통계DB 구축, FTA지식DB구축, 협상통합서비스, 관세검증솔루션 개발 등)			
국고보조 근거법령	○ 농업.농촌 및 식품산업기본법 제11조의2(농림수산식품문화정보원의 설립), 제13조(통상 및 국제협력), 제56조(농어업.농어촌 및 식품산업의 통상정책), 제57조(농어업.농어촌 및 식품산업 분야의 국제협력)			
지원자격 및 요건	○ 민간보조(보조율 100%)			
지원한도	-			
재원구성 (%)	국고 100%	지방비 -	융자 -	자부담 -

연도별 재정투입 현황 (단위 : 백만원)

구 분	2017년	2018년	2019년	2020년
합 계	-	-	786	738
국 고	-	-	786	738

담당기관	담당과	담당자	연락처
농림축산식품부	동아시아FTA과	이창학	044-201-2062
신청시기	-	사업시행기관	농림수산식품교육문화정보원
관련자료	-		

166 FTA해외정보조사사업

세부사업명	농업협상대응		세목	민간경상보조
내역사업명	FTA해외정보조사사업		예산 (백만원)	120
사업목적	○ 주요 FTA 협상 대상국에 대한 수출입 등 기초 통계조사, 주요 품목별 생산 및 수급동향 조사를 실시하여 FTA 협상대응 정책지원 강화			
사업 주요내용	○ FTA 기 체결국가 및 신규추진 대상 국가에 대한 우리 농산물의 경쟁력 및 수출 가능성 등을 파악하기 위한 조사·분석 실시 및 대응전략 마련을 위한 자료 수집			
국고보조 근거법령	○ 농업.농촌 및 식품산업기본법 제11조의2(농림수산식품문화정보원의 설립), 제13조(통상 및 국제협력), 제56조(농어업.농어촌 및 식품산업의 통상정책), 제57조(농어업.농어촌 및 식품산업 분야의 국제협력)			
지원자격 및 요건	○ 민간보조(보조율 100%)			
지원한도	-			

재원구성(%)	국고	100%	지방비	-	융자	-	자부담	-

연도별 재정투입 현황 (단위 : 백만원)

구 분	2017년	2018년	2019년	2020년
합 계	120	120	120	120
국 고	120	120	120	120

담당기관	담당과	담당자	연락처
농림축산식품부	동아시아FTA과	이창학	044-201-2062
신청시기	-	사업시행기관	농림수산식품교육문화정보원
관련자료	-		

167 개도국 농업발전 기획협력사업

세부사업명	국제농업협력(ODA)		세목	민간경상보조
내역사업명	개도국 농업발전 기획협력사업		예산(백만원)	19,398
사업목적	○ 개도국의 농업·농촌개발 지원을 통해 절대빈곤 및 기아퇴치 노력에 적극 참여, 국제사회에서의 국가 이미지 제고 및 국격 향상에 기여 ○ 기획협력사업을 통한 개도국과의 호혜적 협력기반 구축으로 우리 농림축산식품산업의 해외시장 개척에 우호적 분위기 조성			
사업 주요내용	○ 개도국의 경제개발 및 복지증진에 기여하기 위해 농업·농촌분야 개발을 지원하는 공적개발원조(ODA) 사업 - 인적·물적 지원이 결합된 장기 프로젝트 방식의 '기획협력사업', 기획협력사업 발굴을 위한 '사전타당성조사', 사업의 지속적인 유지관리를 위한 '사후관리'로 구성			
국고보조 근거법령	「농업·농촌 및 식품산업기본법」제13조(통상 및 국제협력) 「농업·농촌 및 식품산업기본법」제57조(농업·농촌 및 식품산업 분야의 국제협력) 「해외농업·산림자원 개발협력법」제30조(국제농업협력사업의 촉진 및 지원)			
지원자격 및 요건	○ 민간경상보조(보조율 100%)			
지원한도	-			
재원구성(%)	국고 100 / 지방비 - / 융자 - / 자부담 -			

연도별 재정투입 계획 (단위: 백만원)

구 분	2017년	2018년	2019년	2020년
합 계	13,438	14,387	15,728	19,398
국 고	13,438	14,387	15,728	19,398

담당기관	담당과	담당자	연락처
농림축산식품부	국제협력총괄과	문경덕	044-201-2039
신청시기	-	사업시행기관	농어촌공사
관련자료	-		

168. 개도국 식량안보정보시스템 구축 사업

세부사업명	국제농업협력(ODA)			세목	민간경상보조
내역사업명	개도국 식량안보정보시스템 구축 사업			예산 (백만원)	650
사업목적	국가별 국가농식품정보시스템(NAIS) 구축 및 식량안보 분야 전문 인력 육성 등을 통해 아세안+3 지역 식량안보에 기여				
사업 주요내용	① 농업 유통 통계정보(재고·가격·수출입 등) 수집을 위한 국가농식품정보시스템(NAIS) 고도화 및 국가별 액션플랜 수립, ② 모바일 기반 농업통계 정보 수집 시스템 구축 및 국별 현지화, ③ 아세안 ICT 인적역량 개발을 통한 식량안보에 관한 정책적 역량 배양 및 시스템 활용능력 제고(연 2회, 관리자급·실무자급 각 1회)				
국고보조 근거법령	해외농업·산림자원 개발협력법 제30조				
지원자격 및 요건	국고 100%				
지원한도	-				
재원구성 (%)	국고	100	지방비	-	융자	-	자부담	-

연도별 재정투입 계획 (단위 : 백만원)

구 분	2017년	2018년	2019년	2020년
합 계	300	900	630	650
국 고	300	900	630	650

담당기관	담당과	담당자	연락처
농림축산식품부	국제협력총괄과	문경덕	044-201-2039
신청시기	-	사업시행기관	농림수산식품 교육문화정보원
관련자료	-		

169 농식품산업 해외진출지원(보조)사업

세부사업명	농식품산업 해외진출지원			세목	민간경상보조
내역사업명	농식품산업 해외진출지원 민간환경조사·컨설팅·해외인턴			예산 (백만원)	513
사업목적	○ 민간의 해외농업 진출 및 정착을 지원하여 우리 농식품산업의 저변확대와 국제경쟁력을 확보하고 미래 해외 식량 확보 기반 마련				
사업 주요내용	○ 민간환경조사 : 해외진출기업이나 진출을 희망하는 기업이 진출국의 농업 투자 환경, 농업 인프라 등에 대한 시장조사, 투자계획 수립을 위한 조사의 제경비 및 전문기관에 의뢰하는 비용을 지원 ○ 컨설팅 : 해외진출 및 정착과 관련하여 해외농업자원개발사업자가 현지 애로사항 등을 해결하기 위한 각 분야 전문가 및 전문기관에 의뢰하는 컨설팅을 지원 ○ 해외인턴 : 해외농업자원개발사업자가 해외진출 및 정착을 위해 해외현지에서 근무할 인턴채용을 지원				
국고보조 근거법령	○ 「해외농업·산림자원 개발협력법」 제23조(보조 등) 및 같은 법 시행령 제17조(보조)				
지원자격 및 요건	○ 해외진출을 희망하는 농기업				
지원한도	○ 민간환경조사, 컨설팅 사업 : 최대 6개월 이내, 대기업(50%), 중견 및 중소기업(70%) ○ 해외인턴 : 인건비(최대 6개월 이내), 항공로 등 지원				
재원구성 (%)	국고 50-70	지방비 -	융자 -	자부담	30-50

연도별 재정투입 계획 (단위 : 백만원)

구 분	2016년	2017년	2018년	2019년	2020년
조사사업	71	355	330	412	451
해외인턴	25	33	61	85	94

담당기관	담당과	담당자	연락처
농림축산식품부 (사)해외농업자원개발협회	국제협력총괄과 사무국장	오동진 이은수	044-201-2040 031-345-6566
신청시기	수시	사업시행기관	(사)해외농업자원 개발협회
관련자료	농식품산업해외진출지원(보조)사업 시행지침서 참조 해외농업개발서비스 홈페이지(http://www.oads.or.kr)		

170 농식품산업 해외진출지원(융자)사업

세부사업명	농식품산업해외진출지원(융자)	세목	융자금
내역사업명	농식품산업해외진출지원(융자)	예산 (백만원)	6,870
사업목적	○ 민간의 해외농업 진출 및 정착을 지원하여 우리 농식품산업의 저변확대와 국제경쟁력을 확보하고 미래 해외 식량 확보 기반 마련		
사업 주요내용	○ 해외농업개발사업자가 해외농업진출에 필요한 자금 융자 지원		
국고보조 근거법령	○ 「해외농업·산림자원 개발협력법」 제25조(융자) 및 같은 법 시행령 제19조(자금융자 대상)		
지원자격 및 요건	○ 해외농업자원개발사업자 중 시설 설치 및 농산물 재배 등을 위한 토지를 임차, 매입 등의 방법으로 확보하였거나, 현지 기업 지분참여 등이 확정된 자 ○ 해외농업자원개발 해당국에서 투자승인을 받는 등 융자 결정 후 즉시 사업 추진이 가능한 자 ○ 해외농업·산림자원 개발협력법 제33조(비상시 해외농업자원의 반입명령)에 의하여 비상 시, 개발한 자원의 일부 또는 전부에 대한 정부의 반입명령 수용이 가능한 자		
지원한도	○ 융자 지원대상 사업비의 50%(대기업) 또는 70%(중소기업)		

재원구성 (%)	국고	-	지방비	-	융자	대기업	50	자부담	대기업	50
						중소기업	70		중소기업	30

연도별 재정투입 계획	구 분	2017년	2018년	2019년	2020년	(단위 : 백만원) 2021년 이후
	합 계	12,600	12,600	8,970	6,870	연간 12,000
	융 자	12,600	12,600	8,970	6,870	연간 12,000

담당기관	담당과	담당자	연락처
농림축산식품부 한국농어촌공사	국제협력총괄과 해외총괄부	오동진 한종수	044-201-2040 061-338-6471
신청시기	수시	사업시행기관	한국농어촌공사
관련자료	농식품산업해외진출지원(융자)사업 시행지침서 참조 해외농업개발서비스 홈페이지(http://www.oads.or.kr)		

171 축산물 생산 및 유통체계 초청연수 사업

세부사업명	국제농업협력(ODA)		세목	민간경상보조
내역사업명	축산물 생산 및 유통체계 초청연수사업		예산(백만원)	156
사업목적	○ 축산물품질평가를 통한 축산물 생산 증대와 유통체계 개선을 통한 안전한 축산물 제공을 가능하게 하는 정책개발 유도			
사업 주요내용	○ 축산물 생산 및 유통체계 연수를 위한 2개 사업 추진 - 베트남 축산물의 생산 증대 및 유통체계 개선을 위한 초청연수(10명) - 인도네시아 축산물 품질평가 및 이력시스템 정착을 위한 초청연수(10명)			
국고보조 근거법령	「농업·농촌 및 식품산업기본법」제13조(통상 및 국제협력) 「농업·농촌 및 식품산업기본법」제57조(농업·농촌 및 식품산업 분야의 국제협력) 「해외농업·산림자원 개발협력법」제30조(국제농업협력사업의 촉진 및 지원)			
지원자격 및 요건	○ 민간경상보조(보조율 100%)			
지원한도	-			

재원구성(%)	국고	100	지방비	-	융자	-	자부담	-

연도별 재정투입 계획	구 분	2017년	2018년	2019년	2020년
	합 계	155	155	155	156
	국 고	155	155	155	156

(단위 : 백만원)

담당기관	담당과	담당자	연락처
농림축산식품부	국제협력총괄과	문경덕	044-201-2039
신청시기	-	사업시행기관	축산물품질평가원
관련자료	-		

2-6. 기술개발

172 농림축산식품 연구개발사업

세부사업명	농림축산식품연구개발사업		세목	연구개발 출연금
내역사업명	-		예산 (백만원)	181,653
사업목적	○ 과학기술 기반의 농업 혁신을 통한 지속가능한 미래 농림식품산업 육성			
사업 주요내용	○ 농생명산업기술개발, 첨단생산기술개발, 수출전략기술개발, 기술사업화지원, 농림축산식품연구센터지원, 고부가가치식품기술개발, Golden Seed 프로젝트, 가축질병대응기술개발, 포스트게놈 신산업 육성을 위한 다부처 유전체, 농축산물 안전·유통·소비 기술개발, 농축산자재 산업화 기술개발, 농식품연구성과후속지원, 농식품 수출비즈니스 전략모델 구축, 맞춤형혁신식품 및 천연안심소재 기술개발, 1세대 스마트 플랜트·애니멀팜 산업화 기술개발, 농업기반 및 재해대응 기술개발, 유용농생명자원 산업화 기술개발, 작물바이러스 및 병해충대응 산업화 기술개발, 첨단농기계 산업화 기술개발, 농식품 기술융합 창의인재양성, 농촌현안해결 리빙랩 프로젝트, 농업에너지 자립형산업모델 기술개발 등			
국고보조 근거법령	○ 「농림식품과학기술육성법」 제6조(연구개발사업의 추진), 「농업·농촌 및 식품산업기본법」 제36조(농업 및 식품 관련 산업의 기술개발 추진)			
지원자격 및 요건	○ 각 사업별 예산 범위 내(사업 공고 및 RFP 명시)			
지원한도	-			

재원구성 (%)	국고	100%	지방비	-	융자	-	자부담	-

연도별 재정투입 현황 (단위 : 백만원)

구 분	2017년	2018년	2019년	2020년
합 계	169,586	178,409	180,823	181,653
국 고	169,586	176,882	179,021	181,653

담당기관	담당과	담당자	연락처
농림축산식품부	과학기술정책과	안형근 이교남 우미옥	044-201-2457 044-201-2454 044-201-2460
농림식품기술기획평가원	종자생명산업과 식품산업정책과 농촌정책과 농생명사업실 식품사업실 첨단가축질병팀 수출사업화팀	양미희 정찬민 김준현 최국현 김준현 채명희 함민석	044-201-2481 044-201-2121 044-201-1518 061-338-9761 061-338-9771 061-338-9781 061-338-9791

신청시기	정기, 수시	사업시행기관	농림식품기술기획평가원
관련자료	농림사업정보시스템(AGRIX) 사업시행지침서 농림식품 연구개발사업 통합정보시스템(www.fris.go.kr)		

3-1. 경쟁력 제고

식량분야

173 고품질쌀유통활성화

세부사업명	고품질쌀유통활성화		세목	자치단체자본 보조 및 민간경상보조
내역사업명	· RPC 가공시설현대화 · 벼 건조저장시설 지원 · RPC 쌀산업 기여도평가		예산 (백만원)	25,080
사업목적	○ 벼 가공시설 현대화 등을 지원하여 생산유통거점별 대표 브랜드를 육성하고 우리 쌀의 품질경쟁력 향상 ○ 벼 건조저장시설 설치지원으로 쌀의 고품질 유지 및 수확기 농가벼 판로 확보			
사업 주요내용	○ 감리, 기계 및 장비, 건축 및 토목 등 가공(도정) 시설 현대화에 필요한 시설 장비 등 지원 ○ 사일로, 원료투입구, 건조기, 냉각장치, 건축토목, 감리 등 산물 벼 건조저장시설 설치 및 집진시설 보강 지원			
국고보조 근거법령	양곡관리법 제22조			
지원자격 및 요건	○ (가공시설현대화) 국고 40%, 지방비 20, 자부담 40, 기준사업비 30억원을 기준으로 지원하되, 사업자의 여건 등에 따라 기준사업비 증액 가능 ○ (벼 건조저장시설 지원) 통합 RPC : 국고 40%, 지방비 20, 자부담 40 일반 RPC : 국고 30%, 지방비 20, 자부담 50, 저온저장고 : 국고 40%, 지방비 20, 자부담 40, 집진시설 보강 : 국고 40%, 지방비 40, 자부담 20, 기준사업비 7억원(저온저장고 3억원, 집진시설 보강 2~5억원)을 기준으로 지원하되, 해당사업자의 여건 등에 따라 기준사업비 증액 가능			
지원한도	사업비 심의에 따라 차등지원			
재원구성 (%)	국고	30·40	지방비	20·40	융자	-	자부담	20·50

연도별 재정투입 현황	(단위 : 백만원)

구 분	2017년	2018년	2019년	2020년
합 계	37,800	36,390	41,770	63,041
국 고	14,490	14,370	14,340	25,080
지방비	6,780	6,600	8,645	15,826
자부담	16,530	15,420	18,785	22,135

담당기관	담당과	담당자	연락처
농림축산식품부	식량산업과	정순일 사무관 위철승 주무관	044-201-1838 044-201-1839
한국농수산식품유통공사 (aT)	미곡부	채종혁 차장 -	061-931-0758 -
신청시기	사업추진연도 전년도 2월	사업시행기관	시도, 시군구
관련자료			

174 식량작물공동(들녘)경영체 교육컨설팅 지원

세부사업명	식량작물공동(들녘)경영체육성		세목	자치단체 경상보조
내역사업명	식량작물공동(들녘)경영체육성 교육·컨설팅 지원		예산 (백만원)	2,190
사업목적	○ 논 타 작물 재배 단지를 집중지원하여 과잉 생산되는 쌀의 적정 생산을 유도하고 식량작물 전반에 걸친 생산·유통여건 개선을 위해, 50ha 이상 들녘(논+밭)의 규모화·조직화와 공동경영을 위한 교육 및 컨설팅, 시설 및 장비, 가공시설 등을 지원하여 농가소득 증대와 생산비 절감 등 식량산업 경쟁력 제고			
사업 주요내용	○ 논 타 작물 재배확대, 밭 식량작물 기반조성 등 식량작물 전반에 걸친 생산·유통 여건 개선을 위해 공동영농에 대한 농가 인식전환과 경영체의 내실있는 운영 등에 필요한 교육 및 컨설팅 비용 지원			
국고보조 근거법령	○ 농업·농촌 및 식품산업 기본법 제8조 제1항, 농어업경영체 육성 및 지원에 관한 법률 제11조 제1항 및 제27조의3 제5항, 농업기계화 촉진법 제8조			
지원자격 및 요건	○ 식량작물공동(들녘)경영체 인정 기준, 사업 지원자격 및 요건 등을 충족한 농업법인(영농조합법인, 농업회사법인), 농협조직(농협, 조합공동사업법인), 협동조합(협동조합, 사회적협동조합, 협동조합연합회, 사회적협동조합연합회)			
지원한도	○ 사업기간 1년, 경영체당 3천만원, 총 5회까지 지원			
재원구성 (%)	국고 50	지방비 40	융자 -	자부담 10

(단위 : 백만원)

구 분	2017년	2018년	2019년	2020년
합 계	2,000	2,000	3,000	4,380
국 고	1,000	1,000	1,500	2,190
지방비	800	800	1,200	1,752
자부담	200	200	300	438

담당기관	담당과	담당자	연락처
농림축산식품부	식량산업과	정순일 윤준수	044-201-1838 044-201-1837

신청시기	사업 전년도 3월	사업시행기관	시·도, 시·군·구
관련자료	농림사업정보시스템(AGRIX) 사업시행지침서		

175. 식량작물공동(들녘)경영체 사업다각화 지원

세부사업명	식량작물공동(들녘)경영체육성		세목	자치단체 자본보조
내역사업명	식량작물공동(들녘)경영체육성 사업다각화 지원		예산 (백만원)	6,870
사업목적	○ 논 타 작물 재배 단지를 집중지원하여 과잉 생산되는 쌀의 적정 생산을 유도하고 식량작물 전반에 걸친 생산·유통여건 개선을 위해, 50ha 이상 들녘(논+밭)의 규모화·조직화와 공동경영을 위한 교육 및 컨설팅, 시설 및 장비, 가공시설 등을 지원하여 농가소득 증대와 생산비 절감 등 식량산업 경쟁력 제고			
사업 주요내용	○ 식량작물공동(들녘)경영체의 생산 또는 생산 이후 과정의 다각화를 위한 들녘(논+밭) 이용의 다양화, 논 타작물 및 밭작물 등의 가공·체험·관광과 같은 새로운 분야와 연계하는 사업계획에 대해 교육·컨설팅, 기반정비, 시설·장비 등을 지원			
국고보조 근거법령	○ 농업·농촌 및 식품산업 기본법 제8조 제1항, 농어업경영체 육성 및 지원에 관한 법률 제11조 제1항 및 제27조의3 제5항, 농업기계화 촉진법 제8조			
지원자격 및 요건	○ 식량작물공동(들녘)경영체육성(교육·컨설팅 지원) 3년 이상 사업을 추진한 우수 식량작물공동(들녘)경영체			
지원한도	○ 사업기간 1~3년, 5~50억원 내외, 총 2회까지 지원			
재원구성(%)	국고 40	지방비 40	융자 -	자부담 20

구 분	2017년	2018년	2019년	2020년
합 계	14,000	17,000	10,918	17,175
국 고	5,600	6,800	4,367	6,870
지방비	5,600	6,800	4,367	6,870
자부담	2,800	3,400	2,184	3,435

(단위 : 백만원)

담당기관	담당과	담당자	연락처
농림축산식품부	식량산업과	정순일 윤준수	044-201-1838 044-201-1837
신청시기	사업 전년도 3월	사업시행기관	시·도, 시·군·구
관련자료	농림사업정보시스템(AGRIX) 사업시행지침서		

176 식량작물공동(들녘)경영체 시설장비 지원

세부사업명	식량작물공동(들녘)경영체육성		세목	자치단체 자본보조
내역사업명	식량작물공동(들녘)경영체육성 시설·장비 지원		예산 (백만원)	11,542
사업목적	○ 논 타 작물 재배 단지를 집중지원하여 과잉 생산되는 쌀의 적정 생산을 유도하고 식량작물 전반에 걸친 생산·유통여건 개선을 위해, 50ha 이상 들녘(논+밭)의 규모화·조직화와 공동경영을 위한 교육 및 컨설팅, 시설 및 장비, 가공시설 등을 지원하여 농가소득 증대와 생산비 절감 등 식량산업 경쟁력 제고			
사업 주요내용	○ 논 타 작물 재배확대, 밭 식량작물 기반조성 등 식량작물 전반에 걸친 생산·유통여건 개선을 위해 공동영농작업 효율성 제고에 필요한 파종기, 방제기, 수확기 등 생산과정에 필요한 시설·장비를 지원			
국고보조 근거법령	○ 농업·농촌 및 식품산업 기본법 제8조 제1항, 농어업경영체 육성 및 지원에 관한 법률 제11조 제1항 및 제27조의3 제5항, 농업기계화 촉진법 제8조			
지원자격 및 요건	○ 식량작물공동(들녘)경영체육성 교육·컨설팅 지원사업을 2년 이상 추진한 경영체			
지원한도	사업기간 1~2년, 2억원(다만, 사업자 선정·평가결과 등에 따라 1 ~ 5억원 내에서 차등 지원), 총 3회까지 지원			
재원구성 (%)	국고 50	지방비 40	융자 -	자부담 10

연도별 재정투입 현황 (단위 : 백만원)

구 분	2017년	2018년	2019년	2020년
합 계	7,000	5,000	13,500	23,084
국 고	3,500	2,500	6,750	11,542
지방비	2,800	2,000	5,400	9,234
자부담	700	500	1,350	2,308

담당기관	담당과	담당자	연락처
농림축산식품부	식량산업과	정순일 윤준수	044-201-1838 044-201-1837

신청시기	사업 전년도 3월	사업시행기관	시·도, 시·군·구
관련자료	농림사업정보시스템(AGRIX) 사업시행지침서		

3-2. 생산기반확충

식량분야

177 간척농지영농편의

세부사업명	대단위농업개발(농지)			세목	민간경상보조
내역사업명	간척농지영농편의			예산 (백만원)	4,600
사업목적	○ 한국농어촌공사가 관리 중인 임대 간척농지와 농업기반시설의 유지관리 및 간척농지 영농환경 개선, 재해예방 등 지원				
사업 주요내용	○ 농업용수 공급 및 관리, 농업생산기반시설 점검·복구 등 유지 보수, 가뭄·수해 등 자연재해 예방 및 피해 응급복구 실시 등 재해 관리				
국고보조 근거법령	○ 「한국농어촌공사 및 농지관리기금법」 제34조 ○ 「농어촌정비법」 제108조				
지원자격 및 요건	○ 국고 100% ○ 「한국농어촌공사 및 농지관리기금법」에 따른 한국농어촌공사				
지원한도	○ 간척농지, 농업기반시설의 유지 관리에 소요되는 제비용				
재원구성 (%)	국고	100%	지방비	-	융자	-	자부담	-

연도별 재정투입 현황 (단위: 백만원)

구 분	2017년	2018년	2019년	2020년
합 계	4,200	4,200	4,200	4,600
국 고	4,200	4,200	4,200	4,600

담당기관	담당과	담당자	연락처
농림축산식품부 한국농어촌공사	간척지농업과 수자원기획처	신동원 이상흔	044-201-1877 061-338-5528

신청시기	○ 연중(수시)	사업시행기관	한국농어촌공사
관련자료	-		

178 간척농지활용지원

세부사업명	대단위농업개발(농지)		세목	민간경상보조
내역사업명	간척농지활용지원		예산 (백만원)	1,576

사업목적	○ 간척농지 다각적 활용을 위한 실태조사 및 농업특화단지 관리
	  - 간척지 체계적이고 효율적으로 이용하기 위한 종합계획 수립 지원
	  - 영산강, 새만금 농업특화단지(1,413ha) 밭작물 중심지 육성 및 사업자 관리			

사업 주요내용	○ (간척농지 실태조사) 임대 중인 간척농지 작물재배 환경조사, 농업이용환경 모니터링 및 관리시스템 운영 등 지원 ○ (농업특화단지관리 지원) 새만금(700ha), 영산강(700ha) 농업특화단지 관리·지원			
국고보조 근거법령	○ 「한국농어촌공사 및 농지관리기금법」 제34조 ○ 「간척지의 농어업적 이용 및 관리에 관한 법률」 제5조, 제6조 ○ 「농업·농촌 및 식품산업 기본법」 제28조			
지원자격 및 요건	○ 국고 100% ○ 「한국농어촌공사 및 농지관리기금법」에 따른 한국농어촌공사			
지원한도	○ 간척농지 실태조사 및 농업특화단지 관리에 소요되는 제비용			

재원구성 (%)	국고	100%	지방비	-	융자	-	자부담	-

연도별 재정투입 현황 (단위 : 백만원)

구 분	2017년	2018년	2019년	2020년
합 계	1,476	1,476	1,476	1,576
국 고	1,476	1,476	1,476	1,576

담당기관	담당과	담당자	연락처
농림축산식품부 한국농어촌공사	간척지농업과 환경사업처	신동원 홍병덕	044-201-1877 061-338-5842
신청시기	○ 연중(수시)	사업시행기관	한국농어촌공사
관련자료	-		

179 조성토지관리처분비(민간)

세부사업명	조성토지관리처분비		세목	민간경상보조
내역사업명	조성토지관리처분비(민간이전)		예산 (백만원)	1,912
사업목적	○ 농업생산기반 정비사업으로 조성된 매립지 등의 임대, 매각, 매각대금징수 관리 제비용 등을 지원하여 조성된 토지의 효율적 관리 도모			
사업 주요내용	○ 한국농어촌공사가 관리 중인 매립지 등에 대한 임대·매각 등 관리비용 지원 - 26개소 23,123ha(임대 및 매각대금징수 20, 일시사용2, 임시사용4)			
국고보조 근거법령	○「한국농어촌공사 및 농지관리기금법」제34조 및 같은법 시행령 제31조 ○「매립지등의 관리·관리처분에 관한 규정」제32조			
지원자격 및 요건	○ 국고 100% ○「한국농어촌공사 및 농지관리기금법」에 따른 한국농어촌공사			
지원한도	○ 매립지 등의 관리·처분에 필요한 제비용			

재원구성 (%)	국고	100%	지방비	-	융자	-	자부담	-

연도별 재정투입 현황	구 분	2017년	2018년	2019년	2020년
	합 계	1,912	2,240	2,240	1,912
	국 고	1,912	2,240	2,240	1,912

(단위 : 백만원)

담당기관	담당과	담당자	연락처
농림축산식품부 한국농어촌공사	간척지농업과 기금관리처	신동원 이창우	044-201-1877 061-338-5973

신청시기	○ 연중(수시)	사업시행기관	한국농어촌공사
관련자료	-		

180 조성토지관리처분비(지자체)

세부사업명	조성토지관리처분비		세목	자치단체 경상보조
내역사업명	조성토지관리처분비(자치단체이전)		예산 (백만원)	71
사업목적	○ 농업생산기반 정비사업으로 조성된 매립지 등의 임대, 매각, 매각대금징수 관리 제비용 등을 지원하여 조성된 토지의 효율적 관리 도모			
사업 주요내용	○ 지자체에서 관리 중인 매립지 등에 대한 임대·매각 등 관리비용 지원 　- 9개소 2,788ha(임대 및 매각대금징수 8, 일시사용1)			
국고보조 근거법령	○ 「한국농어촌공사 및 농지관리기금법」 제34조 및 같은법 시행령 제31조 ○ 「매립지등의 관리·관리처분에 관한 규정」 제32조			
지원자격 및 요건	○ 국고 100% ○ 매립지 등을 관리·처분하는 지방자치단체			
지원한도	○ 매립지 등의 관리·처분에 필요한 제비용			

재원구성 (%)	국고	100%	지방비	-	융자	-	자부담	-

연도별 재정투입 현황 (단위 : 백만원)

구 분	2017년	2018년	2019년	2020년
합 계	97	77	77	71
국 고	97	77	77	71

담당기관	담당과	담당자	연락처
농림축산식품부 전라남도	간척지농업과 농업정책과	신동원 이철우	044-201-1877 061-286-6263

신청시기	○ 연중(수시)	사업시행기관	전라남도
관련자료	-		

3-3. 가격안정 및 유통효율화

식량분야

181 정부양곡관리비(민간이전)

세부사업명	정부양곡관리비		세목	민간경상보조
내역사업명	공공비축 및 정부관리양곡 교육비		예산 (백만원)	150
사업목적	○ 지자체 양정업무 담당자 대상 매년 개정되는 정부양곡 매출요령, 공공비축 미곡 매입요령 등 정부양곡 관련 제반 규정·지침 교육을 통해 업무 효율성 제고			
사업 주요내용	○ 양정업무 담당자 워크숍 및 공공비축 매입농가 권역별 설명회, 공공비축미곡 매입요령·정부양곡 매출요령 등 교육교재 제작 등			
국고보조 근거법령	○ '양곡관리법' 제10조(공공비축양곡의 비축·운용) 농림축산식품부장관은 국민식량을 안정적으로 확보하기 위하여 공공비축양곡을 비축·운용하여야 한다. ○ '양곡관리법' 제26조(융자 및 보조) 양곡의 관리와 관련, 대통령령이 정하는 사업을 수행하는 자에 대하여 예산 범위 내에서 지원 할 수 있음			
지원자격 및 요건	○ 민간경상보조(국고 100%)			
지원한도	○ 해당없음(직접 소요비용 지원)			
재원구성 (%)	국고 100	지방비	융자	자부담

연도별 재정투입 현황	구 분	2017년	2018년	2019년	(단위 : 백만원) 2020년
	합 계	-	-	-	150
	국 고	-	-	-	150

담당기관	담당과	담당자	연락처
농림축산식품부	식량정책과	김정락 지정연	044-201-1820 044-201-1821
신청시기	연중	사업시행기관	농협경제지주
관련자료			

182 라이스랩 설치·운영 지원 사업

세부사업명	쌀 소비 활성화 사업		세목	지자체 경상보조
내역사업명	라이스랩 설치·운영 지원 사업		예산 (백만원)	200
사업목적	○ 소비자 요구가 반영된 쌀 가공식품 개발·상품화를 유도할 수 있는 라이스랩 운영을 통해 쌀가공산업 육성 도모			
사업 주요내용	○ 쌀 제품 홍보, 소비자 반응 테스트, 판대 등이 이루어지는 복합 공간 운영 - 상품개발, 소비자 수요 조사, 청년 창업자 교육 및 홍보·마케팅, 다양한 쌀 가공제품 판매 등			
국고보조 근거법령	○ 양곡관리법 제26조, 쌀 가공산업 육성 및 쌀 이용 촉진에 관한 법률 제20조			
지원자격 및 요건	○ 해당 지자체와 연계하여 라이스랩 운영·관리, 쌀 관련 제품 개발, 쌀 제품 전시·판매, 지역 쌀·농업과의 연계 등이 가능한 사업 참여 희망자, - 라이스랩을 독립 매장형(단독매장, 층분리형 또는 벽체분리형 복합매장으로 상시(주5일 이상) 운영 필수			
지원한도	○ 1개소당 2억원 이내 지원			
재원구성 (%)	국고 50%	지방비 50%	융자	자부담

연도별 재정투입 현황

(단위 : 백만원)

구 분	2017년	2018년	2019년	2020년
합 계	800	800	800	400
국 고	400	400	400	200
지방비	400	400	400	200

담당기관	담당과	담당자	연락처
농림축산식품부	식량산업과	차은지	044-201-1842

신청시기	별도 통보	사업시행기관	자치단체
관련자료	농림사업정보시스템(AGRIX) 사업시행지침서		

183 쌀 소비 활성화사업

세부사업명	쌀 소비 활성화 사업		세목	민간경상보조
내역사업명	쌀 소비 활성화 사업		예산 (백만원)	5,200
사업목적	○ 지속적인 쌀 수급 불균형을 해소하고 쌀 산업 경쟁력을 강화하기 위해 교육, 홍보, 개발 등 다양한 방식으로 쌀.쌀가공품 인지도 향상 및 국민 건강 제고			
사업 주요내용	○ 미래세대 대상 쌀 중심 식습관 학교 운영, 대중매체 활용 쌀의 가치 확산, 쌀 가공식품 개발 유도 및 유통망 확충 등을 통한 실질적인 쌀 소비 연계 사업 추진			
국고보조 근거법령	○ 양곡관리법 제26조, 쌀 가공산업 육성 및 쌀 이용 촉진에 관한 법률 제3조			
지원자격 및 요건	○ 쌀.쌀가공품 생산자 및 소비자 등 대국민 대상 홍보 사업			
지원한도	-			
재원구성 (%)	국고 100%	지방비	융자	자부담

연도별 재정투입 현황   (단위 : 백만원)

구 분	2017년	2018년	2019년	2020년
합 계	6,000	6,000	6,000	5,200
국 고	6,000	6,000	6,000	5,200

담당기관	담당과	담당자	연락처
농림축산식품부 농림수산식품교육문화정보원	식량산업과 소비문화실	차은지 이인아	044-201-1842 044-861-8860
신청시기	-	사업시행기관	농림수산식품교육 문화정보원
관련자료	-		

184 양곡류 해외시장조사비

세부사업명	수입양곡대		세목	민간경상보조
내역사업명	양곡류 해외시장조사비		예산 (백만원)	400
사업목적	○ 쌀 등 양곡류 국내외 유통현황 등에 대한 실태조사를 통하여 원활한 TRQ (Tariff Rate Quotas) 운영 지원			
사업 주요내용	○ 쌀 등 주요 국제 곡물시장 동향, 주요 쌀 수출국의 수급·가격 동향, 국제 주요곡물 선물시장 가격 변동 요인 조사·분석 등 ○ 국제곡물정보 전파채널 기능 개선 및 정보 제공 등			
국고보조 근거법령	○ 양곡관리법 제11조(양곡의 수출입) ○ 농수산물 유통 및 가격안정에 관한 법률 제72조(유통정보화의 촉진)			
지원자격 및 요건	○ 국고 100%			
지원한도	-			

재원구성 (%)	국고	100%	지방비		융자		자부담	

연도별 재정투입 현황
(단위 : 백만원)

구 분	2017년	2018년	2019년	2020년
합 계	400	400	400	400
국 고	400	400	400	400

담당기관	담당과	담당자	연락처
농림축산식품부 한국농수산식품유통공사	식량정책과 수급관리처	양지연 김병석	044-201-1826 061-931-1060
신청시기	-	사업시행기관	한국농수산식품 유통공사
관련자료	-		

185 정부양곡관리비(민간이전)

세부사업명	정부양곡관리비		세목	민간경상보조
내역사업명	정부관리양곡 지능형 관리시스템 구축		예산 (백만원)	4,397
사업목적	○ 정부관리양곡의 보관, 가공, 입출고, 운송 등 관리시스템을 자동화·전산화하여 양곡관리의 효율성 제고 및 비용절감 도모			
사업 주요내용	○ 정부관리양곡의 입출고, 보관, 가공 등 행정 지원부터 관련 데이터를 분석하여 정책 수립 기초 자료 제공 등을 위한 시스템 구축 도입			
국고보조 근거법령	○ '양곡관리법' 제10조(공공비축양곡의 비축·운용) 농림축산식품부장관은 국민식량을 안정적으로 확보하기 위하여 공공비축양곡을 비축·운용하여야 한다. ○ '양곡관리법' 제26조(융자 및 보조) 양곡의 관리와 관련, 대통령령이 정하는 사업을 수행하는 자에 대하여 예산 범위 내에서 지원 할 수 있음			
지원자격 및 요건	○ 민간경상보조(국고 100%)			
지원한도				

재원구성 (%)	국고	100	지방비		융자		자부담	

연도별 재정투입 현황	구 분	2017년	2018년	2019년	2020년
	합 계	-	-	-	4,397
	국 고	-	-	-	4,397

(단위 : 백만원)

담당기관	담당과	담당자	연락처
농림축산식품부	식량정책과	김정락 지정연	044-201-1820 044-201-1821
신청시기	연초	사업시행기관	
관련자료			

186 정부양곡관리비(지자체)

세부사업명	정부양곡관리비			세목	자치단체 경상보조
내역사업명	정부양곡관리비(지자체)			예산 (백만원)	26,582
사업목적	○ 정부관리양곡(공공비축미곡, 수입쌀)의 보관·가공·운송 등 양곡관리				
사업 주요내용	○ 정부관리양곡(공공비축미곡, 수입쌀)의 보관·가공·운송 등 양곡관리 및 정부양곡 관리를 위한 지자체 지원 ○ 복지용 정부관리양곡의 배송을 위한 택배비 지원				
국고보조 근거법령	○ '양곡관리법' 제10조(공공비축양곡의 비축·운용) 농림축산식품부장관은 국민식량을 안정적으로 확보하기 위하여 공공비축양곡을 비축·운용하여야 한다. ○ '양곡관리법' 제26조(융자 및 보조) 양곡의 관리와 관련, 대통령령이 정하는 사업을 수행하는 자에 대하여 예산 범위 내에서 지원 할 수 있음				
지원자격 및 요건	○ 전국 17개 시·도				
지원한도	○ 해당없음(직접 소요비용 지원)				
재원구성 (%)	국고 100	지방비 -	융자 -		자부담 -

연도별 재정투입 현황 (단위 : 백만원)

구 분	2017년	2018년	2019년	2020년
합 계	1,162	1,162	17,689	26,582
국 고	1,162	1,162	17,689	26,582

담당기관	담당과	담당자	연락처
농림축산식품부	식량정책과	김정락 지정연	044-201-1820 044-201-1821
신청시기	연중	사업시행기관	시·도, 시·군·구
관련자료			

187. 정부양곡관리비(민간이전)

세부사업명	정부양곡관리비		세목	민간경상보조
내역사업명	품종검정비		예산(백만원)	1,320
사업목적	○ 정부관리양곡(공공비축미곡)의 매입대상 품종 검정을 통해 쌀 수급안정 및 고품질 쌀 생산·유통 확산 제고			
사업 주요내용	○ 정부관리양곡(공공비축미)의 매입대상 품종 일치여부 확인을 위한 유전자 분석			
국고보조 근거법령	○ '양곡관리법' 제10조(공공비축양곡의 비축·운용) 농림축산식품부장관은 국민 식량을 안정적으로 확보하기 위하여 공공비축양곡을 비축·운용하여야 한다. ○ '양곡관리법' 제26조(융자 및 보조) 양곡의 관리와 관련, 대통령령이 정하는 사업을 수행하는 자에 대하여 예산 범위 내에서 지원 할 수 있음			
지원자격 및 요건	○ 직접수행(정부양곡의 품종검정 기관)			
지원한도	○ 해당없음(직접 소요비용 지원)			
재원구성(%)	국고 100	지방비	융자	자부담

연도별 재정투입 현황	구 분	2017년	2018년	2019년	2020년
	합 계	-	-	1,629	1,320
	국 고	-	-	1,629	1,320

(단위 : 백만원)

담당기관	담당과	담당자	연락처
농림축산식품부	식량정책과	양성철 차재율	044-201-1822 044-201-1828
신청시기	직접수행	사업시행기관	품종검정기관
관련자료			

4-1. 경쟁력 제고

축산분야

188 가공원료유 지원

세부사업명	축산물수급관리			세목	민간경상보조
내역사업명	가공원료유 지원			예산 (백만원)	17,000
사업목적	○ FTA 확대 등에 대응하여 낙농산업의 경쟁력을 강화하고 원유 자급률 향상과 수급안정을 도모하기 위해 지원				
사업 주요내용	○ 유가공업체가 정상가격에 구입한 원유 중 가공 유제품 생산에 투입된 원유에 대해 우유생산비와 국제 탈지분유 가격 차액을 지원				
국고보조 근거법령	○ 축산법 제3조, 낙농진흥법 제3조				
지원자격 및 요건	○ 축산물위생관리법 제22조에 따른 축산물가공업(유가공업) 영업자 중 원유를 사용하여 유가공품을 생산하면서 전국단위 원유수급 조절제도에 참여하는 유가공업체				
지원한도	○ 사업대상자별 지원한도 물량 내에서 경쟁력 제고 및 수급여건 등을 반영하여 예산범위 내에서 차등 지원				
재원구성 (%)	국고	100	지방비	-	융자	-	자부담	-

연도별 재정투입 현황 (단위 : 백만원)

구 분	2017년	2018년	2019년	2020년
합 계	17,000	17,000	17,000	17,000
국 고	17,000	17,000	17,000	17,000

담당기관	담당과	담당자	연락처
농림축산식품부 축산정책국	축산경영과	조성길	044-201-2341
신청시기	연중	사업시행기관	낙농진흥회
관련자료			

189 가축전염병 발생농가 생계 및 소득안정

세부사업명	축산물수급관리	세목	자치단체 경상보조
내역사업명	가축전염병 발생농가 생계 및 소득안정	예산 (백만원)	5,100
사업목적	○ AI, 구제역, 아프리카돼지열병(ASF) 등 가축전염병 발생으로 살처분, 이동제한에 따라 농가 피해 발생시 생계 및 소득안정 지원		
사업 주요내용	○ 가축전염병 발생에 따른 살처분 농가 생계안정 자금 지원 ○ 방역대 내 이동제한 방역조치로 피해를 입은 농가 소득안정 자금 지원		
국고보조 근거법령	○ 가축전염병 예방법 제49조		
지원자격 및 요건	○ 국고 70%, 지방비 30%		
지원한도	-		

재원구성(%)	국고	70	지방비	30	융자		자부담	

연도별 재정투입 현황 (단위 : 백만원)

구 분	2017년	2018년	2019년	2020년
합 계	143	143	143	7,286
국 고	100	100	100	5,100
지방비	43	43	43	2,186

담당기관	담당과	담당자	연락처
농림축산식품부	방역정책과	노규진 박진경	044-201-2520 044-201-2521
신청시기	연중	사업시행기관	지자체
관련자료			

190 경주마 경쟁력 강화

세부사업명	말산업육성지원		세목	민간경상보조
내역사업명	경주마 경쟁력 강화		예산 (백만원)	1,280
사업목적	○ 경주마 생산 장려를 통한 국산 경주마 경쟁력 강화			
사업 주요내용	○ 국산 경주마 종마선발, 우수 경주마 자마 선발, 경매 유통비율 확대			
국고보조 근거법령	○ 말산업육성법 제9조, 제19조			
지원자격 및 요건	○ (지원대상) 한국마사회(보조사업자 : 마주, 경주마 생산자)			
지원한도				

재원구성 (%)	국고	100%	지방비		융자		자부담	

연도별 재정투입 현황 (단위 : 백만원)

구 분	2017년	2018년	2019년	2020년
국 고	1,630	1,280	1,280	1,280

담당기관	담당과	담당자	연락처
농림축산식품부	축산정책과	한병윤	044-201-2325

신청시기	- '20년도 1분기	사업시행기관	말산업육성전담기관 (한국마사회)
관련자료	- 말산업육성지원사업 시행지침서		

191 기타가축개량지원(흑염소개량지원)

세부사업명	가축개량지원			세목	자치단체자본보조
내역사업명	기타가축개량지원(흑염소개량지원)			예산(백만원)	500
사업목적	○ 흑염소 개량지원을 통한 흑염소 생산성 및 농가소득 증대				
사업 주요내용	○ 도 축산관련연구기관이 씨흑염소 선발, 교배 등 개량을 통해 생산한 우량 흑염소를 농가에 공급할 수 있는 기반(개량시설 등) 마련 지원				
국고보조 근거법령	○ 축산법 제3조				
지원자격 및 요건	○ 축산법 상 도 축산관련연구기관				
지원한도	○ 2,000백만원(4년간, 4개소)				
재원구성(%)	국고 50	지방비 50	융자 -	자부담 -	

연도별 재정투입 현황 (단위 : 백만원)

구 분	2017년	2018년	2019년	2020년
합 계	-	1,000	1,000	1,000
보 조	-	500	500	500
지방비	-	500	500	500

담당기관	담당과	담당자	연락처
농림축산식품부	축산경영과	신상훈	044-201-2343

신청시기	매년 11월	사업시행기관	시도
관련자료			

192 농어촌형 승마시설 등 설치

세부사업명	말산업육성지원		세목	자지단체 자본보조
내역사업명	농어촌형 승마시설 등 설치		예산 (백만원)	2,400
사업목적	○ 국내 승마인구 저변확대를 위해 승마시설 신설 및 개보수 지원으로 승마시설 인프라 확충 ○ 국내 말산업 육성을 위해 말문화시설, 승마길 조성 등 말산업 인프라 확대			
사업 주요내용	○ 승마시설의 신설, 개보수 등에 대한 자금 지원 - 공공 승마시설, 민간 승마시설의 신설 및 개보수 - 말관련 문화시설의 신설 및 개보수 - 승마길 조성, 조련센터 설립			
국고보조 근거법령	○ 말산업육성법 제17조			
지원자격 및 요건	○ 공공승마시설 : 승용마 최소 20두 이상 운영을 위한 계획이 수립된 자 ○ 말관련 문화시설 : 말, 승마, 말산업 등 말을 주제로 하고, 「국토의 계획 및 이용에 관한 법률」에 따라 문화시설로 승인을 받고, 관련 법령에 등록·설치·운영하고자 하는 자 또는 기존 시설을 개보수 또는 정비하고자 하는 자 ○ 민간 승마시설 : 말산업 육성법 시행규칙 제11조에 의한 시설 및 안전기준에 따라 신규로 승마시설을 설치·운영하고자 하는자 또는 기존 신고된 승마시설을 개보수 또는 정비하고자 하는 자 ○ 승마길 조성 : 승마길(외승로) 신규조성계획이 수립된 지자체 ○ 거점승용마 조련시설 : 사업대상자(지자체, 농축협 등)는 말 사육농가 또는 승마시설 운영자와 승용마 조련 위탁계약을 체결하여야 함. - 「말산업 육성법」에 따른 말조련사를 1년 이상 고용할 구체적 계획이 수립되어야 함. ○ 공통요건 : 신규 설치 시설은 「말산업 육성법」에 따라 지자체에 신고하고, 사육하는 말은 「말산업 육성법」 제7조에 따라 등록하여야 함			
지원한도	- (신설) 공공승마시설 8억원, 말문화시설 8억원, 농어촌형 승마시설 2억원, 승마길 조성 2억원, 거점조련시설 12억원 - (개보수) 공공승마시설, 말문화시설 2.8억원, 농어촌형 승마시설 3억원			
재원구성 (%)	국고 20~50%	지방비 20~60%	융자 30~100%	자부담 20~60%

연도별 재정투입 현황 (단위 : 백만원)

구 분	2017년	2018년	2019년	2020년
합 계	23,500	16,000	18,060	7,325
국 고	7,960	5,200	6,480	2,400
지방비	9,660	6,900	7,680	2,700
융 자	2,940	1,950	1,950	1,125
자부담	2,940	1,950	1,950	1,100

담당기관	담당과	담당자	연락처
농림축산식품부	축산정책과	한병윤	044-201-2325
신청시기	-'20년도 1분기	사업시행기관	시도, 시군구
관련자료	-말산업육성지원사업 시행지침서		

193 농어촌형 승마시설 설치(융자)

세부사업명	말산업육성지원(융자)		세목	기타민간융자금
내역사업명	농어촌형 승마시설 설치		예산 (백만원)	1,125
사업목적	○ 말산업 관련 인프라 확충을 통한 승마저변 확대			
사업 주요내용	○ 농어촌형 승마시설 등 설치지원			
국고보조 근거법령	○ 말산업육성법			
지원자격 및 요건	○ 말산업육성법 시행규칙 제11조에 의한 시설 및 안전기준에 따라 신규로 승마시설을 설치 운영하고자 하는자 ○ 기존의 승마시설(말산업육성법에 따라 신고된 시설)을 개보수 또는 정비하고자 하는 자			
지원한도	○ 개소당 3억원 한도			
재원구성 (%)	국고 0~20% 지방비 0~20% 융자 30~100% 자부담 0~30%			

연도별 재정투입 현황 (단위 : 백만원)

구 분	2017년	2018년	2019년	2020년
융 자	3,340	1,950	1,950	1,125

담당기관	담당과	담당자	연락처
농림축산식품부	축산정책과	한병윤	044-201-2325

신청시기	- '20년도 상반기	사업시행기관	시도, 시군구
관련자료	- 말산업육성지원사업 시행지침서		

194 농촌관광 승마활성화

세부사업명	말산업육성지원			세목	자치단체 경상보조
내역사업명	농촌관광 승마활성화			예산 (백만원)	540
사업목적	○ 농촌 외승 체험을 통한 농촌 관광 활성화				
사업 주요내용	○ 농촌관광 외승 체험 지원				
국고보조 근거법령	○ 말산업육성법 제17조				
지원자격 및 요건	○ 사업자등록을 하고 말산업육성법에 따른 승마시설 또는 체육시설의 설치 이용에 관한 법률에 따른 신고를 득한 승마장 운영자				
지원한도	- 승마시설 개소당 최대 국고 45백만원				
재원구성 (%)	국고 30%	지방비 30%	융자 -	자부담 40%	

(단위 : 백만원)

구 분	2017년	2018년	2019년	2020년
합 계	500	1,800	1,800	1,800
국 고	150	540	540	540
지방비	150	540	540	540
자부담	200	720	720	720

담당기관	담당과	담당자	연락처
농림축산식품부	축산정책과	한병윤	044-201-2325

신청시기	- '20년도 1분기	사업시행기관	시도, 시군구
관련자료	- 말산업육성지원사업 시행지침서		

195 돼지경제능력검정 경상지원(자치단체)

세부사업명	가축개량지원		세목	자치단체 경상보조
내역사업명	돼지경제능력검정 경상지원(자치단체)		예산 (백만원)	250
사업목적	○ 고능력 종돈개량 및 양돈농가 우수 유전자원 보급 활성화 ○ 국가단위 돼지 유전능력평가 및 유전능력정보 중심의 종돈 구매를 유도함으로써 고능력 종돈 개량.이용 선순환 체계 정착			
사업 주요내용	○ 우수 돼지 유전자원이 농가에 보급될 수 있도록 돼지개량네트워크구축사업 참여 종돈 중 유전능력이 우수한 종돈을 돼지인공수정센터가 확보하여 농가에 우수정액을 공급할 경우 해당 종돈 구입비의 일부를 지원			
국고보조 근거법령	○ 축산법 제3조			
지원자격 및 요건	○ 축산법 제22조에 따라 정액등처리업 허가를 받은 돼지정액등처리업체 중 돼지개량네트워크구축사업에서 선발된 종돈을 사용한 업체			
지원한도	○ 일반종돈과 우수종돈과의 구입가격 차액을 종돈의 유전능력(검정결과)에 따라 차등(마리당 500~1,000천원)하여 정액지원			
재원구성(%)	국고 50	지방비 50	융자 -	자부담 -

연도별 재정투입 현황 (단위 : 백만원)

구 분	2017년	2018년	2019년	2020년
합 계	500	500	500	500
보 조	250	250	250	250
지방비	250	250	250	250

담당기관	담당과	담당자	연락처
농림축산식품부	축산경영과	신상훈	044-201-2343

신청시기	연중	사업시행기관	시도, 시군구
관련자료			

196 돼지경제능력검정 지원(민간경상보조)

세부사업명	가축개량지원		세목	민간경상보조
내역사업명	돼지경제능력검정 지원(민간)		예산 (백만원)	1,457
사업목적	○ 돼지의 경제능력 검정을 통해 종돈장에 선발지표를 제공하고, 국내산 우수 종돈의 선발·보급 ○ 국가단위 유전능력평가 체계를 구축하고 우량종돈 선발, 교류, 평가를 통해 국내 여건에 맞는 종돈 개량			
사업 주요내용	○ 농장검정(90kg 도달일령, 1일평균 증체량, 등지방두께, 등심단면적) 지원 ○ 돼지개량네트워크 구축을 위한 사업비, 운영비 지원			
국고보조 근거법령	○ 축산법 제3조			
지원자격 및 요건	○ 축산법 제22조에 따라 종돈업 허가를 받은 농장 중 사업에서 요구되는 일정 요건을 충족한 농장 등			
지원한도	○ 1,253백만 원			
재원구성 (%)	국고 100	지방비 -	융자 -	자부담 -

연도별 재정투입 현황 (단위 : 백만원)

구 분	2017년	2018년	2019년	2020년
합 계	1,253	1,253	1,253	1,457
보 조	1,253	1,253	1,253	1,457

담당기관	담당과	담당자	연락처
농림축산식품부	축산경영과	신상훈	044-201-2343
신청시기	연중	사업시행기관	㈔종축개량협회
관련자료			

197 돼지경제능력검정 지원(민간자본보조)

세부사업명	가축개량지원		세목	민간경상보조
내역사업명	돼지경제능력검정 지원(민간)		예산 (백만원)	256
사업목적	○ 돼지개량네트워크 참여 종돈장 검정 자료 수집 기계 지원			
사업 주요내용	○ 농장검정(90kg 도달일령, 1일평균 증체량, 등지방두께, 등심단면적) 지원 ○ 돼지개량네트워크 참여 종돈장 검정 자료 수집 기계 지원			
국고보조 근거법령	○ 축산법 제3조			
지원자격 및 요건	○ 축산법 제22조에 따라 종돈업 허가를 받은 농장 중 사업에서 요구되는 일정 요건을 충족한 농장 등			
지원한도	○ 1,253백만 원			

재원구성 (%)	국고	100	지방비	-	융자	-	자부담	-

연도별 재정투입 현황 (단위 : 백만원)

구 분	2017년	2018년	2019년	2020년
합 계	-	-	-	256
보 조	-	-	-	256

담당기관	담당과	담당자	연락처
농림축산식품부	축산경영과	신상훈	044-201-2343

신청시기	연중	사업시행기관	㈜종축개량협회
관련자료			

198 말산업 관련 수출시장 개척

세부사업명	말산업육성지원			세목	민간경상보조
내역사업명	말산업 관련 수출시장 개척			예산 (백만원)	60
사업목적	○ 국산마 수출 시장 개척				

사업
주요내용
	○ 국산 경주마 구매 촉진 지원
	  - 외국인 마주 국산마 경매 참여 지원
	  - 국내 퇴역마(퇴역 예정마 포함) 해외 수출 지원
	  - 국내 경주마 해외 원정 지원				

국고보조 근거법령	○ 말산업육성법 제18조				
지원자격 및 요건	○ (지원대상) 한국마사회				
지원한도					
재원구성 (%)	국고 100%	지방비		융자	자부담

연도별 재정투입 현황

(단위 : 백만원)

구 분	2017년	2018년	2019년	2020년
합 계	70	60	60	60
국 고	70	60	60	60

담당기관	담당과	담당자	연락처
농림축산식품부	축산정책과	한병윤	044-201-2325
신청시기	- '20년도 1분기	사업시행기관	말산업육성전담기관 (한국마사회)
관련자료	- 말산업육성지원사업 시행지침서		

199 말산업 전문인력 양성 및 취업지원

세부사업명	말산업육성지원		세목	민간경상보조
내역사업명	말산업 전문인력 양성 및 취업지원		예산 (백만원)	1,366
사업목적	○ 말산업 전문인력 교육 강화를 통한 인력양성 및 취업지원			
사업 주요내용	○ 말산업전문인력 교수 및 연수, 인력양성기관 워크숍, 현장밀착형 자격체계 운영, 취업지원센터 및 인턴십 제도 운영			
국고보조 근거법령	○ 말산업 육성법 제10조, 제11조			
지원자격 및 요건	○ (지원대상) 마사회(보조사업자 : 승마장, 인력양성기관, 관련협회 등)			
지원한도				
재원구성 (%)	국고 50%	지방비 50%	융자	자부담

연도별 재정투입 현황 (단위 : 백만원)

구 분	2017년	2018년	2019년	2020년
합 계	1,355	1,380	1,506	1,366
국 고	1,355	1,380	1,506	1,366
지방비	1,355	1,380	1,506	1,366

담당기관	담당과	담당자	연락처
농림축산식품부	축산정책과	한병윤	044-201-2325

신청시기	- '20년도 1분기	사업시행기관	말산업육성전담기관 (한국마사회)
관련자료	- 말산업육성지원사업 시행지침서		

200 말산업전문인력 양성기관 경쟁성 강화(자치단체경상)

세부사업명	말산업육성지원				세목	자치단체 경상보조
내역사업명	말산업 전문인력 양성기관(자치단체경상)				예산 (백만원)	300
사업목적	○ 말산업 전문인력 교육 강화를 통한 인력양성					
사업 주요내용	○ 말산업 전문인력 양성기관 운영 지원					
국고보조 근거법령	○ 말산업육성법 제10조					
지원자격 및 요건	○ (지원대상) 「말산업 육성법」 제10조에 따라 지정된 말산업전문인력 양성기관 ○ (조건) 「말산업 육성법」 제10조 및 동법 시행규칙 제3조에 따라 전문인력양성 계획을 수립한 기관으로서 당해 연도 사업계획서를 제출한 기관					
지원한도						
재원구성 (%)	국고	50%	지방비	50%	융자	자부담

연도별 재정투입 현황

(단위 : 백만원)

구 분	2017년	2018년	2019년	2020년
합 계	600	600	600	600
국 고	300	300	300	300
지방비	300	300	300	300

담당기관	담당과	담당자	연락처
농림축산식품부	축산정책과	한병윤	044-201-2325

신청시기	- '20년도 상반기	사업시행기관	시도, 시군구
관련자료	- 말산업육성지원사업 시행지침서		

201 말산업전문인력 양성기관 경쟁성 강화(자치단체자본)

세부사업명	말산업육성지원			세목	자치단체 자본보조
내역사업명	말산업 전문인력 양성기관(자치단체자본)			예산 (백만원)	1,350
사업목적	○ 말산업 전문인력 교육 강화를 통한 인력양성				
사업 주요내용	○ 말산업 전문인력 양성기관 시설 및 운영 지원				
국고보조 근거법령	○ 말산업육성법 제10조				
지원자격 및 요건	○ (지원대상)「말산업 육성법」제10조에 따라 지정된 말산업전문인력 양성기관 ○ (조건)「말산업 육성법」제10조 및 동법 시행규칙 제3조에 따라 전문인력양성 계획을 수립한 기관으로서 당해 연도 사업계획서를 제출한 기관.				
지원한도					
재원구성 (%)	국고	50% 지방비 50%	융자		자부담

연도별 재정투입 현황 (단위 : 백만원)

구 분	2017년	2018년	2019년	2020년
합 계	3,000	2,700	2,700	2,700
국 고	1,500	1,350	1,350	1,350
지방비	1,500	1,350	1,350	1,350

담당기관	담당과	담당자	연락처
농림축산식품부	축산정책과	한병윤	044-201-2325

신청시기	- '20년도 상반기	사업시행기관	시도, 시군구
관련자료	- 말산업육성지원사업 시행지침서		

202 말산업 특구 지원

세부사업명	말산업육성지원			세목	자치단체 자본보조
내역사업명	말산업 특구지원			예산 (백만원)	5,000
사업목적	○ 말산업 특구 지역의 말산업 진흥을 통한 기반조성 사업				
사업 주요내용	○ 신규지정 말산업특구 및 기존 말산업특구 발전 지원				
국고보조 근거법령	○ 말산업육성법 제20조				
지원자격 및 요건	○ (지원대상)「말산업육성법」제20조에 따라 말산업특구로 지정된 기초지방자치단체 ○ (조건)「말산업육성법」제21조 및 동 시행령 제12조에 따라 말산업특구진흥계획을 수립한 말산업 특구				
지원한도	- 말산업특구 대상 전년도 평가에 따른 차등지원(등급별 20~50% 차등지원)				
재원구성 (%)	국고	50%	지방비 50%	융자	자부담

연도별 재정투입 현황

(단위 : 백만원)

구 분	2017년	2018년	2019년	2020년
합 계	10,000	4,000	10,000	10,000
국 고	5,000	2,000	5,000	5,000
지방비	5,000	2,000	5,000	5,000

담당기관	담당과	담당자	연락처
농림축산식품부	축산정책과	한병윤	044-201-2325

신청시기	- '20년도 상반기	사업시행기관	시도, 시군구
관련자료	- 말산업육성지원사업 시행지침서		

203 스마트축산 ICT 시범단지 조성

세부사업명	축사시설현대화사업		세목	자치단체 자본보조
내역사업명	스마트축산 ICT 시범단지 조성		예산 (백만원)	22,500
사업목적	○ ICT 활용을 통한 축산의 분뇨·질병 문제 해소와 생산성 향상 등을 위한 규모화된 스마트축산 ICT 시범단지 조성			
사업 주요내용	○ 기반조성(단지 구획정리 및 정지 토목공사, 도로·용수·전력·통신시설 등), 지원센터(교육 및 빅데이터 센터 등)			
국고보조 근거법령	○ 「자유무역협정 체결에 따른 농어업인 등의 지원에 관한 특별법」제5조, 「축산법」제3조			
지원자격 및 요건	○ 지자체(부지확보, 개발행위 인·허가, 인근 주민 동의, 참여농가 조직화 등 사업 추진 여건 등)			
지원한도	○ 기반조성(국비 70%, 지방비 30), 지원센터(국비 50%, 지방비 50)			
재원구성 (%)	국고 50~70 / 지방비 30~50 / 융자 - / 자부담 -			

연도별 재정투입 현황 (단위 : 백만원)

구 분	2017년	2018년	2019년	2020년
합 계	-	-	11,250	33,000
국 고	-	-	7,875	22,500
지방비	-	-	3,375	10,500
융 자	-	-	-	-
자부담	-	-	-	-

담당기관	담당과	담당자	연락처
농림축산식품부 자치단체	축산경영과 축산관련과	조재성	044-201-2332

신청시기	정기	사업시행기관	자치단체
관련자료	스마트축산 ICT 시범단지 조성사업 시행지침서 참조		

204 승마 대중화 및 품질 제고

세부사업명	말산업육성지원			세목	민간경상보조
내역사업명	승마 대중화 및 품질 제고			예산 (백만원)	1,900
사업목적	○ 승마대회, 기승능력인증제 등을 통한 승마 대중화 및 품질 제고				
사업 주요내용	○ 민간승마대회, 기승능력인증제, 말산업정보시스템				
국고보조 근거법령	○ 말산업육성법 제8조, 제17조				
지원자격 및 요건	○ (지원대상) 한국마사회(보조사업자 : 민간, 관련 협회 등)				
지원한도					
재원구성 (%)	국고	100%	지방비	융자	자부담

연도별 재정투입 현황 (단위 : 백만원)

구 분	2017년	2018년	2019년	2020년
합 계	1,818	2,700	2,050	1,900
국 고	1,818	2,700	2,050	1,900

담당기관	담당과	담당자	연락처
농림축산식품부	축산정책과	한병윤	044-201-2325

신청시기	- '20년도 상반기	사업시행기관	말산업육성전담기관 (마사회)
관련자료	- 말산업육성지원사업 시행지침서		

205 승용마 전문 생산농가 지원

세부사업명	말산업육성지원	세목	민간경상보조
내역사업명	승용마 전문 생산농가 지원	예산(백만원)	320
사업목적	○ 전문 승용마 생산농가 지원		
사업 주요내용	○ 인공수정 지원, 국산승용마 생산자 역량 강화		
국고보조 근거법령	○ 말산업육성법 제19조		
지원자격 및 요건	○ (지원대상) 한국마사회(보조사업자 : 승용마 생산자)		
지원한도			

| 재원구성(%) | 국고 | 100% | 지방비 | | 융자 | | 자부담 | |

연도별 재정투입 현황 (단위 : 백만원)

구 분	2017년	2018년	2019년	2020년
합 계	300	400	320	320
국 고	300	400	320	320

담당기관	담당과	담당자	연락처
농림축산식품부	축산정책과	한병윤	044-201-2325

신청시기	- '20년도 상반기	사업시행기관	말산업육성전담기관 (마사회)
관련자료	- 말산업육성지원사업 시행지침서		

206 승용마 조련 및 유통체계 구축

세부사업명	말산업육성지원		세목	민간경상보조
내역사업명	승용마 조련 및 유통체계 구축		예산 (백만원)	620
사업목적	○ 승용마 조련 및 유통체계 구축을 통한 경쟁력 강화			
사업 주요내용	○ 경주퇴역 승용마 조련, 승용마 품평 및 경매기반 구축, 퇴역마 용도다각화, 말등록 활성화 등			
국고보조 근거법령	○ 말산업육성법 제19조			
지원자격 및 요건	(지원대상) 한국마사회(보조사업자 : 마주, 민간, 교육기관, 관련협회 등)			
지원한도				
재원구성 (%)	국고 100%	지방비	융자	자부담

연도별 재정투입 현황 (단위 : 백만원)

구 분	2017년	2018년	2019년	2020년
합 계	670	690	620	620
국 고	670	690	620	620

담당기관	담당과	담당자	연락처
농림축산식품부	축산정책과	한병윤	044-201-2325

신청시기	- '20년도 1분기	사업시행기관	말산업육성전담기관 (마사회)
관련자료	- 말산업육성지원사업 시행지침서		

207 승용마 조련 강화

세부사업명	말산업육성지원		세목	자치단체 경상보조
내역사업명	승용마조련강화		예산 (백만원)	180
사업목적	○ 국산 승용마 조련강화			
사업 주요내용	○ 국산 승용마 조련강화			
국고보조 근거법령	○ 말산업육성법 제19조			
지원자격 및 요건	(지원대상) 승마장 운영자(「말산업 육성법」 또는 「체육시설의 설치.이용에 관한 법률」), 농업인, 농·축협, 농업법인, 전문승용마 생산농장, 한국마사회 말산업종합정보센터에 등록된 말 소유자			
지원한도	○ 1두당 최대 2백만원(경매상장시 3.2백만원까지)			

재원구성 (%)	국고	40%	지방비	40%	융자	-	자부담	20%

연도별 재정투입 현황 (단위 : 백만원)

구 분	2017년	2018년	2019년	2020년
합 계	400	450	450	450
국 고	120	180	180	180
지방비	120	180	180	180
자부담	160	90	90	90

담당기관	담당과	담당자	연락처
농림축산식품부	축산정책과	한병윤	044-201-2325

신청시기	- '20년도 상반기	사업시행기관	시도, 시군구
관련자료	- 말산업육성지원사업 시행지침서		

208 우량송아지생산비육시설지원사업

세부사업명	축사시설현대화사업	세목	자치단체 자본보조
내역사업명	우량송아지생산비육시설지원	예산 (백만원)	3,000 (보조 500, 융자2500)
사업목적	우량 송아지 생산단지 및 사육시설을 지원하여 지역 농가에 우수한 송아지를 생산·공급토록 함으로써 품질고급화 및 송아지 생산비 절감 등 도모		
사업 주요내용	축사, 축사시설 및 내부기자재 등 우량송아지생산비육시설 지원		
국고보조 근거법령	「자유무역협정 체결에 따른 농어업인 등의 지원에 관한 특별법」제5조 「축산법」제3조		
지원자격 및 요건	한우암소검정사업 참여 기관, 육종농가, 브랜드 경영체, 영농조합법인, 농업회사법인 등		
지원한도	보조 10%(100백만원), 융자 50%(500백만원) 개소당 1,200백만원(한도내 2년차 사업으로 추진 가능)		

재원구성(%)	국고	10	지방비	20	융자	50	자부담	20

연도별 재정투입 계획 (단위: 백만원)

구 분	2017년	2018년	2019년	2020년
합 계	5,000	5,000	5,000	4,500
국 고	500	500	500	450
지방비	1,000	1,000	1,000	900
융 자	2,500	2,500	2,500	2,250
자부담	1,000	1,000	1,000	900

담당기관	담당과	담당자	연락처
농림축산식품부 자치단체	축산경영과 축산관련과	조재성	044-201-2332

신청시기	정기(전년도 10.31일까지)	사업시행기관	자치단체
관련자료	농림사업정보시스템(AGRIX) 사업시행지침서		

209 우수여왕벌 육종 보급

세부사업명	가축개량지원		세목	자치단체 경상보조
내역사업명	우수여왕벌 육종 보급(토종벌 육성사업)		예산 (백만원)	250
사업목적	낭충봉아부패병(Sacbrood Disease, 이하 'SD') 저항성 토종벌('18, 농진청 개발)을 농가에 보급하여 토종벌 산업의 안정화 및 농가소득 증대 유도			
사업 주요내용	SD 저항성 토종벌 및 벌통 구입비			
국고보조 근거법령	축산법 제3조(축산발전시책의 강구) 및 제47조(기금의 용도)			
지원자격 및 요건	토종벌 10군 이상 보유한 토종벌 분야 농업경영체(사육경력 5년 이상)			
지원한도	○ 군당 지원 한도액 : 30만원/군(국고보조 15만원, 지방비 15만원) 　* 구입 단가가 30만원을 초과할 경우, 초과액은 농가 자부담으로 구입 ○ 농가당 지원 한도액 : 3,000만원/농가(국고보조 15백만원, 지방비 15백만원) 　* 지원 한도액은 4년 동안 지원받는 금액의 합계를 말함 ○ 농가당 지원물량 : 10군 이상 ~ 100군 이하 ○ 시·도는 사업대상자의 신청 물량.금액 이내에서 각 농가당 지원액 결정			
재원구성 (%)	국고 50	지방비 50	융자	자부담

연도별 재정투입 현황 (단위 : 백만원)

구 분	2017년	2018년	2019년	2020년
합 계	-	-	500	500
국 고	-	-	250	250
지방비	-	-	250	250

담당기관	담당과	담당자	연락처
농림축산식품부 자치단체	축산경영과 축산관련부서	김성구 유미랑	044-201-2336 044-201-2337

신청시기	상반기	사업시행기관	자치단체
관련자료	농림사업정보시스템(AGRIX) 사업시행지침서		

210 말산업육성지원사업

세부사업명	말산업육성지원			세목	자치단체자본보조, 자치단체경상보조, 민간경상보조, 기타민간융자,
내역사업명	농어촌형 승마시설 설치, 농촌관광 승마활성화, 승용마 조련강화, 유소년 승마단 창단운영지원, 유청소년 승마센터 건립, 인공수정용 번식씨수말 도입, 지자체 승마대회 지원			예산 (백만원)	29,700
사업목적	○ 말산업 육성을 통한 농어촌 경제 활성화와 국민 삶의 질 향상을 도모하고, 말산업을 FTA 등 개방화에 대비한 농가의 새로운 소득원 창출을 위해 추진				
사업 주요내용	○ 농어촌형 승마시설 등 설치, 학생승마체험, 승마대회, 농촌관광승마활성화 등 지원 ○ 말산업특구지원, 말산업실태조사, 말산업전문인력양성기관 지원 등				
국고보조 근거법령	○ 말산업 육성법				
지원자격 및 요건	○ 승마시설 설치 지원 : 승마시설 신설·개보수를 희망하는 지자체, 대학, 공공기관, 민간사업자 등을 대상으로 공모를 통해 선정 ○ 학생승마체험 : 학교장 등이 추천한 초·중·고등학교 학생 및 학교 밖 청소년 ○ 지자체승마대회 활성화 : 승마대회 지원 공모를 통해 선정된 지자체 등 ○ 말산업특구, 실태조사, 전문인력양성기관 등 : 마사회를 통한 사업 선정 및 추진				
지원한도	○ (승마시설 신설) 공공승마시설(말문화시설 포함) 8억원, 농어촌형 승마시설 2억원, 승마길 조성 2억원, 거점조련시설 12억원, 유청소년 승마교육센터 5억원 ○ (승마시설 개보수) 공공승마시설(말문화시설 포함) 2.8억원 ○ (학생승마체험) 승마체험형태에 따라 체험자 1명 기준 9만원~20만원 등				
재원구성 (%)	국고 20~50%	지방비 20~60%	융자 30~100%		자부담 20~60%

(단위 : 백만원)

연도별 재정투입 현황	구 분	2017년	2018년	2019년	2020년
	보조	31,247	29,434	31,514	28,575
	융자	3,340	1,950	1,950	1,125
	지방비	21,885	23,696	24,926	23,887
	자부담	6,438	11,918	12,546	8,208

담당기관	담당과	담당자	연락처
농림축산식품부	축산정책과	한병윤	044-201-2325
신청시기	'20년도 1분기	사업시행기관	말산업육성전담기관 (한국마사회)
관련자료	2020년 말산업 육성지원사업 시행지침서		

211 유소년 승마단 창단운영 지원

세부사업명	말산업육성지원			세목	자치단체 경상보조
내역사업명	유소년 승마단 창단운영지원			예산 (백만원)	900
사업목적	○ 지속가능 수요창출을 통한 말산업 경쟁력 강화				
사업 주요내용	○ 유소년 승마단 창단 및 운영지원				
국고보조 근거법령	○ 말산업육성법 제17조				
지원자격 및 요건	○ (지원대상) - 창단지원 : 시·도(시.군.구), 승마시설 운영자 - 운영지원 : 기존 유소년 승마단 운영자 (조건) ○ 유소년 승마단 창단 지원 - 시·도(시.군.구), 승마시설 운영자 중 유소년 승마단 창단을 희망하는 자 ○ 유소년 승마단 운영 지원 - 창단일이 1년 이상이고 대회 출전 등 유소년 승마단의 활동 실적이 있는 시·도(시.군.구), 승마시설(승마장) 운영자, 초·중학교에서 운영 중인 승마단 ○ 공통요건 - 승마장 운영자는 사업자등록을 하고「말산업 육성법」에 따른 승마시설 또는「체육시설의 설치.이용에 관한 법률」에 따른 승마장 운영자에 한함				
지원한도	- 유소년 창단 : 개소당 국고 4천만원 한도 - 유소년 운영 : 개소당 국고 1천만원 한도				
재원구성 (%)	국고	50%	지방비 50%	융자	자부담

연도별 재정투입 현황	구 분	2017년	2018년	2019년	2020년
	합 계	2,400	2,400	2,400	1,800
	국 고	1,200	1,200	1,200	900
	지방비	1,200	1,200	1,200	900

(단위 : 백만원)

담당기관	담당과	담당자	연락처
농림축산식품부	축산정책과	한병윤	044-201-2325
신청시기	- '20년도 1분기	사업시행기관	시도, 시군구
관련자료	- 말산업육성지원사업 시행지침서		

212 유청소년 승마센터 건립

세부사업명	말산업육성지원		세목	자치단체 자본보조
내역사업명	유청소년 승마센터 건립		예산 (백만원)	1,415
사업목적	○ 말산업 관련 승마시설 인프라 확충을 통한 승마저변 확대			
사업 주요내용	○ 유청소년 승마교육센터 설치			
국고보조 근거법령	○ 말산업육성법 제17조			
지원자격 및 요건	○ 유청소년 승마교육센터 건립 계획이 수립되어 있는 지자체			
지원한도	- 개소당 최대 국고 5억원			
재원구성 (%)	국고 50% / 지방비 50% / 융자 / 자부담			

연도별 재정투입 현황 (단위: 백만원)

구 분	2017년	2018년	2019년	2020년
합 계		1,000	4,360	2,830
국 고		500	2,180	1,415
지방비		500	2,180	1,415

담당기관	담당과	담당자	연락처
농림축산식품부	축산정책과	한병윤	044-201-2325

신청시기	- '20년도 상반기	사업시행기관	시도, 시군구
관련자료	- 말산업육성지원사업 시행지침서		

213 인공수정용 번식 씨수말 도입

세부사업명	말산업육성지원		세목	자치단체 자본보조
내역사업명	인공수정용 번식 씨수말 도입		예산 (백만원)	144
사업목적	○ 번식용 승용마 도입통한 생산농가 교배 및 인공수정 지원			
사업 주요내용	○ 번식용 승용마 도입			
국고보조 근거법령	○ 말산업육성법 제19조			
지원자격 및 요건	○ 승용마 번식지원을 위한 시설 및 인력 기 확보 또는 계획을 보유한 지자체 (산하기관, 공공승마시설 포함)			
지원한도	- 총 사업비 범위 내 사업자 선정 심사 결과에 따라 차등지원			
재원구성 (%)	국고 80%	지방비 20%	융자	자부담

연도별 재정투입 현황 (단위 : 백만원)

구 분	2017년	2018년	2019년	2020년
합 계	275	180	180	180
국 고	220	144	144	144
지방비	55	36	36	36

담당기관	담당과	담당자	연락처
농림축산식품부	축산정책과	한병윤	044-201-2325

신청시기	- '20년도 1분기	사업시행기관	시도, 시군구
관련자료	- 말산업육성지원사업 시행지침서		

214 전담 연구소 운영 및 통계조사

세부사업명	말산업육성지원		세목	민간경상보조
내역사업명	전담연구소 운영 및 통계조사		예산(백만원)	1,100
사업목적	○ R&D 및 실태조사를 통한 말산업 정책방향 수립			
사업 주요내용	○ 전담연구소 운영, 말산업 실태조사			
국고보조 근거법령	○ 말산업육성법 제6조			
지원자격 및 요건	○ (지원대상) 한국마사회			
지원한도				
재원구성(%)	국고 100%	지방비	융자	자부담

연도별 재정투입 현황 (단위 : 백만원)

구 분	2017년	2018년	2019년	2020년
합 계	950	950	1,100	1,100
국 고	950	950	1,100	1,100

담당기관	담당과	담당자	연락처
농림축산식품부	축산정책과	한병윤	044-201-2325

신청시기	- '20년도 1분기	사업시행기관	말산업육성전담기관 (한국마사회)
관련자료	- 말산업육성지원사업 시행지침서		

215 전담기관 기능 강화

세부사업명	말산업육성지원		세목	민간경상보조
내역사업명	전담기관 기능 강화		예산 (백만원)	350
사업목적	○ 말산업 육성지원 사업 대상자 선정을 위한 전담기관 기능 강화			
사업 주요내용	○ 전담기관 기능 강화, 컨설팅			
국고보조 근거법령	○ 말산업육성법 제9조			
지원자격 및 요건	○ (지원대상) 한국마사회			
지원한도				
재원구성 (%)	국고 100%	지방비	융자	자부담

(단위 : 백만원)

연도별 재정투입 현황	구 분	2017년	2018년	2019년	2020년
	합 계	348	350	350	350
	국 고	348	350	350	350

담당기관	담당과	담당자	연락처
농림축산식품부	축산정책과	한병윤	044-201-2325
신청시기	- '20년도 상반기	사업시행기관	말산업육성전담기관 (마사회)
관련자료	- 말산업육성지원사업 시행지침서		

216 조사료통계관측조사

세부사업명	축산물유통정보실용화		세목	민간경상보조
내역사업명	조사료통계관측조사		예산 (백만원)	78
사업목적	○ 조사료의 생산·유통실태를 조사·관측하여 조사료 사업의 효율적·체계적 관리를 위한 기초자료로 활용			
사업 주요내용	○ 사료작물의 재배면적, 생산량, 생산비, 유통가격 통계조사 및 생산·유통 관측조사			
국고보조 근거법령	○ 축산법 제3조			
지원자격 및 요건	○ 민간경상보조 100%, 조사료 통계관측조사 사업 주관 기관			
지원한도	○ 조사료생산기반확충사업 시행 지침을 준용하여 예산 범위 내 운영			
재원구성 (%)	국고	100	지방비	-	융자	-	자부담	-

연도별 재정투입 계획

(단위 : 백만원)

구 분	2017년	2018년	2019년	2020년
합 계	78	78	78	78
국 고	78	78	78	78

담당기관	담당과	담당자	연락처
농림축산식품부 축산정책국	축산환경자원과	박수연	044-201-2356

신청시기	연초	사업시행기관	시도, 시군구
관련자료	-		

217 종축등록사업지원사업

세부사업명	가축개량지원		세목	민간경상보조
내역사업명	종축등록사업지원		예산 (백만원)	620
사업목적	○ 능력평가대회 및 체형형질 심사를 통해 한우(젖소) 유전능력 개량을 통한 고품질 한우고기 생산방향 제시 및 농가의 자발적 개량참여 유도			
사업 주요내용	○ 능력평가대회 개최비용 일부 지원 ○ 개체정보, 일반외모, 자질 등에 대해 선형심사를 실시한 개체를 보유한 농가에 선형심사비 지원			
국고보조 근거법령	○ 축산법 제3조			
지원자격 및 요건	○ 축산법 제22조에 따라 축산업 허가를 받은 농장 중 사업에서 요구되는 일정 요건을 충족한 농장 등			
지원한도	○ 3,000원/두			

재원구성 (%)	국고	100	지방비	-	융자	-	자부담	-

연도별 재정투입 현황   (단위 : 백만원)

구 분	2017년	2018년	2019년	2020년
합 계	180	180	180	620
보 조	180	180	180	620

담당기관	담당과	담당자	연락처
농림축산식품부	축산경영과	신상훈	044-201-2343

신청시기	매년 1월	사업시행기관	종축개량협회
관련자료			

218 지속 발전을 위한 홍보 강화

세부사업명	말산업육성지원			세목	민간경상보조
내역사업명	지속 발전을 위한 홍보 강화			예산 (백만원)	1,100
사업목적	○ 말산업 홍보, 박람회 등을 통한 지속발전 기반 구축				
사업 주요내용	○ 전략적 홍보, 말산업박람회, 페스티벌 등				
국고보조 근거법령	○ 말산업육성법 제9조				
지원자격 및 요건	○ (지원대상) 한국마사회, 농정원				
지원한도					
재원구성 (%)	국고	100%	지방비	융자	자부담

연도별 재정투입 현황	구 분	2017년	2018년	2019년	2020년
	합 계	1,200	1,000	1,000	1,100
	국 고	1,200	1,000	1,000	1,100

(단위 : 백만원)

담당기관	담당과	담당자	연락처
농림축산식품부	축산정책과	한병윤	044-201-2325

신청시기	- '20년도 상반기	사업시행기관	한국마사회 농정원
관련자료	- 말산업육성지원사업 시행지침서		

219 지자체 승마대회 지원

세부사업명	말산업육성지원		세목	자치단체 경상보조
내역사업명	지자체 승마대회 지원		예산 (백만원)	800
사업목적	○ 축제와 연계한 승마대회 지원으로 승마 붐 조성 및 국민 관심 유도			
사업 주요내용	○ 지자체 공모 승마대회 지원(유소년 승마, 국산 승용마 유통 장려)			
국고보조 근거법령	○ 말산업육성법 제14조, 제19조			
지원자격 및 요건	○ 지자체(국산마 대회, 어린말 대회, 유소년 참가대회, 경매 및 품평회 개최)			
지원한도				
재원구성 (%)	국고 50%	지방비 50%	융자	자부담

(단위 : 백만원)

연도별 재정투입 현황	구 분	2017년	2018년	2019년	2020년
	합 계	1,100	-	1,100	1,600
	국 고	550	-	550	800
	지방비	550	-	550	800

담당기관	담당과	담당자	연락처
농림축산식품부	축산정책과	한병윤	044-201-2325

신청시기	- '20년도 1분기	사업시행기관	시도, 시군구
관련자료	- 말산업육성지원사업 시행지침서		

220 임실치즈 역사문화관

세부사업명	축산물수급관리			세목	자치단체 자본보조
내역사업명	임실치즈 역사문화관			예산 (백만원)	1,000
사업목적	○ 국내 치즈산업 육성과 낙농산업 발전을 위한 치즈 등 유제품의 소비확대 및 가공기술 홍보·보급 등을 위해 임실치즈 역사문화관 건립 지원					
사업 주요내용	○ 임실치즈 역사문화관 건립을 위한 설계비, 건축비 등 지원					
국고보조 근거법령	○ 축산법 제3조, 낙농진흥법 제3조					
지원자격 및 요건	○ 해당 없음					
지원한도	○ 임실치즈 역사문화관 건립을 위해 필요한 경비를 예산범위 내에서 지원					
재원구성 (%)	국고	40	지방비	60	융자	-	자부담	-

연도별 재정투입 현황 (단위 : 백만원)

구 분	2017년	2018년	2019년	2020년
합 계	-	-	-	2,500
국 고	-	-	-	1,000
지방비	-	-	-	1,500

담당기관	담당과	담당자	연락처
농림축산식품부 축산정책국	축산경영과	조성길	044-201-2341
신청시기	연중	사업시행기관	지자체
관련자료			

221 축사시설현대화(민간)

세부사업명	축사시설현대화			세목	민간경상보조
내역사업명	축사시설현대화(민간)			예산 (백만원)	500
사업목적	축사시설현대화사업 성과분석 등 사후관리 체계화				
사업 주요내용	축사시설현대화 사업 사후관리 및 사업개선, 축산표준설계도 개발을 위한 제반비용 지원				
국고보조 근거법령	축산법 제3조(축산발전시책의 강구), 자유무역협정 체결에 따른 농어업인 등의 지원에 관한 특별법 제5조(농어업등의 경쟁력 향상을 위한 지원)				
지원자격 및 요건	농협경제지주				
지원한도	500백만원				
재원구성 (%)	국고	100	지방비	융자	자부담

연도별 재정투입 현황 (단위 : 백만원)

구 분	2017년	2018년	2019년	2020년
합 계	500	500	500	500
국 고	500	500	500	500

담당기관	담당과	담당자	연락처
농림축산식품부 자치단체	축산경영과 축산관련부서	김성구 유미랑	044-201-2336 044-201-2337

신청시기	-	사업시행기관	농협경제지주
관련자료	농림사업정보시스템(AGRIX) 사업시행지침서		

222 축산관련종사자 교육비 및 교육기관 운영비 지원

세부사업명	농업·농촌교육훈련지원		세목	민간경상보조
내역사업명	축산관련종사자 교육비 및 교육기관 운영비 지원		예산(백만원)	2,619
사업목적	○ 축산관련 종사자에게 축산법규, 가축방역, 질병관리, 친환경축산 등을 교육하여 지속가능한 축산업 육성			
사업 주요내용	○ 축산관련 종사자에 대한 의무교육(신규, 보수)의 비용 일부 지원 및 교육기관 운영비 지원			
국고보조 근거법령	○ 「축산법」 제33조의2, 「가축전염예방법」 제17조의3			
지원자격 및 요건	○ 축산법 제22조에 따라 축산업 허가를 받으려는 자 및 받은 자, 가축사육업 등록을 하려는 자 및 등록한 자, 법 제34조의2에 따라 가축거래상인으로 등록을 하려는 자 및 등록한 자, 가축전염병예방법 제17조의 3에 따른 축산차량 소유자 및 운전자			
지원한도	○ 교육비 : 국비 70%, 자부담 30% ○ 교육기관 운영비 국비 100%			

재원구성(%)	국고	70~100	지방비		융자		자부담	30

연도별 재정투입 현황 (단위 : 백만원)

구 분	2017년	2018년	2019년	2020년
합 계	1,816	1,816	1,816	2,619
국 고	1,816	1,816	1,816	2,619

담당기관	담당과	담당자	연락처
농림축산식품부 농협경제지주	축산정책과 축산컨설팅부	박성진 염광일	044-201-2329 02-2080-8526
신청시기	매월(수시)	사업시행기관	농협경제지주
관련자료	축산관련종사자 교육정보시스템(www.farmedu.kr)		

223 축사시설현대화(자치단체, 융자)

세부사업명	축사시설현대화			세목	기타민간 융자금
내역사업명	축사시설현대화(자치단체, 융자)			예산 (백만원)	96,628
사업목적	축사 및 축산시설 현대화를 통한 생산성 향상 및 환경개선으로 축산업 경쟁력 확보 도모				
사업 주요내용	축사 신축 및 개보수, 방역·방제 시설 설치등에 소요되는 비용 지원				
국고보조 근거법령	축산법 제3조(축산발전시책의 강구), 자유무역협정 체결에 따른 농어업인 등의 지원에 관한 특별법 제5조(농어업등의 경쟁력 향상을 위한 지원)				
지원자격 및 요건	축산농가 및 법인				
지원한도	축종별로 다름				
재원구성 (%)	국고	지방비	융자 80	자부담 20	

연도별 재정투입 현황 (단위 : 백만원)

구 분	2017년	2018년	2019년	2020년
합 계	278,136	235,530	223,350	273,910
국 고	16,244	9,744	-	-
융 자	108,265	113,680	113,680	96,628
이차보전	122,500	65,000	65,000	122,500
자부담	31,127	47,106	44,670	54,872

담당기관	담당과	담당자	연락처
농림축산식품부 자치단체	축산경영과 축산관련부서	김성구 유미랑	044-201-2336 044-201-2337
신청시기	-	사업시행기관	자치단체
관련자료	농림사업정보시스템(AGRIX) 사업시행지침서		

224 축산물수급조절협의회운영사업

세부사업명	축산물수급관리		세목	민간경상보조
내역사업명	축산물수급조절협의회운영		예산(백만원)	70
사업목적	○ 축산물 산업발전방안 등에 대한 이해관계자의 의견 수렴			
사업 주요내용	○ 축종별 수급조절협의회 개최 등에 소요되는 비용지원			
국고보조 근거법령	○ 축산법 제3조			
지원자격 및 요건	○ 축종별 수급조절협의회 개최 등에 소요되는 비용지원			
지원한도				
재원구성(%)	국고 100	지방비 -	융자 -	자부담 -

연도별 재정투입 현황 (단위 : 백만원)

구 분	2017년	2018년	2019년	2020년
국 고	70	70	70	70

담당기관	담당과	담당자	연락처
농림축산식품부 축산정책국	축산경영과	안정모	044-201-2335
신청시기	연초	사업시행기관	축산물수급조절협의회
관련자료	축산물수급조절협의회사업 운영지침		

225 축산분야 ICT 융복합 확산사업(민간)

세부사업명	축사시설현대화		세목	민간경상보조
내역사업명	축산분야 ICT 융복합 확산사업(민간)		예산 (백만원)	6,906
사업목적	○ 축산분야 ICT 융복합 확산을 위한 컨설팅., 빅데이터 플랫폼 구축 등			
사업 주요내용	○ 축산분야 ICT 융복합 확산을 위한 컨설팅 지원., 빅데이터 플랫폼 구축 등			
국고보조 근거법령	○ 축산법			
지원자격 및 요건	○ 국고 100%			
지원한도	-			

재원구성 (%)	국고	100%	지방비		융자		자부담	

연도별 재정투입 현황 (단위 : 백만원)

구 분	2017년	2018년	2019년	2020년
합 계	1,050	1,800	7,294	6,906
국 고	1,050	1,800	7,294	6,906

담당기관	담당과	담당자	연락처
농림축산식품부 농림수산식품교육문화정보원	축산경영과 스마트농업지원실 빅데이터실	안정모 정명종 김지훈	044-201-2335 044-861-8763 044-861-8753
신청시기	-	사업시행기관	농림수산식품교육 문화정보원
관련자료	-		

226 축산분야 ICT 융복합지원(자치단체)사업

세부사업명	축사시설현대화			세목	자치단체자본보조
내역사업명	축산분야 ICT 융복합지원(자치단체)			예산(백만원)	36,000
사업목적	○ 축산농가에 ICT융복합 장비를 지원하여 생산비 절감 및 최적의 사양관리 등으로 경쟁력을 강화					
사업 주요내용	○ 외부환경 및 내부환경 모니터링 장비 등 ICT 융복합 시설 장비 및 정보시스템 지원					
국고보조 근거법령	○ 자유무역협정 체결에 따른 농어업인 등의 지원에 관한 특별법 제5조(농어업 등의 경쟁력 향상을 위한 지원), 축산법 제3조(축산발전시책의 강구)					
지원자격 및 요건	○ ICT 융복합 시설 적용이 가능한 양돈, 양계, 낙농, 한우, 오리, 사슴분야 농업경영체					
지원한도	○ 1,000백만원					
재원구성(%)	국고	30	지방비	-	융자	50	자부담	20

연도별 재정투입 계획 (단위 : 백만원)

구 분	2018년	2019년	2020년	2021년 이후
합 계	48,000	64,000	60,000	60,000
국 고	18,000	24,000	36,000	36,000

담당기관	담당과	담당자	연락처
농림축산식품부	축산경영과	안정모	044-201-2335

신청시기	연중	사업시행기관	시도, 시군구
관련자료	-		

227 축산자조금 운영사업

세부사업명	축산자조금				세목		민간경상보조
내역사업명	축산자조금 운영				예산 (백만원)		25,133
사업목적	○ 축산단체의 건전한 자조활동을 통하여 축산업자 및 소비자의 권익을 보호하고 축산업의 안정적발전을 도모						
사업 주요내용	○ 축산물 소비촉진 홍보, 교육 및 정보제공, 수급안정, 조사연구 등						
국고보조 근거법령	○ 축산자조금의 조성 및 운용에 관한 법률 제3조, 제6조, 제25조						
지원자격 및 요건	○ 축종별 자조금관리위원회 및 축산단체						
지원한도	○ 국고보조50%(농가거출금의 100%범위내 매칭지원)						
재원구성 (%)	국고	50	지방비	-	융자	-	자부담	50

연도별 재정투입 계획	구 분	2017년	2018년	2019년	2020년 이후 (단위 : 백만원)
	합 계	52,000	52,000	52,000	50,266
	국 고	26,000	26,000	26,000	25,133
	자부담	26,000	26,000	26,000	25,133

담당기관	담당과	담당자	연락처
농림축산식품부	축산경영과	안정모	044-201-2335
신청시기	당해연도 수시	사업시행기관	축종별 자조금관리위원회
관련자료	축산자조금운영사업 시행지침서 참조		

228 학생승마체험

세부사업명	말산업육성지원			세목	자치단체 경상보조
내역사업명	학생승마체험			예산 (백만원)	7,200
사업목적	○ 지속가능 수요창출을 통한 말산업 경쟁력 강화				
사업 주요내용	○ 초중고생 승마체험 및 재활승마 지원				
국고보조 근거법령	○ 말산업육성법 제17조				
지원자격 및 요건	○ (지원대상) 초·중·고 학생 및 학교 밖 청소년				
지원한도	○ 일반 승마체험 - 기초형 : 30만원(3만원 × 10회) - 자유학기제 승마교실 : 30만원(3만원 × 10회) ○ 사회공익 승마체험 - 생활승마 30만원(3만원 × 10회) - 재활승마 40만원 (4만원 × 10회) ○ 보험가입비 : 2만원				
재원구성 (%)	국고 30%	지방비 40%	융자	자부담	30%

연도별 재정투입 현황 (단위 : 백만원)

구 분	2017년	2018년	2019년	2020년
합 계	13,300	22,901	22,680	22,798
국 고	4,250	7,140	7,140	7,200
지방비	5,450	9,632	9,240	9,300
자부담	3,600	6,129	6,300	6,298

담당기관	담당과	담당자	연락처
농림축산식품부	축산정책과	한병윤	044-201-2325

신청시기	- '20년도 1분기	사업시행기관	시도, 시군구
관련자료	- 말산업육성지원사업 시행지침서		

229 한우젖소개량 경상지원(자치단체)

세부사업명	가축개량지원		세목	자치단체 경상보조
내역사업명	한우젖소개량 경상지원(자치단체)		예산 (백만원)	1051
사업목적	○ 국가단위 능력검정에 공시할 유전능력이 우수한 검정용 수송아지 확보, 고능력씨암소축군 지원 및 우량암소수정란이식을 지원 ○ 희소한우 개량에 필요한 사양비 등 지원			
사업 주요내용	○ 보증씨수소로 선발된 수송아지를 생산한 도 축산관련 연구기관에 개량비 지원 ○ 고능력씨암소축군조성 경상경비 지원 ○ 우량암소수정란이식지원에 소요되는 경상경비 지원			
국고보조 근거법령	○ 축산법 제3조			
지원자격 및 요건	○ 축산법에서 정하는 가축개량기관(도 축산관련연구기관)			
지원한도	○ 한우육종농가(지자체 센터) 선발 씨수소 개량비 : 도 센터 2개소 * 60백만원 ○ 고능력씨암소축군조성 : 도센터 4개소 * 50백만원 ○ 우량암소 수정란 이식 지원 : 9개소 * 57백만원 ○ 희소한우개량지원 : 3개소 * 30백만원			

재원구성 (%)	국고	50	지방비	50	융자		자부담	

연도별 재정투입 현황 (단위 : 백만원)

구 분	2017년	2018년	2019년	2020년
합 계	1,472	1,682	1,862	2,102
보 조	736	841	931	1,051
지방비	736	841	931	1,051

담당기관	담당과	담당자	연락처
농림축산식품부	축산경영과	신상훈	044-201-2343

신청시기	매년 11월	사업시행기관	시도
관련자료			

230 한우젖소개량 자본지원(자치단체)

세부사업명	가축개량지원		세목	자치단체 자본보조
내역사업명	한우젖소개량 자본지원(자치단체)		예산(백만원)	910
사업목적	○ 한우 보증씨수소와 우량암소의 계획교배로 생산한 수정란을 활용하여 유전적 능력이 높은 우수한 송아지를 다량으로 생산·공급			
사업 주요내용	○ 각 도 종축장은 수정란 생산용 우량암소 축군확보(30두) 및 사육시설, 수정란 생산·공급에 필요한 시설 확충			
국고보조 근거법령	○ 축산법 제3조			
지원자격 및 요건	○ 축산법에서 정하는 가축개량기관(도 축산관련연구기관)			
지원한도	○ 수정란이식 우량암소 지원 : 9개소 101백만원			
재원구성(%)	국고 50	지방비 50	융자 -	자부담 -

연도별 재정투입 현황 (단위 : 백만원)

구 분	2017년	2018년	2019년	2020년
합 계	2,874	2,000	2,000	1,940
보 조	1,437	1,000	1,000	910
지방비	1,437	1,000	1,000	910

담당기관	담당과	담당자	연락처
농림축산식품부	축산경영과	신상훈	044-201-2343

신청시기	매년 11월	사업시행기관	시도
관련자료			

231 한우젖소개량지원(민간)

세부사업명	가축개량지원		세목	민간경상보조
내역사업명	한우젖소개량지원(민간)		예산 (백만원)	38,139
사업목적	○ 한우·젖소의 혈통등록, 능력검정, 유전능력평가, 선발 및 계획교배의 반복과정을 거쳐 유전능력이 우수한 보증씨수소를 선발하고, 그 우량정액을 농가에 생산·공급하여 한우·젖소의 생산성 및 농가소득 증대			
사업 주요내용	○ 한우·젖소 보증씨수소 선발을 위한 당후대 송아지 검정비용, 보증씨수소 생산농가 개량장려금, 개량사업 추진에 필요한 운영비, 인건비, 재료비 등 지원 ○ 한우·젖소의 암소검정 등을 통해 참여암소별 능력평가 정보를 제공하여 선발·도태 지원 ○ 농가, 검정원, 전문가 등을 대상으로 가축개량기술 교육			
국고보조 근거법령	○ 축산법 제3조			
지원자격 및 요건	○ 축산법상 한우젖소개량 및 검정기관, 축산법(22조)에 따라 축산업 허가 등록 농가 중 한우육종농가, 검정농가 등에 필요한 일정조건 충족한 농가			
지원한도	○ 사업별 관리 두수 내 정액지원			

재원구성 (%)	국고	100	지방비	-	융자	-	자부담	-

연도별 재정투입 현황

(단위 : 백만원)

구 분	2017년	2018년	2019년	2020년
합 계	34,924	36,784	36,784	38,139
보 조	34,924	36,784	36,784	38,139

담당기관	담당과	담당자	연락처
농림축산식품부	축산경영과	신상훈	044-201-2343
신청시기	매년 1월	사업시행기관	농협경제지주 가축개량원
관련자료			

232 한우젖소개량지원(민간자본)

세부사업명	가축개량지원		세목	민간경상보조
내역사업명	한우젖소개량지원(민간)		예산 (백만원)	300
사업목적	○ 한우·젖소의 혈통등록, 능력검정, 유전능력평가, 선발 및 계획교배의 반복과정을 거쳐 유전능력이 우수한 보증씨수소를 선발하고, 그 우량정액을 농가에 생산·공급하여 한우·젖소의 생산성 및 농가소득 증대			
사업 주요내용	○ 젖소 유성분 분석기 구매			
국고보조 근거법령	○ 축산법 제3조			
지원자격 및 요건	○ 유우군 능력검정기관			
지원한도	○ 사업별 관리 두수 내 정액지원			
재원구성 (%)	국고 100	지방비 -	융자 -	자부담 -

연도별 재정투입 현황

(단위 : 백만원)

구 분	2017년	2018년	2019년	2020년
합 계	-	-	-	300
보 조	-	-	-	300

담당기관	담당과	담당자	연락처
농림축산식품부	축산경영과	신상훈	044-201-2343
신청시기	매년 1월	사업시행기관	농협경제지주 가축개량원
관련자료			

4-2. 생산기반확충

축산분야

233 CCTV 및 방역인프라(양봉)

세부사업명	축사시설현대화 사업		세목	자치단체 자본보조
내역사업명	CCTV 등 방역인프라(말벌퇴치장비 지원)		예산 (백만원)	200
사업목적	○ 말벌 퇴치 장비를 양봉농가에 지원하여 안정적인 양봉업 영위 및 농가소득 증대 유도			
사업 주요내용	○ 양봉농가에 말벌 퇴치장비, 포획장비 등 구입비 지원			
국고보조 근거법령	○ FTA체결에 따른 농어업인 등의 지원에 관한 특별법 제5조(농어업등의 경쟁력 향상을 위한 지원)			
지원자격 및 요건	○ 꿀벌 10군 이상 300군 이하의 양봉 분야 농업경영체			
지원한도	○ 사후관리 기간(3년) 동안 농가당 총 사업비 한도액 : 300만원/호			
재원구성 (%)	국고 30	지방비 30	융자 30	자부담 10

연도별 재정투입 계획 (단위 : 백만원)

구 분	2017년	2018년	2019년	2020년
합 계	-	-	200	200
국 고	-	-	100	100
융 자	-	-	100	100

담당기관	담당과	담당자	연락처
농림축산식품부	축산경영과	김성구 유미랑	044-201-2336 044-201-2337
신청시기	연말 ~ 연초	사업시행기관	지자체
신청시기	농림사업정보시스템(AGRIX) 사업시행지침서		

234 가축분뇨처리사업

세부사업명	가축분뇨처리지원				세목		자치단체경상·자본보조
내역사업명	·가축분뇨 정화시설 지원 ·가축분뇨처리시설 악취저감 지원(277) ·가축분뇨 퇴액비화 지원(278) ·공동자원화 시설 개보수 지원(280) ·공동자원화 에너지화 시설장비 지원(281) ·공동자원화 퇴액비화 시설장비 지원(282) ·마을형 퇴비자원화(283) ·광역축산악취개선사업(284) ·공동자원화 바이오가스연계 시설장비 지원(287) ·부숙도 판정기 지원(289) ·악취측정ICT기계장비(296) ·가축분뇨 퇴비·액비살포비 지원(297,318) ·액비유통전문조직(298) ·액비저장조 지원(299) ·부숙도판정지원(317) ·퇴비유통전문조직(319) ·퇴액비 성분분석기 지원(320)				예산 (백만원)		45,049
사업목적	○ 가축분뇨처리 시설·장비 등 지원으로 가축분뇨를 퇴비·액비·에너지 등으로 자원화하여 자연순환 농업 활성화 및 환경오염 방지						
사업 주요내용	○ 가축분뇨처리를 위한 기존 정화 시설 보수 지원						
국고보조 근거법령	○ 축산법 제3조, 가축분뇨의 관리 및 이용에 관한 법률 제3조, 농어촌발전특별조치법 제5조, 보조금 관리에 관한 법률 제16조 내지 제29조						
지원자격 및 요건	○ 가축분뇨법 제2조에 의한 가축을 사육하는 농가 및 생산자 단체, 농어업경영체법 제2조에 의한 농업법인(영농법인, 농업회사법인)						
지원한도	(단위 : 백만원/톤)						
	공동자원화시설 \ 용량(톤/일)	70	100	150	200	250	300
	퇴액비화 (가축분뇨 1일 70톤 이상 처리)	70	64	56	51	47	43
	에너지화 (1일 70톤 이상 처리하되, 가축분뇨 70%이상 처리)	100	92	81	73	67	62
	바이오가스 연계 (1일 70톤 이상 처리하되, 가축분뇨 70%이상 처리)	54	50	44	40	36	34
	※ 제시되지 않은 용량의 사업비는 직선보간법으로 산정, 백만원 이하 단위 절사 $y = y^1 - \dfrac{(x-x^1)(y^1-y^2)}{(x^2-x^1)}$ x : 당해 시설용량, x^1 : 작은 시설용량, x^2 : 큰 시설용량 y : 당해 사업비, y^1 : 작은 시설용량 단가, y^2 : 큰 시설용량 단가						

(단위 : 백만원/개소)

구 분		돼지	한우	젖소	닭	
					평사	케이지
.개별처리시설	개별농가	500	300		200	
	법인체 등	2,000	800		1,000	
.액비저장조	신규	20(200톤 규모기준, 폭기·교반 시설 포함)				
	개보수	9(200톤 규모기준, 슬러지 제거비용 포함)				
.액비유통전문조직		200(최초 지원시)				
.마을형퇴비자원화		200				
.퇴비.액비살포비		200천원/ha [평가결과에 따라 사업비 차등지원 (평가 결과 등 세부내용 별도 통보)]				
.액비성분분석기		37				
.액비부숙도판정기		30				
.퇴비부숙도판정지원		38				
.휴대용 유해가스측정기		1.2				

재원구성(%)	국고	20~100	지방비	20~50	융자	20~70	자부담	10~30

(단위 : 백만원)

연도별 재정투입 현황	구 분	2017년	2018년	2019년	2020년
	합 계	179,962	153,865	133,606	154,444
	국 고	43,223	36,908	35,050	45,049
	지방비	43,205	39,509	33,162	39,319
	융 자	65,822	55,710	48,295	55,523
	자부담	27,712	21,738	17,099	14,553

담당기관	담당과	담당자	연락처
농림축산식품부 축산환경관리원, 농협경제지주 등	축산환경자원과	사무관 정창남 주무관 박정미	044-201-2357 044-201-2363

신청시기	정기(전년도 3.31.일까지)	사업시행기관	자치단체

관련자료	농림사업정보시스템(AGRIX) 사업시행지침서

235 계란유통센터시설현대화

세부사업명	축산물수급관리	세목	자치단체 자본보조
내역사업명	계란유통센터시설현대화	예산 (백만원)	8,040
사업목적	○ 계란의 유통과 안전관리 구조개선을 위하여 규모화 및 현대화된 계란 유통센터(EPC)를 지원하여 계란 생산·유통 계열화 거점 및 공판장으로 육성		
사업 주요내용	○ 계란의 선별, 세척, 포장, 저장, 출하, 경매, 등급판정 등의 복합기능을 갖춘 유통시설 신축 및 증설(개보수) 지원		
국고보조 근거법령	○ 축산법 제3조(축산발전시책의 강구) 및 제47조(기금의 용도)		
지원자격 및 요건	○ 사업 시행지침에 따른 자격요건을 충족하는 농업법인, 농협, 협동조합 등		
지원한도	○ 신축(2년) 60~100억원, 증설·개보수(1년) 10~30억원		

재원구성 (%)	국고	30	지방비	30	융자	0	자부담	40

연도별 재정투입 현황

(단위 : 백만원)

구 분	2017년	2018년	2019년	2020년
합 계	-	6,000	28,800	26,800
국 고	-	1,800	8,640	8,040
지방비	-	1,800	8,640	8,040
자부담	-	2,400	11,520	10,720

담당기관	담당과	담당자	연락처
농림축산식품부 축산물품질평가원 시도·시군구	축산경영과 평가관리처 축산담당(가금,계란)	유해리 유한상 사무분장에 따름	044-201-2339 044-410-7062

신청시기	정기(전년도 6월까지), 수시	사업시행기관	자치단체
관련자료	농림사업정보시스템(AGRIX) 사업시행지침서		

236 말고기 생산 유통 소비 기반 조성

세부사업명	말산업육성지원		세목	민간경상보조
내역사업명	말고기 생산 유통 소비기반 조성		예산 (백만원)	250
사업목적	○ 말고기 생산 유통 소비기반 조성			
사업 주요내용	○ 말고기 소비촉진 및 호스랜드 조성, 말고기 등급제 등			
국고보조 근거법령	○ 말산업육성법 제10조			
지원자격 및 요건	○ (지원대상) 한국마사회(보조사업자 : 농협경제지주, 축산물품질평가원)			
지원한도	○ 말고기 소비촉진 및 말산업체험교실 운영 2억원 ○ 말고기 품질 고급화 0.5억원			
재원구성 (%)	국고 100% 지방비 　 융자 　 자부담			

연도별 재정투입 현황

(단위 : 백만원)

구 분	2017년	2018년	2019년	2020년
합 계	420	420	420	250
국 고	420	420	420	250

담당기관	담당과	담당자	연락처
농림축산식품부	축산정책과	한병윤	044-201-2325
신청시기	- '20년도 상반기	사업시행기관	농협중앙회 축산물품질평가원
관련자료	- 말산업육성지원사업 시행지침서		

237 산지생태축산농장 조성사업

세부사업명	조사료생산기반확충			세목	자치단체보조 및 민간보조
내역사업명	· 산지생태축산농장 교육·홍보 지원(290) · 산지생태축산농장 기계장비구입 지원(291) · 산지생태축산농장 초지조성 지원(292) · 산지생태축산농장 초지조성부담금 지원(293) · 산지생태축산농장 컨설팅 지원(294)			예산 (백만원)	709
사업목적	○ 유휴 산지(山地)를 활용한 조사료 자급으로 생산비를 절감하고, 친환경축산 및 동물복지축산과의 연계를 통해 지속가능한 축산기반 구축 지원				
사업 주요내용	○ 산지생태축산농장 조성을 위한 초지조성비, 초지조성부담금, 컨설팅비용, 기계·장비구입비, 기반시설 설치비 및 교육·홍보 지원				
국고보조 근거법령	○ 축산법 제3조제1항 및 제2항, 초지법 제13조제1항 및 제2항, 낙농진흥법 제3조제3항, 사료관리법 제3조제1항 및 제3항				
지원자격 및 요건	○ 농업인 :「축산법」제22조에 따라 축산업(가축사육업) 허가를 받은 자 또는 등록한 자 ○ 농업법인 :「농어업.농어촌 및 식품산업 기본법」에 따라 설립된 영농조합법인, 농업회사법인 등 *운영실적이 1년 미만일 경우도 지원 가능 ○ 생산자단체 :「농업협동조합법」에 따라 설립된 지역 농·축·낙협 등 ○ 지방자치단체 등 :「지방자치법」에 제2조에 따른 시.군.구 등 지방자치단체 및 「지방공기업법」에 따른 지방공사 등 지방공기업				
지원한도	○ (초지조성) 30ha기준으로 1ha(10천㎡)당 8,185천원('19년 경운초지 조성단가) 한도 내에서 지원 ○ (초지조성부담금) 1ha당 10,000천원을 기준으로 지원형태(국.공유지와 사유지 구분. 사유지는 기반시설 지원항목에 포함하여 융자 80% 지원)에 따라 지원(1ha 미만은 절사) ○ (컨설팅) 개소당 15,000천원 한도 내에서 지원 ○ (기계·장비) 호당 150,000천원 한도내에서 지원하되, 방목시 필요한 기계·장비는 지자체장이 판단하여 추가지원 가능 ○ (기반시설) 건당 지원한도 없이 총 소요액의 80%까지 융자 지원 ○ (교육·홍보) (재)축산환경관리원이 주관으로 예산 범위 내 시행				

재원구성(%)		국고	지방비	융자	자부담
	초지조성	50	-	50	-
	초지조성부담금	40	30	-	30
	컨설팅	40	30	-	30
	기계·장비	10	30	30	30
	기반시설	-	-	80	20
	교육·홍보	100	-	-	-

연도별 재정투입 현황				(단위 : 백만원)
	연 도	2017년	2018년	2019년	2020년
	예산액	4,950	3,275	709	709

담당기관	담당과	담당자	연락처
농림축산식품부	축산환경자원과	남기헌, 김소연	044-201-2352, 2354

신청시기	매년 1~2월, 수시	사업시행기관	시도, 시군구, 축산환경관리원
관련자료	산지생태축산농장 조성사업 시행지침		

238 소규모 도계장 설치 지원

세부사업명	소규모 도계장 설치 지원	세목	지자체자본보조
내역사업명	소규모 도계장 설치 지원	예산(백만원)	520

사업목적	○ 소규모 도계장 설치지원을 통해 전통시장 등에서 산닭 불법 도축·유통을 방지하여 방역사각지대 해소 및 먹거리 위생 안전성 제고
사업 주요내용	○ 소규모 도계장 설치를 위한 건축비, 도축시설비, 폐수처리시설비 지원
국고보조 근거법령	○ 「축산법」 제3조(축산발전시책의 강구) 및 제47(기금의 용도)
지원자격 및 요건	○ 국고 30%, 지방비 30%, 자부담 40%
지원한도	○ 개소당 104백만원

재원구성(%)	국고	30%	지방비	30%	융자	-	자부담	40%

연도별 재정투입 현황 (단위 : 백만원)

구 분	2017년	2018년	2019년	2020년
합 계	-	1,040	1,040	520
국 고	-	1,040	1,040	520

담당기관	담당과	담당자	연락처
농림축산식품부	축산정책과	정지원	044-201-2323

신청시기	'20년 상반기	사업시행기관	지자체
관련자료	-		

239 조사료생산기반확충사업

세부사업명	조사료생산기반확충		세목	민간경상보조, 자치단체경상보조, 자치단체자본보조
내역사업명	· 조사료 사일리지 제조·운송비 지원 · 조사료 장거리 유통비 지원 · 조사료용 기계·장비 지원 · 조사료용 종자 구입 지원 · 초지조성 및 기반시설 지원 · 가공·유통시설 지원 · 조사료 전문단지 조성		예산 (백만원)	76,592
사업목적	○ 국산 조사료 생산·이용을 활성화하여 생산비 절감 등 축산업 경쟁력 강화			
사업 주요내용	○ 조사료용 기계·장비 및 사일리지 제조비 등 지원을 통해 부존자원 활용 및 양질의 조사료 생산·유통기반 확충 도모			
국고보조 근거법령	○ 축산법 제3조제1항 및 제2항, 초지법 제13조제1항 및 제2항, 낙농진흥법 제3조제3항, 사료관리법 제3조제1항 및 제3항			
지원자격 및 요건	○ 농업인 : 경종농가, 한우·젖소 등 초식가축을 사육하는 축산업등록농가 등 ○ 농업법인 : 농어업·농어촌 및 식품산업기본법에 따라 설립된 영농조합법인, 농업회사법인 등(본 사업에서는 조사료 생산·이용에 참여하는 법인으로서 이하 "경영체"라 한다) - 농업법인(영농조합법인, 농업회사법인)은「농림축산식품분야 재정사업관리 기본규정 제91조 및 별표10의 요건을 갖추어야 함. ○ 생산자단체 : 농업협동조합법에 따라 설립된 지역 농·축·낙협, 한우조합 등 ○ 민법 제32조에 의거 농식품부장관의 허가를 받은 비영리법인			
지원한도	○ 조사료생산기반확충사업 시행 지침을 준용하여 예산 범위 내 운영			

재원구성 (%)	국고	10~50	지방비	30~60	융자	30~100	자부담	10~70

연도별 재정투입 현황	(단위 : 백만원)			
	구 분	2017년	2018년	2019년	2020년
	합 계	104,263	97,093	87,384	83,079
	보 조	81,839	80,435	76,577	76,592
	융 자	22,424	16,658	10,807	6,487

담당기관	담당과	담당자	연락처
농림축산식품부	축산환경자원과	박수연	044-201-2356
신청시기	연중	사업시행기관	시도, 시군구
관련자료	`20년도 조사료생산기반확충사업 시행지침		

240 축산물 직거래 판매장 설치 지원사업

세부사업명	축산물직거래활성화지원	세목	자치단체 자본보조
내역사업명	축산물직거래판매장설치지원	예산 (백만원)	900 (보조·융자 각 1,500)
사업목적	○ 국내산 축산물의 유통단계 축소를 통해 소비자에게 고품질의 축산물을 합리적인 가격으로 공급함으로써 소비기반 확대 및 축산업 경쟁력 제고		
사업 주요내용	○ 식육판매점포(겸업 음식점 포함) 등 축산물직거래판매장 지원		
국고보조 근거법령	○ 「축산법」 제3조		
지원자격 및 요건	○ 한우, 육우 사육을 목적으로 설립한 영농조합법인, 농업회사법인, 농협협동조합법에 따라 설립된 지역조합 및 품목조합 ○ 법인 또는 조합과 직거래 체계(협약 체결)를 구축한 도축장, 협동조합		
지원한도	○ 개소당 6억원(보조 3, 융자 3) 이내		

재원구성 (%)	국고	30	지방비	-	융자	30	자부담	40

연도별 재정투입 현황 (단위 : 백만원)

구 분	2017년	2018년	2019년	2020년
합 계	13,300	10,000	5,000	3,000
국 고	4,000	3,000	1,500	900
융 자	4,000	3,000	1,500	900
자부담	5,300	4,000	2,000	1,200

담당기관	담당과	담당자	연락처
농림축산식품부 자치단체	축산경영과 축산관련과	조재성	044-201-2332

신청시기	정기(전년도 11.15일까지), 수시	사업시행기관	자치단체
관련자료	축산물직거래판매장설치지원사업 시행지침서 참조		

241 친환경퇴비생산시설현대화 지원사업

세부사업명	친환경농자재지원		세목	자치단체경상보조
내역사업명	친환경퇴비생산시설현대화 지원		예산 (백만원)	134,100
사업목적	○ 노후화 된 퇴비 생산시설 개·보수 지원으로 우량비료 생산기반 구축			
사업 주요내용	○ 퇴비생산시설 개보수 및 관리장비 지원			
국고보조 근거법령	○ 가축분뇨의관리및이용에관한법률 제3조(국가·지방자치단체·축산업자의 책무), 농어업·농어촌및식품산업기본법 제34조(농어업 투입재 산업의 육성 및 기계화·시설현대화 촉진) 및 제38조(친환경농어업 등의 촉진)			
지원자격 및 요건	○ 정부지원 가축분퇴비 및 퇴비를 3년 이상 공급하고 최근 3년 동안 비료관리법 위반으로 과징금 또는 영업정지의 행정처분을 받지 않은 업체(단체 등) ○ 광역친환경단지, 경축순환자원화센터 및 축산분뇨처리 등 관련 사업을 최근 3년내 지원받은 업체 배제			
지원한도	-			
재원구성 (%)	국고 20%	지방비 20	융자 30	자부담 30

연도별 재정투입 현황

(단위 : 백만원)

구 분	2017년	2018년	2019년	2020년
합 계	8,400	7,800	7,800	4,200
국 고	1,680	1,560	1,560	840
융 자	2,520	2,340	2,340	1,260
지방비	1,680	1,560	1,560	840
자부담	2,520	2,340	2,340	1,260

담당기관	담당과	담당자	연락처
농림축산식품부 지방자치단체	농기자재정책팀 친환경농업과 등	이창호 비료담당자	044-201-1892
신청시기	'20.1월 중	사업시행기관	지자체
관련자료	-		

4-3. 가격안정 및 유통효율화

축산분야

242 생산자소비자단체협력사업

세부사업명	생산자소비자단체 협력사업		세목	민간경상보조
내역사업명	축산물유통 및 소비촉진제고		예산 (백만원)	860
사업목적	○ 전국단위 소비자단체, 생산자단체 등과 협력하여 축산 관련 시책 및 축산물 소비 관련 홍보·교육·조사 사업 등 수행			
사업 주요내용	○ 우리 축산물의 우수성·안전성에 대한 소비자 인식 제고 및 신뢰 확보, 축산식품 소비촉진 및 합리적 소비생활을 유도하기 위해 전국단위 소비자단체 등과 협력하여 홍보·교육·조사 사업 등 수행			
국고보조 근거법령	○ 「축산법」 제3조(축산발전시책의 강구) 및 제47(기금의 용도)			
지원자격 및 요건	○ 국고 100%			
지원한도	-			

재원구성 (%)	국고	100%	지방비	-	융자	-	자부담	-

(단위 : 백만원)

연도별 재정투입 현황	구 분	2017년	2018년	2019년	2020년
	합 계	860	-	860	860
	국 고	860	-	860	860

담당기관	담당과	담당자	연락처
농림축산식품부	축산정책과	박향숙	044-201-2314
신청시기	-	사업시행기관	소비자시민모임
관련자료	-		

243 송아지생산안정지원사업

세부사업명	축산물수급관리		세목	민간경상보조
내역사업명	송아지생산안정 지원		예산 (백만원)	700
사업목적	○ 가축시장에서 거래되는 송아지 평균거래가격이 보전금 지급 기준에 따라 정한 안정기준가격 보다 떨어질 경우 그 차액을 보전하여 번식농가의 송아지 재생산, 적정사육두수 유지 및 경영안정을 유도			
사업 주요내용	○ 송아지생산안정사업 가입 농가에게 보전금 지급사유 발생 시 보전금 및 관리수수료 지급 등			
국고보조 근거법령	○ 「축산법」제32조(송아지생산안정사업)			
지원자격 및 요건	○ 한우암소 사육농가로서 송아지생산안정 사업 참여 희망자(법인포함)			
지원한도	○ 농가 보전금 지급사유 발생 시 보전금 한도내에서 지원			
재원구성 (%)	국고 100	지방비	융자	자부담

(단위 : 백만원)

연도별 재정투입 계획	구 분	2016년	2017년	2018년	2019년
	합 계	2,468	1,850	1,850	1,850
	국 고	1,318	700	700	700
	지방비	575	575	575	575
	자부담	575	575	575	575

담당기관	담당과	담당자	연락처
농림축산식품부 농협경제지주	축산경영과 축산지원부	조재성 박철진	044-201-2332 02-2080-6553

신청시기	정기(매년 5.31일까지)	사업시행기관	농협경제지주
관련자료	농림사업정보시스템(AGRIX) 사업시행지침서		

244 우수 축산물브랜드 인증

세부사업명	우수 축산물 브랜드 인증		세목	민간경상보조
내역사업명	축산물유통 및 소비촉진제고		예산 (백만원)	190
사업목적	○ 소비자가 요구하는 위생적이고 안전한 고품질 축산물 생산·유통을 위한 우수 축산물 브랜드 인증·홍보			
사업 주요내용	○ 인증사업 : 인증위원회 및 현지실사단 구성·운영, 사업설명회·워크샵·발표회 개최, 인증 브랜드 선정, 인증 브랜드 사후관리, 인증사업 평가 및 개선, 모니터링, 홍보 등 ○ 인증홍보 : 축산물브랜드종합정보서비스, 인증 브랜드 책자 인쇄 및 배포 등			
국고보조 근거법령	○ 「축산법」 제3조(축산발전시책의 강구) 및 제47(기금의 용도)			
지원자격 및 요건	○ 국고 100%			
지원한도	-			
재원구성 (%)	국고 100%	지방비 -	융자 -	자부담 -

연도별 재정투입 현황
(단위 : 백만원)

구 분	2017년	2018년	2019년	2020년
합 계	190	-	190	190
국 고	190	-	190	190

담당기관	담당과	담당자	연락처
농림축산식품부	축산경영과	황호훈	044-201-2333
신청시기	-	사업시행기관	소비자시민모임
관련자료	-		

245 축산물 거래증명 통합시스템

세부사업명	축산물유통정보실용화		세목	민간경상보조
내역사업명	축산물 거래증명 통합시스템		예산 (백만원)	292
사업목적	○ 축산물의 품질·인증·위생 등의 정보를 통합·연계하여, 9종의 거래증명서류를 1종으로 간소화하여 유통업계의 서류관리비용 절감으로 유통효율화			
사업 주요내용	○ 거래증명 통합시스템 유지·관리·연계 및 유지보수 등에 필요한 경비 지원			
국고보조 근거법령	○ 「축산법」 제3조(축산발전시책의 강구) 및 제47(기금의 용도), 제36조(축산물품질평가원)			
지원자격 및 요건	○ 국고 100%			
지원한도	-			

재원구성 (%)	국고	100%	지방비	-	융자	-	자부담	-

연도별 재정투입 현황 (단위 : 백만원)

구 분	2017년	2018년	2019년	2020년
합 계	-	-	150	292
국 고	-	-	150	292

담당기관	담당과	담당자	연락처
농림축산식품부	축산정책과	정지원	044-201-2323

신청시기	-	사업시행기관	축산물품질평가원
관련자료	-		

246 축산물등급판정 운영

세부사업명	축산물품질관리			세목	민간경상보조
내역사업명	축산물등급판정 운영			예산 (백만원)	15,052
사업목적	○ 국내산 축산물의 품질향상, 유통 원활화, 가축개량 촉진				
사업 주요내용	○ 국내산 축산물 등급판정에 소요되는 인건비, 기본경비 지원				
국고보조 근거법령	○ 「축산법」 제35조(축산물의 등급판정) 및 제36조(축산물품질평가원)				
지원자격 및 요건	○ 등급판정에 소요되는 인건비·기본 경비 중 자부담(등급판정수수료)을 제외한 경비 지원(국고 100%)				
지원한도	-				
재원구성 (%)	국고 100%	지방비 -	융자 -	자부담	-

연도별 재정투입 현황 (단위 : 백만원)

구 분	2017년	2018년	2019년	2020년
합 계	23,367	24,435	25,430	26,032
국 고	12,799	14,115	14,716	15,052
자부담	10,568	10,320	10,714	11,250

담당기관	담당과	담당자	연락처
농림축산식품부	축산정책과	정지원	044-201-2323
신청시기	-	사업시행기관	축산물품질평가원
관련자료	-		

247 축산물등급판정 장비 지원

세부사업명	축산물품질관리	세목	민간자본보조
내역사업명	축산물등급판정 장비 지원	예산(백만원)	2,507

사업목적	○ 국내산 축산물의 품질향상, 유통 원활화, 가축개량 촉진
사업 주요내용	○ 국내산 축산물의 등급판정에 소요되는 장비 등 구입 지원
국고보조 근거법령	○ 「축산법」 제35조(축산물의 등급판정) 및 제36조(축산물품질평가원)
지원자격 및 요건	○ 국고 100%
지원한도	-

재원구성(%)	국고	100%	지방비	-	융자	-	자부담	-

연도별 재정투입 현황 (단위 : 백만원)

구 분	2017년	2018년	2019년	2020년
합 계	421	2,581	2,587	2,507
국 고	421	2,581	2,587	2,507

담당기관	담당과	담당자	연락처
농림축산식품부	축산정책과	정지원	044-201-2323

신청시기	-	사업시행기관	축산물품질평가원
관련자료	-		

248 축산물브랜드 경진대회 및 전시

세부사업명	축산물 브랜드 경진대회 및 전시	세목	민간경상보조
내역사업명	축산물유통 및 소비촉진제고	예산(백만원)	434
사업목적	○ 우수 브랜드 축산물의 소비자 인지도 향상 및 경영체간 경쟁유도를 통한 고품질 차별화 촉진		
사업 주요내용	○ 축산물브랜드 경진대회 : 지자체 추천 우수 브랜드 발굴·육성·홍보, 브랜드 경진위원회 운영, 평가기준 마련 및 현지실사단 심사·평가 ○ 축산물브랜드 전시회 : 개.폐막식, 브랜드 전시·홍보 및 소비자 평가, 축산물 시식회 등 기타 및 부대행사 비용 일부 지원		
국고보조 근거법령	○ 「축산법」 제3조(축산발전시책의 강구) 및 제47(기금의 용도)		
지원자격 및 요건	○ 국고 100%		
지원한도	-		

재원구성(%)	국고	100%	지방비	-	융자	-	자부담	-

연도별 재정투입 현황 (단위 : 백만원)

구 분	2017년	2018년	2019년	2020년
합 계	434	-	434	434
국 고	434	-	434	434

담당기관	담당과	담당자	연락처
농림축산식품부	축산경영과	황호훈	044-201-2333

신청시기	-	사업시행기관	농협경제지주, 소비자시민모임
관련자료	-		

249 축산물브랜드 교육

세부사업명	축산물 브랜드 교육			세목	민간경상보조
내역사업명	축산물유통 및 소비촉진제고			예산 (백만원)	20
사업목적	○ 축산물브랜드 지원사업 평가 우수 경영체 시상, 브랜드 경영체 임직원 및 지자체 담당자 대상 교육 및 연찬회 개최					
사업 주요내용	○ 축산물브랜드 경진대회, 지원사업 평가, 실속형 축산물 BEST 10 등 선정 브랜드 경영체 시상, 브랜드 경영체 임직원 및 시도·사업담당자 브랜드 교육, 우수 경영체 사례 발표, 브랜드 연찬회 개최 비용 일부 지원					
국고보조 근거법령	○ 「축산법」 제3조(축산발전시책의 강구) 및 제47(기금의 용도)					
지원자격 및 요건	○ 국고 100%					
지원한도	-					
재원구성 (%)	국고	100%	지방비	-	융자	-	자부담	-

연도별 재정투입 현황 (단위 : 백만원)

구 분	2017년	2018년	2019년	2020년
합 계	20	-	20	20
국 고	20	-	20	20

담당기관	담당과	담당자	연락처
농림축산식품부	축산경영과	황호훈	044-201-2333
신청시기	-	사업시행기관	농협경제지주
관련자료	-		

250 축산물유통정보조사

세부사업명	축산물유통정보실용화			세목	민간경상보조
내역사업명	축산물유통정보조사			예산(백만원)	2,411
사업목적	○ 축산물 유통구조를 합리적으로 개선하고 유통현안 발생시 신속한 대응을 위해 주요 가축 및 축산물의 산지, 도매, 소매, 판매단계 가격정보 등 수집					
사업 주요내용	○ 주요 가축 및 축산물의 유통경로, 유통비용, 유통가격 등 조사에 소요되는 경비 지원					
국고보조 근거법령	○ 「축산법」 제3조(축산발전시책의 강구) 및 제47(기금의 용도), 제36조(축산물품질평가원)					
지원자격 및 요건	○ 국고 100%					
지원한도	-					

재원구성(%)	국고	100%	지방비	-	융자	-	자부담	-

연도별 재정투입 현황 (단위: 백만원)

구 분	2017년	2018년	2019년	2020년
합 계	685	1,494	1,503	2,411
국 고	685	1,494	1,503	2,411

담당기관	담당과	담당자	연락처
농림축산식품부	축산정책과	정지원	044-201-2323
신청시기	-	사업시행기관	축산물품질평가원, 농협경제지주
관련자료	-		

251 축산물유통정보조사(자본보조)

세부사업명	축산물유통정보실용화			세목	민간자본보조
내역사업명	축산물유통정보조사(자본보조)			예산 (백만원)	67
사업목적	○ 축산물 유통구조를 합리적으로 개선하고 유통현안 발생시 신속한 대응을 위해 주요 가축 및 축산물의 산지, 도매, 소매, 판매단계 가격정보 등 수집				
사업 주요내용	○ 주요 가축 및 축산물의 유통경로, 유통비용, 유통가격 등 조사에 소요되는 장비 등 구입 지원				
국고보조 근거법령	○ 「축산법」 제3조(축산발전시책의 강구) 및 제47(기금의 용도), 제36조(축산물품질평가원)				
지원자격 및 요건	○ 국고 100%				
지원한도	-				
재원구성 (%)	국고 100%	지방비 -	융자 -	자부담 -	

(단위 : 백만원)

연도별 재정투입 현황	구 분	2017년	2018년	2019년	2020년
	합 계	-	782	-	67
	국 고	-	782	-	67

담당기관	담당과	담당자	연락처
농림축산식품부	축산정책과	정지원	044-201-2323
신청시기	-	사업시행기관	축산물품질평가원
관련자료	-		

252 친환경축산직불사업

세부사업명	친환경농업직불(공익형직불제)		세목	민간경상보조
내역사업명	친환경축산직불		예산 (백만원)	1,585
사업목적	○ 친환경축산 실천 농업인에게 초기 소득 감소분 및 생산비 차이를 보전함으로써 친환경축산의 확산을 도모하고, 환경보전을 통한 지속가능한 축산기반 구축			
사업 주요내용	○ 신청일 현재 HACCP농장인증을 받은 자 중에서 친환경축산물 인증(유기)을 받은 농업인에게 직불금 지급			
국고보조 근거법령	○ 축산법 제3조(축산발전시책의 강구) 농산물의 생산자를 위한 직접지불제도 시행규정 제23조의2~제23조의8			
지원자격 및 요건	○ HACCP 농장인증과 친환경축산물 인증을 받아 관리기관 등의 이행점검 결과 당해연도 기간 중 인증 취소 등의 처분을 받지 아니한 자 - 동일 농장에 대하여 친환경인증을 받은 자의 가족 또는 동업자 명의로 HACCP 인증을 받은 농가 중 관리기관으로부터 인증 취소 등의 처분을 받지 아니한 자			
지원한도	○ 농가당 연간 지급한도액 : 3천만원 -「산지생태축산농장 조성사업 시행지침」에 따라 산지생태축산농장으로 지정된 농장(지정서 발급)은 보조금 지원액의 20%를 가산하여 지급하되, 지정기간이 보조금 지급기간('19. 11. 1. ~ '20. 10. 31.) 보다 짧을 경우 지정기간 안에 출하된 물량에 대해서만 20%를 가산함(보조금 지급 시점에 지정이 유효할 필요는 없음) * 최종 지급액 산정 시 천원단위 미만은 절사			
재원구성 (%)	국고	100	지방비	-	융자	-	자부담	-

연도별 재정투입 계획				(단위 : 백만원)
구 분	2017년	2018년	2019년	2020년
합 계	91,975	17,153	15,665	1,585
국 고	91,975	17,153	15,665	1,585

담당기관	담당과	담당자	연락처
농림축산식품부	축산환경자원과	과 장 박홍식 사무관 남기헌 주무관 김소연	044-201-2351 044-201-2352 044-201-2354
국립농산물품질관리원	농업경영정보과	과 장 권혁일 사무관 최동철 주무관 배승호	054-429-4071 054-429-4072 054-429-4079
친환경 민간인증기관		인증담당자	
신청시기	매년 별도 공지	사업시행기관	농산물품질관리원
관련자료	친환경축산직불사업 시행지침서 참조		

253 학교우유급식 지원

세부사업명	축산물수급관리		세목	자치단체경상보조, 민간경상보조
내역사업명	학교우유급식 지원		예산 (백만원)	37,256
사업목적	○ 학교우유급식을 통한 성장기 학생들에게 필요한 영양소를 공급하여 건강을 증진시키고 우유소비 기반 확대를 통한 낙농산업 발전			
사업 주요내용	○ 국민기초생활수급자 등 가정환경이 어려운 학생들에게 학교우유급식 지원 ○ 학교우유급식 입찰, 계약, 공급, 정산 등 집행과정을 통합 관리하는 지원시스템 개발 및 운영 지원			
국고보조 근거법령	○ 축산법 제3조, 낙농진흥법 제3조			
지원자격 및 요건	○ 국민기초생활수급자, 차상위계층, 한부모가족, 특수교육대상자 등 가정환경이 어려운 학생들에게 우유급식 지원			
지원한도	○ 학교우유급식 지원을 위해 필요한 경비를 예산범위 내에서 지원			
재원구성 (%)	국고	60	지방비	40	융자	-	자부담	-

(단위 : 백만원)

연도별 재정투입 현황	구 분	2017년	2018년	2019년	2020년
	합 계	61,705	61,705	61,705	61,945
	국 고	37,016	37,016	37,016	37,256*
	지방비	24,689	24,689	24,689	24,689

* 학교우유급식 지원시스템 240백만원 포함

담당기관	담당과	담당자	연락처
농림축산식품부 축산정책국	축산경영과	조성길	044-201-2341
신청시기	연중	사업시행기관	시도, 시군구, 교육청, 학교
관련자료			

4-4. 축산물안전관리

축산분야

254 GMP 컨설팅 지원

세부사업명	동물용의약품산업종합지원		세목	자치단체경상보조
내역사업명	GMP 컨설팅 지원		예산(백만원)	100
사업목적	○ 동물용의약품(의료기기) 제조업체에 국제적 수준의 우수제조기준(GMP) 적용을 위한 전문 컨설팅을 지원하여 고품질 우수제품 생산을 통한 농가보호 등 축산업 발전 기여 및 수출 촉진 도모			
사업 주요내용	○ 국제기구(WHO, PIC/S 등) 수출국가별(EU, 미국, 일본 등) GMP 기준관련, GMP 적용 현장교육 및 컨설팅			
국고보조 근거법령	○ 축산법 제3조			
지원자격 및 요건	○「동물용 의약품등 취급규칙」제4조에 따른 동물용의약품 제조업체 - 수출국가의 GMP 적용요건에 따라 컨설팅을 받고자 하는 업체 - 동물약품 품질향상 및 수출을 위해 국제 수준 및 국내 GMP 선진화 기준(안)에 부합한 제조시설 운영개선, 제조 및 품질관리 기술교육 필요 업체			
재원구성(%)	국고 40	지방비 30	융자 0	자부담 30

연도별 재정투입 계획	구 분	2017년	2018년	2019년	2020년
	합 계	-	250	250	250
	국 고	-	100	100	100
	지방비	-	75	75	75
	자부담	-	75	75	75

(단위 : 백만원)

담당기관	담당과	담당자	연락처
농림축산식품부/방역정책국	조류인플루엔자방역과	김영규 하준일	044-201-2561 044-201-2562
신청시기	정기(당해연도 1~2월), 수시	사업시행기관	시도, 시군구
관련자료			

255 가축매몰지 관리·소멸

세부사업명	가축사체처리지원		세목	자치단체경상보조
내역사업명	가축매몰지 관리·소멸		예산(백만원)	10,146
사업목적	○ (발굴·복원)환경오염 우려가 있는 매몰지를 발굴·복원 처리하여 민원 해소 및 매몰지에 대한 국민인식 개선 ○ (사후관리) 관리기간이 경과하였거나 관리중인 매몰지 관리·정비 및 소규모 매몰지 발굴, 현장조사 실시를 통한 매몰지 환경관리 강화			
사업 주요내용	○ (발굴·복원) 매몰지 발굴 및 잔존물처리, 토양복원, 주변 등 환경정리, 부대비용 지원 ○ (사후관리) 매몰지 비가림·배수로 등 정비, 주위 소독, 사체분해 확인, 소규모 매몰지 발굴·소멸, 현장조사 등 관리비용 지원			
국고보조 근거법령	○ 가축전염병예방법 제 3조, 제 50조			
지원자격 및 요건	○ (발굴·복원) 최근 5년동안 매몰지 발굴 복원 실적이 있거나 연구 실적이 있으며, 매몰지 발굴 후 잔존물을 적정처리할 수 있는 시설 및 인력을 보유·운영하는 업체			
지원한도	-			

재원구성(%)	국고	40%	지방비	60%	융자		자부담	

연도별 재정투입 현황 (단위 : 백만원)

구 분	2017년	2018년	2019년	2020년
합 계	-	-	-	25,365
국 고	-	-	-	10,146
지방비	-	-	-	15,219

담당기관	담당과	담당자	연락처
농림축산식품부	조류인플루엔자방역과	정재균 도상욱	044-201-2558 044-201-2559

신청시기	연중	사업시행기관	농림축산식품부
관련자료			

256 가축위생방역지원본부 방역장비 구입지원사업

세부사업명	가축위생방역지원			세목	민간자본보조
내역사업명	가축위생방역지원본부 방역장비 구입지원			예산(백만원)	776
사업목적	○ 가축위생방역지원본부 방역장비 구입 지원을 통하여 가축전염병 발생 및 확산 방지로 축산농가 경제적 손실방지 및 경쟁력 제고				
사업 주요내용	○ 가축위생방역지원본부 자산취득비 지원(방역장비, 차량 등 구입지원)				
국고보조 근거법령	○ 가축전염병예방법 제9조(가축위생방역지원본부)				
지원자격 및 요건	○ 국비 100%				
지원한도	해당없음				
재원구성(%)	국고 100	지방비 -	융자 -	자부담	-

연도별 재정투입 현황 (단위: 백만원)

구 분	2017년	2018년	2019년	2020년
합 계	1,505	548	1,589	776
국 고	1,505	548	1,589	776

담당기관	담당과	담당자	연락처
농림축산식품부	방역정책과	박순홍	044-201-2518

신청시기	전년도 4분기	사업시행기관	가축위생방역지원본부
관련자료	-		

257. 가축위생방역지원본부 방역직 인건비 지원사업

세부사업명	가축위생방역지원		세목	자치단체 경상보조
내역사업명	가축위생방역지원본부 방역직 인건비 지원		예산 (백만원)	12,634
사업목적	○ 가축위생방역지원본부 방역직 인건비 지원을 통하여 가축전염병 발생 및 확산방지로 축산농가 경제적 손실방지 및 경쟁력 제고			
사업 주요내용	○ 가축위생방역지원본부 방역직 인건비 지원			
국고보조 근거법령	○ 가축전염병예방법 제9조(가축위생방역지원본부)			
지원자격 및 요건	○ 국비 60%, 지방비 40%			
지원한도	해당없음			

재원구성(%)	국고	60	지방비	40	융자	-	자부담	-

연도별 재정투입 현황 (단위 : 백만원)

구 분	2017년	2018년	2019년	2020년
합 계	12,718	14,225	14,931	21,057
국 고	7,631	8,535	8,959	12,634
지방비	5,087	5,690	5,972	8,423

담당기관	담당과	담당자	연락처
농림축산식품부	방역정책과	박순홍	044-201-2518

신청시기	전년도 4분기	사업시행기관	가축위생방역지원본부
관련자료	-		

258 가축위생방역지원본부 운영비 지원사업

세부사업명	가축위생방역지원			세목	민간경상보조
내역사업명	가축위생방역지원본부 운영비 지원			예산(백만원)	31,053
사업목적	○ 가축위생방역지원본부 운영비 지원을 통하여 가축전염병 발생 및 확산방지로 축산농가 경제적 손실방지 및 경쟁력 제고				
사업 주요내용	○ 가축위생방역지원본부 운영비 지원(인건비, 운영비, 전화예찰사업, 가축질병 근절사업)				
국고보조 근거법령	○ 가축전염병예방법 제9조(가축위생방역지원본부)				
지원자격 및 요건	○ 국비 100%				
지원한도	해당없음				
재원구성(%)	국고 100	지방비 -		융자 -	자부담 -

연도별 재정투입 현황 (단위 : 백만원)

구 분	2017년	2018년	2019년	2020년
합 계	22,874	25,789	27,287	31,053
국 고	22,874	25,789	27,287	31,053

담당기관	담당과	담당자	연락처
농림축산식품부	방역정책과	박순홍	044-201-2518

신청시기	전년도 4분기	사업시행기관	가축위생방역지원본부
관련자료	-		

259 가축질병 예방 및 검진 약품 구입 등 지원(경상)

세부사업명	시도가축방역		세목	자치단체 경상보조
내역사업명	가축질병 예방 및 검진 약품 구입 등 지원		예산 (백만원)	76,786
사업목적	○ 구제역·고병원성 조류인플루엔자 등 가축전염병의 발생 및 확산방지를 위해 소요되는 예방·검진약품 지원 및 산가금방역, 축산차량 관리 등 지원			
사업 주요내용	○ 가축질병 발생 예방을 위한 예방·검진약품 등 지원			
국고보조 근거법령	○ 가축전염병 예방법 제50조			
지원자격 및 요건	○ 국고 25~97%, 지방비 3~70%, 자부담 0~50%			
지원한도	-			

재원구성 (%)	국고	25~97	지방비	3~70	융자		자부담	0~50

연도별 재정투입 현황 (단위 : 백만원)

구 분	2017년	2018년	2019년	2020년
합 계	161,388	217,459	214,616	148,278
국 고	92,619	114,776	113,314	76,786
지방비	68,769	102,683	101,302	71,492

담당기관	담당과	담당자	연락처
농림축산식품부	방역정책과	박진경	044-201-2521

신청시기	연중	사업시행기관	지자체
관련자료	2020년 가축방역 사업 실시요령		

260 공동방제단 운영사업

세부사업명	가축위생방역지원				세목	자치단체 경상보조	
내역사업명	공동방제단 운영				예산 (백만원)	13,987	
사업목적	○ 지역축협 공동방제단 인건비 및 운영비 지원을 통하여 가축전염병 발생 및 확산방지로 축산농가 경제적 손실방지 및 경쟁력 제고						
사업 주요내용	○ 공동방제단 인건비, 운영비 지원						
국고보조 근거법령	○ 축산법 제3조(축산발전시책의 강구)						
지원자격 및 요건	○ 국비 50%, 지방비 50%						
지원한도	해당없음						
재원구성 (%)	국고	50	지방비	50	융자	-	자부담	-

연도별 재정투입 현황 (단위 : 백만원)

구 분	2017년	2018년	2019년	2020년
합 계	20,158	26,258	27,586	27,974
국 고	10,079	13,129	13,793	13,987
지방비	10,079	13,129	13,793	13,987

담당기관	담당과	담당자	연락처
농림축산식품부	방역정책과	박순홍	044-201-2518
신청시기	수시	사업시행기관	지자체, 농(축)협
관련자료	-		

261 구제역 예방백신 지원

세부사업명	가축백신지원		세목	자치단체 경상보조
내역사업명	구제역 예방백신 지원		예산 (백만원)	51,699
사업목적	○ 방역기관에 구제역 예방 및 수의사를 동원한 접종 시술비 지원을 통하여 구제역 발생 및 확산방지로 축산농가의 경제적 손실방지 및 경쟁력 제고			
사업 주요내용	○ 구제역 발생 예방을 위한 예방백신, 접종 시술비 등 지원			
국고보조 근거법령	○ 가축전염병예방법 제50조(비용의 지원 등)			
지원자격 및 요건	○ 국고 35~70%, 지방비 15~50%, 자부담 0~50%			
지원한도	해당없음			

재원구성 (%)	국고	35~70%	지방비	15~50%	융자	-	자부담	0~50%

연도별 재정투입 현황 (단위 : 백만원)

구 분	2017년	2018년	2019년	2020년
합 계	-	-	-	51,699
국 고	-	-	-	51,699

담당기관	담당과	담당자	연락처
농림축산식품부	방역정책국 구제역방역과	김수지	044-201-2540

신청시기	연 중	사업시행기관	시 도
관련자료	2020년 가축방역 및 축산물안전 사업실시요령		

262 농가실태조사

세부사업명	축산물 허용물질 목록제도 지원		세목	민간경상보조
내역사업명	농가실태조사		예산 (백만원)	330
사업목적	○ 축산물 허용물질목록제도 시행에 대비하여 축산농가의 동물용의약품 사용실태 등을 조사함으로서 미흡점 파악 및 개선방안 마련의 기초자료로 활용			
사업 주요내용	○ 가축 사육농가(11,000호)를 개별 방문하여 사육현황, 질병발생상황, 동물약품 사용·처방현황, 약품수요 등을 파악하고, 그 결과를 동물약품 확충, 안전사용기준 마련 등의 기초자료로 활용			
국고보조 근거법령	○ 축산법 제3조			
지원자격 및 요건	○ 가축위생방역지원본부			
지원한도	○ 국비 100%			

재원구성 (%)	국고	100	지방비	-	융자	-	자부담	-

연도별 재정투입 계획 (단위 : 백만원)

구 분	2017년	2018년	2019년	2020년
합 계	-	-	-	330
국 고	-	-	-	330

담당기관	담당과	담당자	연락처
농림축산식품부/방역정책국	조류인플루엔자방역과	김영규 하준일	044-201-2561 044-201-2562
신청시기	1~2월	사업시행기관	가축위생방역 지원본부
관련자료			

263 도축검사원 인건비 지원사업

세부사업명	도축검사운영		세목	자치단체 경상보조
내역사업명	도축검사원 인건비 지원		예산 (백만원)	10,274
사업목적	○ 도축검사 강화 등을 통해 인수공통전염병등 위해요소 사전 차단으로 소비자에게 안전한 축산물 공급을 위해 도축장 검사인력 운영과 관련된 인건비 지원			
사업 주요내용	○ 전국 도축장의 위생관리를 위하여 도축검사 업무를 지원하는 검사원 배치에 소요되는 인건비 지원			
국고보조 근거법령	○ 축산물 위생관리법 제14조, 제40조, 축산법 제3조			
지원자격 및 요건	○ 국고 60%, 지방비 40%			
지원한도	-			
재원구성 (%)	국고 60%	지방비 40%	융자	자부담

연도별 재정투입 현황 (단위 : 백만원)

구 분	2017년	2018년	2019년	2020년
합 계	14,458	15,058	16,243	17,123
국 고	8,675	9,035	9,746	10,274
지방비	5,783	6,023	6,497	6,849

담당기관	담당과	담당자	연락처
농림축산식품부 유통소비정책관실	농축산물위생품질관리팀	이병용 사무관 강호성 주무관	044-201-2975 044-201-2976
신청시기 -		사업시행기관	시·도, 가축위생방역지원본부
관련자료 -			

264 도축검사원 운영비 지원사업

세부사업명	도축검사운영		세목	민간경상보조
내역사업명	도축검사원 운영비 지원		예산 (백만원)	1,905
사업목적	○ 도축검사 강화 등을 통해 인수공통전염병등 위해요소 사전 차단으로 소비자에게 안전한 축산물 공급을 위해 도축장 검사, 위생관리 인력 운영 등과 관련된 경비 지원			
사업 주요내용	○ 전국 도축장의 위생관리를 위하여 도축검사 업무를 지원하는 검사원 배치에 소요되는 운영비 지원			
국고보조 근거법령	○ 축산물 위생관리법 제14조, 제40조, 축산법 제3조			
지원자격 및 요건	○ 국고 100%			
지원한도	-			

재원구성 (%)	국고	100%	지방비		융자		자부담	

연도별 재정투입 현황 (단위 : 백만원)

구 분	2017년	2018년	2019년	2020년
합 계	1,741	1,741	1,963	1,905
국 고	1,741	1,741	1,963	1,905

담당기관	담당과	담당자	연락처
농림축산식품부 유통소비정책관실	농축산물위생품질관리팀	이병용 사무관 강호성 주무관	044-201-2975 044-201-2976
신청시기	-	사업시행기관	가축위생방역지원본부
관련자료	-		

265 동물용의약품 교육 및 홍보

세부사업명	동물용의약품산업종합지원		세목	민간경상보조
내역사업명	동물용의약품 교육 및 홍보		예산 (백만원)	20
사업목적	○ 동물용의약품 정보교류 및 무역 불균형 해소 등을 위한 정부 관계관 회의 및 세미나 등 포럼 개최를 통한 수출확대			
사업 주요내용	○ 국제 동물약품 정보교류, 수출품목 등록 진행점검회의, 구제역, AI 등 방역 기술협력, 동물약품 등록 규정 및 시장정보 등 포럼개최			
국고보조 근거법령	○ 축산법 제3조			
지원자격 및 요건	○ 동물용의약품 제조(수출) 관련 협회			
지원한도	○ 내역사업 예산 범위 내			
재원구성 (%)	국고 100	지방비	융자	자부담

연도별 재정투입 계획 (단위 : 백만원)

구 분	2017년	2018년	2019년	2020년
합 계	30	20	20	20
국 고	30	20	20	20

담당기관	담당과	담당자	연락처
농림축산식품부/방역정책국	조류인플루엔자방역과	김영규 하준일	044-201-2561 044-201-2562

신청시기	수시	사업시행기관	(사)한국동물약품협회
관련자료	-		

266 동물용의약품 수출시장개척지원

세부사업명	동물용의약품산업종합지원		세목	민간경상보조
내역사업명	동물용의약품 수출시장개척지원		예산 (백만원)	600
사업목적	○ 해외전시회 참가, 시장개척단, 국가 간 네트워크 구축을 통하여 해외바이어와의 접촉 기회를 증대하여 해외 수출판로 개척 및 홍보를 통한 국내 동물용의약품 수출확대			
사업 주요내용	○ 해외전시회 참여에 소요되는 부스임차료, 장치비, 참가경비 등 ○ 해외 동물용의약품 현지시장조사, 바이어발굴, 상담회 개최 등을 위한 제반 경비 ○ 외국어 브로셔제작 등 홍보비, 외국어홈페이지 제작, 홍보동영상 제작 ○ 수출대상국 인·허가 담당 공무원 초청 워크숍 개최 비용 등			
국고보조 근거법령	○ 축산법 제3조			
지원자격 및 요건	○ 동물용의약품 제조(수출) 관련 협회			
지원한도	○ 내내역 사업별 예산 범위 내			

재원구성 (%)	국고	70~100	지방비	-	융자	-	자부담	0~30

연도별 재정투입 계획 (단위 : 백만원)

구 분	2017년	2018년	2019년	2020년
합 계	895	895	895	895
국 고	600	600	600	600
자부담	295	295	295	295

담당기관	담당과	담당자	연락처
농림축산식품부/방역정책국	조류인플루엔자방역과	김영규 하준일	044-201-2561 044-201-2562

신청시기	1~2월	사업시행기관	(사)한국동물약품협회
관련자료	-		

267 동물용의약품 효능·안전성 평가센터 구축사업

세부사업명	동물용의약품산업종합지원		세목	지자체자본보조
내역사업명	동물용의약품 효능·안전성 평가센터 구축사업		예산(백만원)	500
사업목적	○ 동물용의약품 산업의 연구개발 능력 향상과 신약, 새로운 진단치료예방법 개발을 위한 효능·안전성 평가센터 구축			
사업 주요내용	○ 동물용의약품 허가 및 수출 시 필요한 효능·안전성 시험성적의 신뢰성 확보를 위해 우수실험시설운영기준(GLP)을 갖춘 전문 시험실시 기관 건립 - 동물실 및 구역별 공기차단시스템이 구비된 밀폐형 동물실험시설 - 동물용의약품 및 의약외품 평가를 위한 동물실험용 전문 연구시설 - 동물의약품관련 기업을 위한 축종별 전문 동물실험시설 제공 및 기업 맞춤형 평가기술 지원 시설			
국고보조 근거법령	○ 축산법 제3조			
지원자격 및 요건	○ 시·도 (지자체)			
지원한도	○ 예산범위 내 총 사업비의 50% 지원			

재원구성(%)	국고	50	지방비	50	융자	-	자부담	-

연도별 재정투입 계획 (단위 : 백만원)

구 분	2017년	2018년	2019년	2020년
합 계	-	-	-	1,000
국 고	-	-	-	500
지방비	-	-	-	500

담당기관	담당과	담당자	연락처
농림축산식품부/방역정책국	조류인플루엔자방역과	김영규 하준일	044-201-2561 044-201-2562

신청시기	1~2월	사업시행기관	시·도
관련자료	-		

268 가축백신지원

세부사업명	가축백신지원		세목	민간 경상보조
내역사업명	말 예방백신 등 지원		예산 (백만원)	1,910
사업목적	○ 전국 단위의 체계적인 국내 말 방역체계 구축을 통해 전염병 발생으로부터 말 산업을 보호하고 안정적인 육성 기반을 조성			
사업 주요내용	○ 국내 말 방역체계 구축을 위해 예방백신, 말 전염성 질병 모니터링 등에 소요되는 예산을 매년 마사회 등에 지원하여 방역 추진			
국고보조 근거법령	○ 가축전염병예방법 제50조(비용의 지원 등)			
지원자격 및 요건	○ 국고 100%			
지원한도	해당없음			
재원구성 (%)	국고 100% 지방비 - 융자 - 자부담 -			

연도별 재정투입 현황
(단위 : 백만원)

구 분	2017년	2018년	2019년	2020년
합 계	-	-	-	1,910
국 고	-	-	-	1,910

담당기관	담당과	담당자	연락처
농림축산식품부	방역정책국 구제역방역과	김수지	044-201-2540

신청시기	연 중	사업시행기관	마사회
관련자료	2018년 가축방역 및 축산물안전 사업실시요령		

269 방역차량 및 질병 검사장비 등 지원(자본)

세부사업명	시도가축방역		세목	자치단체 자본보조
내역사업명	방역차량 및 질병 검사장비 등 지원		예산 (백만원)	14,166
사업목적	○ 구제역·고병원성 조류인플루엔자 등 가축전염병의 발생 및 확산방지를 위한 방역장비, 시설 설치 등 지원			
사업 주요내용	○ 가축질병 방역사업 추진을 위해 필요한 방역차량 및 질병 검사장비 등 지원			
국고보조 근거법령	○ 가축전염병 예방법 제50조			
지원자격 및 요건	○ 국고 50%, 지방비 50%			
지원한도	-			
재원구성 (%)	국고 50	지방비 50	융자	자부담

연도별 재정투입 현황 (단위 : 백만원)

구 분	2017년	2018년	2019년	2020년
합 계	18,203	24,364	23,358	28,332
국 고	9,099	12,179	11,179	14,166
지방비	9,104	12,185	12,179	14,166

담당기관	담당과	담당자	연락처
농림축산식품부	방역정책과	박진경	044-201-2521

신청시기	연중	사업시행기관	지자체
관련자료	2020년 가축방역 사업 실시요령		

270 살처분가축처리 시설·장비 지원

세부사업명	가축사체처리지원		세목	자치단체자본보조
내역사업명	살처분가축처리 시설·장비 지원		예산 (백만원)	5,250
사업목적	○ 가축전염병으로 살처분한 가축을 매몰하지 않고 사체를 처리하여 환경오염 예방 및 자원 재활용			
사업 주요내용	○ (살처분가축처리시설 지원) 살처분가축의 친환경적 처리를 위한 고정식랜더링 시설 등 신증축 비용 지원 ○ (살처분가축 이동식처리장비 등 지원) 살처분가축 처리를 위한 이동식 열처리장비 등 지원			
국고보조 근거법령	○ 가축전염병예방법 제 3조, 제 50조			
지원자격 및 요건	○ (살처분가축처리시설 지원) 살처분가축 처리시설 자부담(전체 사업비용의 40%)이 가능하고, 건물 및 주변 환경시설 설치에 필요한 자본을 소유하고 있는 자 ○ (살처분가축 이동식처리장비 등 지원) 살처분 가축 또는 매몰지 잔존물을 직접 처리하고자 하는 지자체, 생산자단체 또는 농업법인 등			
지원한도	-			

재원구성 (%)	국고	30%	지방비	30%	융자		자부담	40%

연도별 재정투입 현황 (단위 : 백만원)

구 분	2017년	2018년	2019년	2020년
합 계	-	-	-	17,500
국 고	-	-	-	5,250
지방비	-	-	-	5,250
자부담	-	-	-	7,000

담당기관	담당과	담당자	연락처
농림축산식품부	조류인플루엔자방역과	정재균 도상욱	044-201-2558 044-201-2559

신청시기	연중	사업시행기관	농림축산식품부
관련자료			

271 살처분 보상금

세부사업명	살처분보상금			세목	자치단체 경상보조
내역사업명	살처분보상금			예산 (백만원)	75,000
사업목적	○ 가축전염병 발생 등으로 인한 축산농가의 경제적 손실 보상				
사업 주요내용	○ 살처분 명령에 의해 매몰, 폐기, 소각 되는 가축 및 그 생산물, 물건 등에 대해 보상				
국고보조 근거법령	○ 「가축전염병 예방법」 제48조				
지원자격 및 요건	○ 살처분보상금 : 국비 80% 지방비 20% ※ 기립불능우 폐기보상금의 경우 국비 100%				
지원한도	○ 살처분(폐기) 가축 및 오염물건의 평가액 전액 보상 (다만, 구제역·AI 등 발생, 방역조치 미이행 등 별도 기준에 따라 감액)				
재원구성 (%)	국고	80	지방비 20	융자	자부담

연도별 재정투입 현황 (단위 : 백만원)

구 분	2017년	2018년	2019년	2020년
합 계	50,000	50,000	75,000	93,750
국 고	40,000	40,000	60,000	75,000
지방비	10,000	10,000	15,000	18,750

담당기관	담당과	담당자	연락처
농림축산식품부	구제역방역과	김영민 박해성	044-201-2541 044-201-2544

신청시기	수시	사업시행기관	자치단체
관련자료	-		

272 수의사 보수교육 등 지원(민간경상)

세부사업명	시도가축방역			세목	민간경상보조
내역사업명	수의사 보수교육 등 지원			예산(백만원)	1,183
사업목적	○ 수의사 자질향상을 통한 양질의 진료서비스 제공으로 가축질병 발생으로 인한 축산농가 피해 최소화				
사업 주요내용	○ 수의사 보수교육비 등 지원				
국고보조 근거법령	○ 수의사법 제34조				
지원자격 및 요건	○ 국고50~100%, 자부담 0~50%				
지원한도	-				
재원구성(%)	국고 50~100	지방비	융자	자부담	0~50

연도별 재정투입 현황 (단위 : 백만원)

구 분	2017년	2018년	2019년	2020년
합 계	3,221	2,683	2,683	1,348
국 고	3,056	2,593	2,593	1,183
자부담	165	90	90	165

담당기관	담당과	담당자	연락처
농림축산식품부	방역정책과	박진경	044-201-2521
신청시기	연중	사업시행기관	대한수의사회, 한국수의학교육인증원
관련자료	2020년 가축방역 사업 실시요령		

273 수출혁신품목 육성

세부사업명	동물용의약품산업종합지원		세목	지자체경상보조
내역사업명	수출혁신품목 육성		예산 (백만원)	800
사업목적	○ 동물용의약품 제조(수출)업체별 핵심 기술에 근거한 특화 품목을 수출혁신품목으로 육성하여 동물용의약품 수출경쟁력 확보			
사업 주요내용	○ 사업대상자의 기존 허가 품목 중 수출 혁신품목으로 육성하는데 소요되는 1) 시험인증(임상, 비임상, 성능), 2) 해외제품등록(등록비, 번역비, 컨설팅 등), 3) 산업재산권 출헌, 4) 수출국 국내 현지실사 비용 지원			
국고보조 근거법령	○ 축산법 제3조			
지원자격 및 요건	「동물용 의약품등 취급규칙」 제4조에 따른 동물용의약(외)품 또는 동물용의료기기 제조(수출)업체 등			
지원한도	○ 품목당 2억원 한도			

재원구성 (%)	국고	40	지방비	30	융자	-	자부담	30

연도별 재정투입 계획 (단위 : 백만원)

구 분	2017년	2018년	2019년	2020년
합 계	-	-	-	2,000
국 고	-	-	-	800
지방비	-	-	-	600
자부담	-	-	-	600

담당기관	담당과	담당자	연락처
농림축산식품부/방역정책국	조류인플루엔자방역과	김영규 하준일	044-201-2561 044-201-2562
신청시기	1~2월	사업시행기관	시도, 시군구
관련자료	-		

274 동물용의약품 수출업체 운영 지원

세부사업명	동물용의약품산업종합지원(융자)		세목	민간융자금
내역사업명	동물용의약품 수출업체 운영 지원		예산 (백만원)	4,000
사업목적	○ 동물용의약품 제조(수출)업체에 대한 운영자금 지원으로 산업경쟁력 강화 및 수출활성화			
사업 주요내용	○ 해외 수출용 동물용의약(외)품 및 동물용의료기기 제조를 위한 원료 구입비 등 운영자금 지원			
국고보조 근거법령	○ 축산법 제3조			
지원자격 및 요건	○ 「동물용 의약품등 취급규칙」 제4조에 따른 동물용의약(외)품 또는 동물용의료기기 수출업체			
지원한도	○ 개소당 20억원 이내			

재원구성 (%)	국고		지방비		융자	100	자부담	

연도별 재정투입 계획	(단위 : 백만원)				
	구 분	2017년	2018년	2019년	2020년
	합 계	2,000	1,000	1,000	4,000
	융 자	2,000	1,000	1,000	4,000

담당기관	담당과	담당자	연락처
농림축산식품부/방역정책국	조류인플루엔자방역과	김영규 하준일	044-201-2561 044-201-2562
신청시기	1~2월	사업시행기관	시도, 시군구
관련자료	-		

275 동물용의약품 제조시설지원

세부사업명	동물용의약품산업종합지원(융자)	세목	민간융자금
내역사업명	동물용의약품 제조시설지원	예산 (백만원)	16,010
사업목적	○ 동물용의약품등 생산시설 신축 및 개보수 지원을 통한 산업경쟁력 강화		
사업 주요내용	○ 동물용의약품등 우수제조시설(GMP) 및 시험(연구)시설 신규 설치 또는 개보수를 위한 건물, 장비 등 시설비 지원 - 동물용 의약(외)품 또는 의료기기 제조(시험, 연구)시설 신축 또는 개보수 시 필요한 자금(건축물, 시설, 기구, 장비 등) 지원		
국고보조 근거법령	○ 축산법 제3조		
지원자격 및 요건	○ 「동물용 의약품등 취급규칙」 제4조에 따른 동물용의약(외)품 또는 동물용의료기기 제조업체 ○ 동물용의약(외)품 또는 동물용의료기기 제조업을 하기 위해 「동물용 의약품등 취급규칙」 제4조 또는 제9조에 따른 자격 및 요건을 갖춘 업체		
지원한도	내역사업 예산 범위 내		

재원구성(%)	국고	지방비	융자	70	자부담	30

연도별 재정투입 계획 (단위 : 백만원)

구 분	2017년	2018년	2019년	2020년
합 계	9,700	29,147	12,873	22,871
융 자	6,790	20,403	9,011	16,010
자부담	2,910	8,744	3,862	6,861

담당기관	담당과	담당자	연락처
농림축산식품부/방역정책국	조류인플루엔자방역과	김영규 하준일	044-201-2561 044-201-2562

신청시기	1~2월	사업시행기관	시도, 시군구
관련자료	-		

276 잔류성 시험·분석

세부사업명	축산물 허용물질 목록제도 지원		세목	민간경상보조
내역사업명	잔류성 시험·분석		예산 (백만원)	1,467
사업목적	○ 축산물 허용물질목록제도 시행에 대비, 잔류성 시험분석을 실시하여 동물용의약품 안전사용기준 및 축산물 잔류허용기준 개정 및 신설로 축산물 안전성 확보			
사업 주요내용	○ 시험·검사기관에 국내 허가 동물용 의약품/의약외품 중 안전사용기준 미설정 품목('20년 22품목 예정)에 대한 잔류성 시험을 위탁 수행토록 보조 - 가축위생방역지원본부에서 민간 시험검사기관에 위탁 수행			
국고보조 근거법령	○ 축산법 제3조			
지원자격 및 요건	○ 가축위생방역지원본부			
지원한도	○ 국비 100%			

재원구성 (%)	국고	100	지방비	-	융자	-	자부담	-

연도별 재정투입 계획 (단위 : 백만원)

구 분	2017년	2018년	2019년	2020년
합 계	-	-	-	1,467
국 고	-	-	-	1,467

담당기관	담당과	담당자	연락처
농림축산식품부/방역정책국	조류인플루엔자방역과	김영규 하준일	044-201-2561 044-201-2562
신청시기	1~2월	사업시행기관	가축위생방역 지원본부
관련자료	-		

277 지역축협 소독차량 지원(민간자본)

세부사업명	시도가축방역		세목	민간자본보조
내역사업명	지역축협 소독차량 지원		예산 (백만원)	160
사업목적	○ 민간 방역기관인 지역축협에 소독차량 교체 지원을 통하여 가축전염병 예방 및 확산방지 지원			
사업 주요내용	○ 민간 방역기관인 지역 축협에 대한 소독차량 교체 지원			
국고보조 근거법령	○ 가축전염병 예방법 제50조			
지원자격 및 요건	○ 국고 50%, 자부담 50%			
지원한도	-			

재원구성 (%)	국고	50	지방비		융자		자부담	50

연도별 재정투입 현황 (단위 : 백만원)

구 분	2017년	2018년	2019년	2020년
합 계	600	600	400	320
국 고	300	300	200	160
지방비	300	300	200	160

담당기관	담당과	담당자	연락처
농림축산식품부	방역정책과	박진경	044-201-2521

신청시기	연중	사업시행기관	농협경제지주
관련자료	2020년 가축방역 사업 실시요령		

278 축산물HACCP 조사, 평가, 교육, 세미나, 홍보사업

세부사업명	축산물HACCP지원		세목	민간경상보조
내역사업명	축산물HACCP 조사, 평가, 교육, 세미나, 홍보		예산 (백만원)	210
사업목적	○ 농장에서 식탁까지(Farm-to-Table) 일관된 축산물HACCP 적용 식품망(food-chain)을 구축하기 위하여 축산농장 등에 대한 HACCP 전문 컨설팅 및 현장 기술지도 지원			
사업 주요내용	○ HACCP 사업추진을 위한 조사, 평가, 교육, 세미나, 홍보			
국고보조 근거법령	○ 축산물 위생관리법 제40조, 축산법 제3조			
지원자격 및 요건	○ 국고 100%			
지원한도	○ 만족도 조사, 평가, 교육, 세미나 20백만원 ○ 홍보 30백만원 ○ 도축장, 집유장 평가 160백만원			
재원구성(%)	국고 100	지방비	융자	자부담

연도별 재정투입 계획 (단위: 백만원)

구 분	2017년	2018년	2019년	2020년
합 계	50	210	210	210
국 고	50	210	210	210

담당기관	담당과	담당자	연락처
농림축산식품부	농축산물위생품질관리팀	최준민	044-201-2977

신청시기	수시	사업시행기관	한국식품안전관리인증원
관련자료	축산물 HACCP 컨설팅지원 사업 시행지침(생산단계)		

279 축산물HACCP 현장 기술지도사업

세부사업명	축산물HACCP지원		세목	민간경상보조
내역사업명	축산물HACCP 현장 기술지도		예산 (백만원)	320
사업목적	○ 농장에서 식탁까지(Farm-to-Table) 일관된 축산물HACCP 적용 식품망(food-chain)을 구축하기 위하여 축산농장 등에 대한 HACCP 전문 컨설팅 및 현장 기술지도 지원			
사업 주요내용	○ 기존 인증 농장 및 집유장, 도축장 중 운용능력이 부족한 경우 운용능력을 제고할 수 있도록 현장 기술지도 지원			
국고보조 근거법령	○ 축산물 위생관리법 제40조, 축산법 제3조			
지원자격 및 요건	○ 국고 100%			
지원한도	○ 개소 당 1회 방문 시 40만원(농장) 또는 60만원(도축장·집유장) 이내			
재원구성 (%)	국고	100	지방비	융자	자부담

연도별 재정투입 계획	구 분	2017년	2018년	2019년	2020년
	합 계	320	320	320	320
	국 고	320	320	320	320

(단위 : 백만원)

담당기관	담당과	담당자	연락처
농림축산식품부	농축산물위생품질관리팀	최준민	044-201-2977
신청시기	수시	사업시행기관	한국식품안전관리인증원
관련자료	축산물 HACCP 컨설팅지원 사업 시행지침(생산단계)		

280 축산물HACCP컨설팅사업

세부사업명	축산물HACCP지원			세목	자치단체경상보조
내역사업명	축산물HACCP컨설팅			예산 (백만원)	1,120
사업목적	○ 농장에서 식탁까지(Farm-to-Table) 일관된 축산물HACCP 적용 식품망(food-chain)을 구축하기 위하여 축산농장 등에 대한 HACCP 전문 컨설팅 및 현장 기술지도 지원				
사업 주요내용	○ HACCP 인증 희망 농장, 집유장, 도축장 대상 전문 컨설팅 지원				
국고보조 근거법령	○ 축산물 위생관리법 제40조, 축산법 제3조				
지원자격 및 요건	○ 국고 40%, 지방비 30%, 자부담 30%				
지원한도	○ 개소당 5백만원 ~ 12백만원(국비 40%, 지방비 30%, 자부담 30%)				
재원구성 (%)	국고	40	지방비	30	융자		자부담	30

| 연도별
재정투입
계획 | (단위 : 백만원) |

구 분	2017년	2018년	2019년	2020년
합 계	3,200	1,120	1,120	1,120
국 고	1,280	1,120	1,120	1,120
지방비	960	840	840	840
자부담	960	840	840	840

담당기관	담당과	담당자	연락처
농림축산식품부	농축산물위생품질관리팀	최준민	044-201-2977
신청시기	수시	사업시행기관	시도
관련자료	축산물 HACCP 컨설팅지원 사업 시행지침(생산단계)		

281 축산물위생검사기관 검사장비구입 지원사업

세부사업명	도축검사운영		세목	자치단체 자본보조
내역사업명	축산물위생검사기관 검사장비구입 지원		예산 (백만원)	6,454
사업목적	○ 생산단계 축산물(식육·원유·식용란 등)에 대한 안전성 검사 추진을 위한 축산물검사장비 구입 예산 지원			
사업 주요내용	○ 시·도 축산물위생검사기관에 생산단계 축산물 안전성 검사장비 등 지원			
국고보조 근거법령	○ 축산물 위생관리법 제14조, 제40조, 축산법 제3조			
지원자격 및 요건	○ 국고 40%, 지방비 60%			
지원한도	-			

재원구성 (%)	국고	40%	지방비	60%	융자		자부담	

(단위 : 백만원)

연도별 재정투입 현황	구 분	2017년	2018년	2019년	2020년
	합 계	2,800	10,667	3,143	16,135
	국 고	1,680	6,400	1,886	6,454
	지방비	1,120	4,267	1,257	9,681

담당기관	담당과	담당자	연락처
농림축산식품부 유통소비정책관실	농축산물위생품질관리팀	이병용 사무관 강호성 주무관	044-201-2975 044-201-2976
신청시기	-	사업시행기관	시·도
관련자료	-		

282 축산물위생검사기관 운영비 지원사업

세부사업명	도축검사운영			세목	자치단체 경상보조
내역사업명	축산물위생검사기관 운영비 지원			예산 (백만원)	2,922
사업목적	○ 생산단계 축산물(식육·원유·식용란 등)에 대한 안전성 검사 추진을 위한 축산물위생검사기관 운영에 필요한 경비 지원				
사업 주요내용	○ 시·도 축산물위생검사기관에 생산단계 축산물 안전성 검사비 지원				
국고보조 근거법령	○ 축산물 위생관리법 제14조, 제40조, 축산법 제3조				
지원자격 및 요건	○ 국고 40%, 지방비 60%				
지원한도	-				
재원구성 (%)	국고 40%	지방비 60%	융자		자부담

연도별 재정투입 현황 (단위 : 백만원)

구 분	2017년	2018년	2019년	2020년
합 계	1,120	3,440	4,027	7,305
국 고	672	2,064	2,416	2,922
지방비	448	1,376	1,611	4,383

담당기관	담당과	담당자	연락처
농림축산식품부 유통소비정책관실	농축산물위생품질관리팀	이병용 사무관 강호성 주무관	044-201-2975 044-201-2976
신청시기	-	사업시행기관	시·도
관련자료	-		

283 축산물위생관리인력 교육 지원사업

세부사업명	도축검사운영		세목	민간경상보조
내역사업명	축산물위생관리인력 교육 지원		예산 (백만원)	650
사업목적	○ 도축검사 인력의 전문성 제고를 위해 도축검사를 수행하는 검사관 및 검사원에 대한 교육 관련 필요 경비를 지원			
사업 주요내용	○ 도축검사관, 검사원, 책임수의사 등 축산물위생관리인력 교육			
국고보조 근거법령	○ 축산물 위생관리법 제14조, 제40조, 축산법 제3조			
지원자격 및 요건	○ 국고 100%			
지원한도	-			

재원구성 (%)	국고	100%	지방비		융자		자부담	

연도별 재정투입 현황	구 분	2017년	2018년	2019년	2020년 (단위 : 백만원)
	합 계	650	650	650	650
	국 고	650	650	650	650

담당기관	담당과	담당자	연락처
농림축산식품부 유통소비정책관실	농축산물위생품질관리팀	이병용 사무관 강호성 주무관	044-201-2975 044-201-2976
신청시기	-	사업시행기관	가축위생방역지원본부, 농협 축산물위생교육원
관련자료	-		

284 축산물이력관리 장비 지원(민간)

세부사업명	축산물품질관리			세목	민간자본보조
내역사업명	축산물이력관리 장비 지원(민간)			예산 (백만원)	260
사업목적	○ 소, 돼지, 닭, 오리, 계란의 사육단계부터 도축, 포장처리 및 판매까지의 이력 정보를 기록·관리하여, 필요시 그 이력정보의 추적을 통해 방역 등의 효율성을 도모하고, 유통경로의 투명성을 확보함으로써, 국내산 축산물에 대한 소비자 신뢰 제고				
사업 주요내용	○ 축산물이력관리 등에 필요한 장비 구입 지원				
국고보조 근거법령	○ 「가축 및 축산물 이력관리에 관한 법률」 제30조(권한의 위임·위탁 등), 제31조(비용의 지원 등)				
지원자격 및 요건	○ 국고 100%				
지원한도	-				
재원구성 (%)	국고	100%	지방비	-	융자	-	자부담	-

연도별 재정투입 현황 (단위 : 백만원)

구 분	2017년	2018년	2019년	2020년
합 계	123	641	294	260
국 고	123	641	294	260

담당기관	담당과	담당자	연락처
농림축산식품부	축산경영과	권병운	044-201-2347

신청시기	-	사업시행기관	축산물품질평가원
관련자료	-		

285 축산물이력관리 지원(민간)

세부사업명	축산물품질관리		세목	민간경상보조
내역사업명	축산물이력관리 지원(민간)		예산 (백만원)	22,730
사업목적	○ 소, 돼지, 닭, 오리, 계란의 사육단계부터 도축, 포장처리 및 판매까지의 이력정보를 기록·관리하여, 필요시 그 이력정보의 추적을 통해 방역 등의 효율성을 도모하고, 유통경로의 투명성을 확보함으로써, 국내산 축산물에 대한 소비자 신뢰 제고			
사업 주요내용	○ 가축 및 축산물 이력관리에 필요한 귀표 구입, 가축및축산물식별대장 작성·관리, 이력관리시스템 운영 및 DNA동일성검사 등에 필요한 경비 지원			
국고보조 근거법령	○ 「가축 및 축산물 이력관리에 관한 법률」 제30조(권한의 위임·위탁 등), 제31조(비용의 지원 등)			
지원자격 및 요건	○ 국고 100%			
지원한도	-			

재원구성 (%)	국고	100%	지방비	-	융자	-	자부담	-

연도별 재정투입 현황	(단위 : 백만원)				
	구 분	2017년	2018년	2019년	2020년
	합 계	14,797	18,195	20,038	22,730
	국 고	14,797	18,195	20,038	22,730

담당기관	담당과	담당자	연락처
농림축산식품부	축산경영과	권병운	044-201-2347
신청시기	-	사업시행기관	축산물품질평가원, 농협경제지주, 한국종축개량협회
관련자료	-		

286 축산물이력관리 지원(자치단체)

세부사업명	축산물품질관리			세목	지자체 경상보조
내역사업명	축산물이력관리 지원(자치단체)			예산 (백만원)	4,017
사업목적	○ 소, 돼지, 닭, 오리, 계란의 사육단계부터 도축, 포장처리 및 판매까지의 이력정보를 기록·관리하여, 필요시 그 이력정보의 추적을 통해 방역 등의 효율성을 도모하고, 유통경로의 투명성을 확보함으로써, 국내산 축산물에 대한 소비자 신뢰 제고					
사업 주요내용	○ 소 이력관리에 필요한 귀표 부착, DNA동일성검사 등에 필요한 경비 지원				
국고보조 근거법령	○「가축 및 축산물 이력관리에 관한 법률」제30조(권한의 위임·위탁 등), 제31조(비용의 지원 등)				
지원자격 및 요건	○ 국고 50%, 지방비 50%				
지원한도	-				

재원구성 (%)	국고	50%	지방비	50%	융자	-	자부담	-

연도별 재정투입 현황 (단위 : 백만원)

구 분	2017년	2018년	2019년	2020년
합 계	9,198	8,464	8,238	8,034
국 고	4,599	4,232	4,119	4,017
지방비	4,599	4,232	4,119	4,017

담당기관	담당과	담당자	연락처
농림축산식품부	축산경영과	권병운	044-201-2347
신청시기	-	사업시행기관	지방자치단체
관련자료	-		

287 축산업정보통합관리시스템

세부사업명	축산물품질관리		세목	민간경상보조
내역사업명	축산업정보통합관리시스템		예산 (백만원)	2,603
사업목적	○ '개별법률'에 따라 농식품부 및 산하 각 기관별로 관리 중인 축산업 관련 정보 연계·통합·활용으로 축산정책 등의 업무 효율성 및 공공서비스 제고			
사업 주요내용	○ '개별법률'에 따라 관리 중인 축산업 관련 정보 통합·관리로 축산정책·방역·환경 분야의 공공서비스 가치 창출 유도 - 축산정보 표준화 및 통합·관리·활용을 위해 축산업정보통합관리시스템 구축에 소요되는 경비 지원			
국고보조 근거법령	○ 「축산법」 제22조의(축산업의 허가 등에 관한 정보의 통합 활용)			
지원자격 및 요건	○ 국고 100%			
지원한도	-			

재원구성 (%)	국고	100%	지방비	-	융자	-	자부담	-

연도별 재정투입 현황 (단위 : 백만원)

구 분	2017년	2018년	2019년	2020년
합 계	-	-	-	2,603
국 고	-	-	-	2,603

담당기관	담당과	담당자	연락처
농림축산식품부	축산경영과	권병운	044-201-2347

신청시기	-	사업시행기관	축산물품질평가원
관련자료	-		

4-5. 동물복지

축산분야

288 동물보호 및 복지 교육·홍보

세부사업명	동물보호 및 복지대책		세목	민간경상보조
내역사업명	동물보호 및 복지 교육 홍보		예산 (백만원)	1,814
사업목적	○ 「동물보호법」 개정('19.3.21. 시행) 등 빠르게 변화되는 동물보호·복지 정책에 대한 교육·홍보를 효율적으로 시행			
사업 주요내용	○ 초등학생 대상 동물보호교육, 동물등록제 및 동물보호 홍보캠페인, 동물보호 및 복지 상담센터 운영, 동물보호문화축제, 영업자 및 동물보호명예감시원·맹견소유자 온라인 교육, 동물보호명예감시원·지자체 공무원 워크숍 등			
국고보조 근거법령	○ 「동물보호법」 제4조(국가·지방자치단체 및 국민의 의무)			
지원자격 및 요건	○ 농림수산식품교육문화정보원* * 「농업농촌 및 식품산업 기본법」 제11조의2 제4항 「동물판매업자 등의 교육기관 지정」(농식품부 고시 제2018-94호) 「맹견 소유자 정기교육 교육기관 지정」(농식품부 고시 제2019-20호)			
지원한도	2020년 국비 1,814백만원			

재원구성 (%)	국고	100% (단, 동물보호 문화축제는 국비 50%)	지방비		융자		자부담	

연도별 재정투입 현황 (단위 : 백만원)

구 분	2017년	2018년	2019년	2020년
합 계	905	1,205	1,913	1,914
국 고	805	1,105	1,813	1,814
지방비	100	100	100	100

담당기관	담당과	담당자	연락처
농림축산식품부	동물복지정책팀	김정원 사무관	044-201-2377
신청시기	-	사업시행 기관	농림수산식품교육 문화정보원
관련자료	2020년 사업추진 기본계획		

289 길고양이 중성화 수술지원

세부사업명	동물보호 및 복지대책		세목	자치단체 경상보조
내역사업명	길고양이 중성화 수술 지원		예산 (백만원)	1,140
사업목적	○ 공중위생 위해방지를 위해 길고양이의 개체수 조절 지원			
사업 주요내용	○ 길고양이 포획, 중성화 수술, 방사 등에 소요되는 비용 지원			
국고보조 근거법령	○ 「동물보호법」 제4조(국가·지방자치단체 및 국민의 의무)			
지원자격 및 요건	○ 길고양이 중성화사업을 실시하는 시·도 또는 시·군·구			
지원한도	○ 2020년 국비 1,140백만원			
재원구성 (%)	국고 20%	지방비 80%	융자 -	자부담 -

연도별 재정투입 현황 (단위 : 백만원)

구 분	2017년	2018년	2019년	2020년
합 계	-	3,900	3,900	5,700
국 고	-	780	780	1,140
지방비	-	3,120	3,120	4,560

담당기관	담당과	담당자	연락처
농림축산식품부	동물복지정책팀	김철기 사무관	044-201-2374

신청시기	2019년 9월	사업시행기관	지방자치단체
관련자료	2020년 사업추진 기본계획		

290 낙농통계관리시스템운영

세부사업명	축산물수급관리		세목	민간경상보조
내역사업명	낙농통계관리시스템운영		예산 (백만원)	390
사업목적	○ 원유·유제품의 생산, 가공, 유통 및 소비 통계 등을 조사·분석·관리하여 수급 안정과 경쟁력 제고를 위한 기초자료로 활용			
사업 주요내용	○ 낙농가 생산쿼터, 원유 및 유제품 통계 등을 조사·관리하기 위해 시스템 운영			
국고보조 근거법령	○ 축산법 제3조, 낙농진흥법 제3조			
지원자격 및 요건	○ 해당 없음			
지원한도	○ 낙농통계관리시스템 관리 및 운영을 위해 필요한 경비를 예산범위 내에서 지원			
재원구성 (%)	국고	100	지방비	-	융자	-	자부담	-

연도별 재정투입 현황 (단위 : 백만원)

구 분	2017년	2018년	2019년	2020년
합 계	240	390	390	390
국 고	240	390	390	390

담당기관	담당과	담당자	연락처
농림축산식품부 축산정책국	축산경영과	조성길	044-201-2341
신청시기	연중	사업시행기관	낙농진흥회
관련자료			

291 동물보호·복지 실태조사 정례화

세부사업명	동물보호 및 복지대책		세목	민간경상보조
내역사업명	동물보호·복지 실태조사 정례화		예산 (백만원)	780
사업목적	○ 보다 현실적이고 합리적인 동물복지 정책 마련을 위해 동물보호·복지 관련 심층적인 실태조사 실시			
사업 주요내용	○ 국민의식조사, 도축장 실태조사, 지자체 동물보호센터 보호여건 조사, 길고양이 중성화사업 효과분석, 정책연구(국가동물실험윤리위원회 설립 방안에 관한 연구)			
국고보조 근거법령	○ 「동물보호법」 제4조(국가·지방자치단체 및 국민의 의무) ○ 「동물보호법」 제45조(실태조사 및 정보의 공개)			
지원자격 및 요건	○ 농림수산식품교육문화정보원* *「농업농촌 및 식품산업 기본법」 제11조의2 제4항 ○ 연구용역을 수행할 수 있는 개인 또는 단체			
지원한도	2020년 국비 780백만원			
재원구성 (%)	국고 100% 지방비		융자	자부담

연도별 재정투입 현황 (단위 : 백만원)

구 분	2017년	2018년	2019년	2020년
합 계	-	200	-	780
국 고	-	200	-	780

담당기관	담당과	담당자	연락처
농림축산식품부	동물복지정책팀	김철기 사무관	044-201-2374
신청시기	2020년 3월 중	사업시행기관	농림수산식품교육문화정보원
관련자료	2020년 사업추진 기본계획		

292 동물보호센터 설치지원

세부사업명	반려동물산업육성		세목	자치단체 자본보조
내역사업명	동물보호센터 설치지원		예산 (백만원)	4,644
사업목적	○ 동물보호센터 설치비 지원을 통한 유기·유실동물의 적정한 보호 관리 기반 마련			
사업 주요내용	○ 유기·유실동물보호센터 설치에 따른 시설비 및 부대시설 설치 지원 　* 부지 및 운영비 일체는 해당 지자체에서 전액 부담			
국고보조 근거법령	○ 「동물보호법」 제15조(동물보호센터의 설치·지정 등)제2항			
지원자격 및 요건	○ 유실·유기동물 보호 및 관리 강화 등을 위해 보호시설 설치계획을 기 수립하고 시설설치 부지를 확보하였거나 확보할 계획이 있는 시·군·구 ○ (일반) 전년도 기준 유기동물 발생두수가 500두 이상인 시·도 　* 지원비율 : 국비 30%, 지방비 70% ○ (광역) 전년도 기준 유기동물 발생두수가 2,000두 이상인 시·도 　* 2개년사업(지원비율 : 국비 40%(1년차30%, 2년차70%), 지방비 60%)			
지원한도	2020년 국비 4,644백만원			
재원구성 (%)	국고 30%·40%	지방비 60%·70%	융자	자부담

연도별 재정투입 현황

(단위 : 백만원)

구 분	2017년	2018년	2019년	2020년
합 계	-	-	7,200	15,080
국 고	-	-	2,280	4,644
지방비	-	-	4,920	10,436

담당기관	담당과	담당자	연락처
농림축산식품부	동물복지정책팀	김철기 사무관	044-201-2374

신청시기	'20년 사업대상자 기 선정	사업시행기관	지방자치단체
관련자료	국가균형발전 예산편성지침 및 사업시행지침		

293 동물복지축산 컨설팅사업

세부사업명	동물복지축산인증제 활성화		세목	자치단체 경상보조
내역사업명	동물복지축산 컨설팅		예산 (백만원)	400
사업목적	○ 신규 참여 희망농가 및 기 인증 농가 대상 컨설팅 지원을 통한 동물복지 인증제 활성화			
사업 주요내용	○ 농가 동물복지인증 관련 컨설팅			
국고보조 근거법령	○ 동물보호법 제29조제3항제2호			
지원자격 및 요건	○ 「농어업경영체 육성 및 지원에 관한 법률」에 의거 농업경영정보 등록 및 「축산법」에 의거 가축사육업 허가 또는 등록한 자			
지원한도	○ 개소당 10백만원(100개소)			
재원구성 (%)	국고 40% / 지방비 30% / 융자 - / 자부담 30%			

연도별 재정투입 현황 (단위: 백만원)

구 분	2020년	2021년	2022년	2023년
합 계	1,000	1,000	1,000	1,000
국 고	400	400	400	400

담당기관	담당과	담당자	연락처
농림축산식품부	동물복지정책팀	이승환 이효열	044-201-2372 044-201-2373

신청시기	-	사업시행기관	지방자치단체
관련자료	-		

294 유기·유실동물 관리수준 개선 지원

세부사업명	동물보호 및 복지대책		세목	자치단체 경상보조
내역사업명	유기·유실동물 관리수준 개선 지원		예산(백만원)	832
사업목적	○ 유기·유실동물 입양 활성화를 통해 유기·유실동물 보호여건 개선 ○ 지자체 지정 동물보호센터 유기·유실동물 구조·보호 비용 지원을 통해 유기·유실동물 보호 여건 개선			
사업 주요내용	○ 유기·유실동물 입양 활성화를 위한 입양비 지원을 통해 관리수준 개선 ○ 지자체 동물보호센터 구조·보호비 지원을 통해 유기·유실동물 구조·보호여건 개선			
국고보조 근거법령	○ 「동물보호법」 제4조(국가·지방자치단체 및 국민의 의무)			
지원자격 및 요건	○ 동물보호센터 운영 지자체 및 유실유기동물 입양자, ※ 국비 20%, 지방비 80%(구조·보호비), 국비 20%, 지방비 30%, 자부담* 50%(입양비) * 자부담은 지방비로 대체 가능			
지원한도	○ 2020년 국비 832백만원(구조·보호비 432백만원, 입양비 400백만원)			
재원구성(%)	국고 20%	지방비 30~80%	융자	자부담

연도별 재정투입 현황

(단위 : 백만원)

구 분	2017년	2018년	2019년	2020년
합 계	-	3,780	5,780	4,160
국 고	-	756	1,156	832
지방비	-	1,134	1,734	2,328
자부담		1,890	2,890	1,000

담당기관	담당과	담당자	연락처
농림축산식품부	동물복지정책팀	김철기 사무관	044-201-2374

신청시기	2019년 9월	사업시행기관	지방자치단체
관련자료	2020년 사업추진 기본계획		

5-1. 경쟁력 제고

식품분야

295 GAP 교육·컨설팅 지원

세부사업명	친환경우수농식품인증		세목	민간경상보조
내역사업명	GAP 교육·컨설팅 지원사업		예산 (백만원)	300
사업목적	○ 농산물과 농업환경의 위해요소를 적절히 관리하여 안전한 농산물을 생산하는 GAP제도 현장 전문인력 육성 및 내부심사자에 대한 교육 지원			
사업 주요내용	○ 내부심사자 등 GAP 현장 전문인력 육성			
국고보조 근거법령	○ 농수산물품질관리법 제12조의2(농산물우수관리 관련 교육·홍보 등)			
지원자격 및 요건	○ GAP 내부심사자, 품목별 GAP 전문농업인 및 GAP 유통, 급식업체 관계자 등			
지원한도	○ 민간경상보조금(국비 100%)			
재원구성 (%)	국고 100% 지방비 - 융자 - 자부담 -			

연도별 재정투입 현황 (단위 : 백만원)

구 분	2017년	2018년	2019년	2020년
합 계	-	450	300	300
국 고	-	450	300	300

담당기관	담당과	담당자	연락처
국립농산물품질관리원	인증관리팀	전진석 사무관 김규식 주무관	054-429-4172 054-429-4174

신청시기	별도 공지	사업시행기관	미지정
관련자료	별도 공지		

296 검역해소품목 지원

세부사업명	검역해소품목 및 대중국전략품목육성지원		세목	민간경상보조
내역사업명	검역해소품목 지원(신규)		예산 (백만원)	850
사업목적	○ (검역해소품목) 對일 무역제재 대응으로 파프리카·토마토·화훼 등 국가별 旣검역타결 품목 및 신규 타결 품목 중심으로 전략 품목 육성 및 시장 다변화 신속 대응 필요			
사업 주요내용	○ (검역해소) 아세안 및 주력 시장에서의 검역 해소품목에 대해 농가 소득과 직결되고 대량 수출 잠재력이 높으나, 시장에 대한 시장성 판단 부족 등으로 수출로 이어지지 않는 품목을 발굴하여 상품화·통관지원·기획 수출 등 시장 진입 지원 * 예시 : 미국(파프리카, 화훼), 베트남(파프리카·감귤·단감·참외 등), 태국(파프리카·토마토·단감·포도·복숭아), 미얀마(파프리카, 과일류 등), 라오스(딸기, 과일류), 필리핀(딸기, 삼계탕 등), UAE(삼계탕, 인삼, 배), 호주(파프리카, 배)			
국고보조 근거법령	○ 농업·농촌 및 식품산업 기본법 제59조(농산물 및 식품의 수출진흥) ○ 식품산업진흥법 제10조(국제교류 및 무역진흥) ○ 식품산업진흥법 제17조(전통식품과 식문화의 세계화)			
지원자격 및 요건	○ 농식품 수출 농가 및 수출업체 등			
지원한도	○ 민간경상보조(국비 70~100%)			
재원구성 (%)	국고 100	지방비 -	융자 -	자부담 0

(단위 : 백만원)

연도별 재정투입 현황	구 분	2017년	2018년	2019년	2020년
	합 계	-	-	-	850
	국 고	-	-	-	850

담당 기관	담당과	담당자	연락처
농림축산식품부 한국농수산식품유통공사	수출진흥과 중국수출부	정수연 고정희	044-201-2169 061-931-0980
신청시기	수시	사업시행기관	한국농수산식품 유통공사
관련자료			

297 생산기반조성

세부사업명	농식품글로벌경쟁력강화		세목	민간경상보조
내역사업명	생산기반조성		예산(백만원)	4,087
사업목적	○ 안전한 수출농산물의 안정적인 공급체계 구축을 위한 수출단지 조직화 교육, 안전성관리 및 검역관 초청 등을 통해 수출농산물 생산기반 조성 및 경쟁력 강화			
사업 주요내용	○ 수출단지 육성을 위한 안전관리 교육 등 조직화 지원, 농약 안전성 검사, 검역관 초청 등			
국고보조 근거법령	○ 농산물유통 및 가격안정에 관한 법률 제57조(기금의 용도) ○ 농업.농촌 및 식품산업 기본법 제59조(농산물 및 식품의 수출 진흥)			
지원자격 및 요건	○ 수출농가, 농식품 수출업체 등			
지원한도	○ 민간경상보조(국비 50~90%)			

재원구성(%)	국고	50~90	지방비	-	융자	-	자부담	10~50

연도별 재정투입 현황 (단위 : 백만원)

구 분	2017년	2018년	2019년	2020년
합 계	3,703	3,823	3,823	4,087
국 고	3,703	3,823	3,823	4,087

담당기관	담당과	담당자	연락처
농림축산식품부 한국농수산식품유통공사 한국농수산식품유통공사	수출진흥과 농산수출부 수출농가지원부	안광현 고혁성 이주표	044-201-2176 061-931-0830 061-931-0820

신청시기	수시	사업시행기관	한국농수산식품유통공사
관련자료			

298 농식품수출 바우처 지원

세부사업명	농식품글로벌경쟁력강화			세목	민간경상보조
내역사업명	농식품수출 바우처 지원			예산 (백만원)	369
사업목적	○ 농식품 수출확대를 견인할 경쟁력 있는 농식품 수출기업 육성을 위해 수출업체가 필요로 하는 사업을 패키지 형태로 지원				
사업 주요내용	○ 농식품 수출업체가 선택한 사업을 바우처 금액 한도 내(수출준비 100백만원/업체, 수출고도화 270백만원/업체)에서 패키지 형태로 지원				
국고보조 근거법령	○ 농산물유통 및 가격안정에 관한 법률 제57조(기금의 용도) ○ 농업.농촌 및 식품산업 기본법 제59조(농산물 및 식품의 수출 진흥)				
지원자격 및 요건	○ 수출농가, 농식품 수출업체 등				
지원한도	○ 민간경상보조(국비 80%)				
재원구성 (%)	국고 80	지방비 -	융자 -	자부담	20

연도별 재정투입 현황
(단위 : 백만원)

구 분	2017년	2018년	2019년	2020년
합 계	-	410	369	369
국 고	-	410	369	369

담당기관	담당과	담당자	연락처
농림축산식품부 한국농수산식품유통공사 한국농수산식품유통공사	수출진흥과 농산수출부 수출농가지원부	안광현 고혁성 이주표	044-201-2176 061-931-0830 061-931-0820
신청시기	수시	사업시행기관	한국농수산식품 유통공사
관련자료			

299 대중국전략품목육성지원

세부사업명	검역해소품목 및 대중국전략품목육성지원		세목	민간경상보조
내역사업명	대중국전략품목육성지원		예산 (백만원)	2,850
사업목적	○ (대중국전략품목) 한중 FTA에 적극 대응하여 농가 소득과 연계성이 높은 對중국 수출 확대 가능 농식품을 발굴하고 집중 지원하여 스타 품목으로 육성			
사업 주요내용	○ (대중국전략품목) '제2파프리카(인삼·화훼·버섯·유자차·유제품)' 및 대중국 검역해소 품목(김치·삼계탕·쌀·포도), 국산 농산물 활용 가공식품(장류·전통주 등)으로 품목을 확대하고 단계별 맞춤형 지원 * 중국 시장에 맞는 상품 개발 및 新플랫폼을 구축하고, 민간공모 사업인 '新비즈니스모델' 창출 사업 중심으로 사업 추진 확대			
국고보조 근거법령	○ 농업·농촌 및 식품산업 기본법 제59조(농산물 및 식품의 수출진흥) ○ 식품산업진흥법 제10조(국제교류 및 무역진흥) ○ 식품산업진흥법 제17조(전통식품과 식문화의 세계화)			
지원자격 및 요건	○ 농식품 수출업체 등			
지원한도	○ 민간경상보조(국비 70~100%)			

재원구성 (%)	국고	70~100	지방비	-	융자	-	자부담	0~30

연도별 재정투입 현황	(단위 : 백만원)			
	구 분	2017년	2018년	2019년	2020년
	합 계	4,400	3,000	2,700	2,850
	국 고	4,400	3,000	2,700	2,850

담당 기관	담당과	담당자	연락처
농림축산식품부 한국농수산식품유통공사	수출진흥과 중국수출부	정수연 고정희	044-201-2169 061-931-0980
신청시기	수시	사업시행기관	한국농수산식품 유통공사
관련자료			

300 민관수출협의회 운영 등

세부사업명	수출인프라강화		세목	민간경상보조
내역사업명	민관수출협의회운영		예산 (백만원)	700
사업목적	○ 수출환경 변화 즉각 대응, 수출애로사항 수집·해소 창구 운영 활성화를 통한 우리 농식품 수출확대 총력			
사업 주요내용	○ 수출환경 변화 즉각 대응, 수출애로사항 수집·해소 창구 운영 활성화를 통한 우리 농식품 수출확대 총력 　- 중견기업 등 타 산업과 농식품 산업의 연계 강화·협업을 통해 우리 농업의 활로 개척 및 농식품 수출확대 견인 　- 수출정책 및 성과홍보 강화로 국민공감대 형성 및 수출목표 달성의지 피력			
국고보조 근거법령	○ 농업·농촌 및 식품산업 기본법 제59조(농산물 및 식품의 수출진흥) ○ 식품산업진흥법 제10조(국제교류 및 무역진흥) ○ 식품산업진흥법 제17조(전통식품과 식문화의 세계화)			
지원자격 및 요건	○ 사업시행기관, 수출협의회 직접 추진			
지원한도	○ 민간경상보조(국비 100%)			
재원구성 (%)	국고 100	지방비 -	융자 -	자부담 -

연도별 재정투입 현황 (단위 : 백만원)

구 분	2017년	2018년	2019년	2020년
합 계	750	750	700	700
국 고	750	750	700	700

담당기관	담당과	담당자	연락처
농림축산식품부 한국농수산식품유통공사	수출진흥과 수출기획부	박혜란 심화섭	044-201-2180 061-931-0810
신청시기	수시	사업시행기관	한국농수산식품유통공사, 수출협의회 등
관련자료			

301 수출농식품 콜드체인 구축

세부사업명	수출인프라강화		세목	민간경상보조
내역사업명	수출농식품 콜드체인 구축		예산 (백만원)	3,920
사업목적	○ 수출 농식품의 해외물류(보관) 지원을 통한 품질 경쟁력 제고 및 신규 시장 개척 지원			
사업 주요내용	○ 해외공동물류센터 이용료(보관료, 입·출고료)의 50 ~ 90% 지원 ○ 농식품 냉동·냉장 물류 인프라가 미비한 아세안·중국 내륙지역 콜드체인 구축 지원을 통해 한국산 냉동·냉장식품 내륙시장 개척 강화			
국고보조 근거법령	○ 농업·농촌 및 식품산업 기본법 제59조(농산물 및 식품의 수출진흥) ○ 식품산업진흥법 제10조(국제교류 및 무역진흥) ○ 식품산업진흥법 제17조(전통식품과 식문화의 세계화)			
지원자격 및 요건	○ 농식품 수출업체, 해외 바이어 등			
지원한도	○ 민간경상보조(국비 50~90%)			

재원구성 (%)	국고	50~90	지방비	-	융자	-	자부담	10~50

연도별 재정투입 현황 (단위 : 백만원)

구 분	2017년	2018년	2019년	2020년
합 계	3,700	3,700	3,700	3,920
국 고	3,700	3,700	3,700	3,920

담당기관	담당과	담당자	연락처
농림축산식품부 한국농수산식품유통공사	수출진흥과 중국수출부	박혜란 고정희	044-201-2180 061-931-0980

신청시기	수시	사업시행기관	한국농수산식품 유통공사
관련자료			

302 수출농식품 홍보 지원

세부사업명	수출인프라강화		세목	민간경상보조
내역사업명	수출농식품 홍보 지원		예산 (백만원)	34,518
사업목적	○ 우리 농식품 수출업체의 신규 거래선 발굴, 제품, 브랜드, 회사 홍보를 통한 한국식품 해외 인지도 제고 및 소비저변 확대			
사업 주요내용	○ 농식품 수출 소비저변 확대를 위한 국제박람회 참가, K-Food Fair 개최, 바이어 초청 상담회, 해외안테나숍 운영, 수출농식품 홍보관 운영 등 지원			
국고보조 근거법령	○ 농업·농촌 및 식품산업 기본법 제59조(농산물 및 식품의 수출진흥) ○ 식품산업진흥법 제10조(국제교류 및 무역진흥) ○ 식품산업진흥법 제17조(전통식품과 식문화의 세계화)			
지원자격 및 요건	○ 대국민, 수출 농가, 농식품 수출업체, 해외바이어 등			
지원한도	○ 민간경상보조(국비 50~90%)			

재원구성 (%)	국고	50~90	지방비	-	융자	-	자부담	10~50

연도별 재정투입 현황 (단위 : 백만원)

구 분	2017년	2018년	2019년	2019년
합 계	32,936	37,646	33,106	34,518
국 고	32,936	37,646	33,106	34,518

담당기관	담당과	담당자	연락처
농림축산식품부	수출진흥과	박혜란	044-201-2180
한국농수산식품유통공사	식품수출부	황도연	061-931-0840
한국농수산식품유통공사	마케팅지원부	이상길	061-931-0960
한국농수산식품유통공사	중국수출부	고정희	061-931-0980

신청시기	수시	사업시행기관	한국농수산식품 유통공사
관련자료	-		

303 수출업체 맞춤 지원

세부사업명	농식품글로벌경쟁력강화		세목	민간경상보조
내역사업명	수출업체 맞춤 지원		예산(백만원)	66,493
사업목적	○ 농식품 수출 유통·수출 全과정에서 필요한 물류비, 판촉 등 필요사업을 수출업체에 맞춤형으로 지원			
사업 주요내용	○ 농식품 수출 물류비, 보험·통관 소요비용 및 선도유지제 처리, 수출컨설팅, 상품화, 현지화, 수입국 요구 해외인증, 판촉 지원			
국고보조 근거법령	○ 농산물유통 및 가격안정에 관한 법률 제57조(기금의 용도) ○ 농업.농촌 및 식품산업 기본법 제59조(농산물 및 식품의 수출 진흥)			
지원자격 및 요건	○ 수출농가, 농식품 수출업체 등			
지원한도	○ 민간경상보조(국비 50~90%)			

재원구성(%)	국고	50~90	지방비	-	융자	-	자부담	10~50

(단위 : 백만원)

연도별 재정투입 현황	구 분	2017년	2018년	2019년	2020년
	합 계	64,929	63,341	63,541	66,493
	국 고	64,929	63,341	63,541	66,493

담당기관	담당과	담당자	연락처
농림축산식품부 한국농수산식품유통공사 한국농수산식품유통공사	수출진흥과 농산수출부 수출농가지원부	안광현 고혁성 이주표	044-201-2176 061-931-0830 061-931-0820
신청시기	수시	사업시행기관	한국농수산식품유통공사
관련자료			

304 수출전략형 제품 인큐베이팅

세부사업명	농식품 수출시장 다변화		세목	민간경상보조
내역사업명	수출전략형 제품 인큐베이팅		예산 (백만원)	1,270
사업목적	○ 농식품 수출시장 다변화를 선도할 프런티어 인큐베이팅 업체의 현지시장에 부합하는 제품개발(제품개선, 포장·디자인 개발 등) 및 현지마케팅 등 지원			
사업 주요내용	○ 프런티어 인큐베이팅 업체 선정 후 전략품목 개발지원을 위해 제품개선, 포장·디자인 개발, 현지 영업, 판촉·마케팅 등 패키지 지원			
국고보조 근거법령	○ 농업·농촌 및 식품산업 기본법 제59조(농산물 및 식품의 수출진흥) ○ 식품산업진흥법 제10조(국제교류 및 무역진흥) ○ 식품산업진흥법 제17조(전통식품과 식생활 문화의 세계화)			
지원자격 및 요건	○ 농식품 수출업체 등			
지원한도	○ 민간경상보조(국비 80%)			

재원구성(%)	국고	80	지방비	-	융자	-	자부담	20

연도별 재정투입 현황 (단위 : 백만원)

구 분	2017년	2018년	2019년	2020년
합 계	1,950	1,950	1,270	1,270
국 고	1,950	1,950	1,270	1,270

담당기관	담당과	담당자	연락처
농림축산식품부 한국농수산식품유통공사	수출진흥과 시장다변화부	조용형 노태학	044-201-2179 061-931-0880
신청시기	수시	사업시행기관	한국농수산식품유통공사
관련자료			

305 시장개척 플랫폼 구축 운영

세부사업명	농식품수출시장다변화		세목	민간경상보조
내역사업명	시장개척 플랫폼 구축 운영		예산 (백만원)	5,555
사업목적	○ 해외 신규시장 개척을 위해 aT파일럿 요원 및 청년해외개척단 파견 운영, 선도 기업의 세일즈로드쇼 참여, 신흥시장 바이어 초청, 수출유망품목 육성 등 지원			
사업 주요내용	○ 다변화 전략국가에 시장개척요원을 파견하여 현지 시장개척 교두보 마련 및 수출기업 시장개척 활동 지원 　- 수출요원 파견 및 시장개척단(업체) 운영, 신시장 마케팅 지원 등			
국고보조 근거법령	○ 농업·농촌 및 식품산업 기본법 제59조(농산물 및 식품의 수출진흥) ○ 식품산업진흥법 제10조(국제교류 및 무역진흥) ○ 식품산업진흥법 제17조(전통식품과 식생활 문화의 세계화)			
지원자격 및 요건	○ 농식품 수출업체 등			
지원한도	○ 민간경상보조(국비 100%)			

재원구성(%)	국고	100	지방비	-	융자	-	자부담	-

연도별 재정투입 현황 (단위 : 백만원)

구 분	2017년	2018년	2019년	2020년
합 계	6,470	6,470	5,030	5,555
국 고	6,470	6,470	5,030	5,555

담당기관	담당과	담당자	연락처
농림축산식품부 한국농수산식품유통공사	수출진흥과 시장다변화부	조용형 노태학	044-201-2179 061-931-0880

신청시기	수시	사업시행기관	한국농수산식품유통공사
관련자료			

306 식품 기술거래 이전 지원

세부사업명	식품산업인프라강화		세목	민간경상보조
내역사업명	식품 기술거래이전 지원 사업		예산 (백만원)	1,000
사업목적	○ 식품 기술거래이전 과정을 지원하여 중소 식품기업의 기술역량을 강화하고, 식품분야 기술이전 생태계 조성			
사업 주요내용	○ **(기술이전 플랫폼 구축)** 식품 기술거래 정보 지원, 식품기술 관련 네트워크 운영 ○ **(전 주기 기술이전 지원)** 기술 및 수요 발굴, 매칭, 협상 체결 지원 ○ **(성과확산 지원)** 기술이전 계약 체결 이후 사후관리, 사업 교육 및 홍보			
국고보조 근거법령	○ 식품산업진흥법 제3조 제4항(식품산업 관련 기술개발의 촉진) ○ 기술의 이전 및 사업화 촉진에 관한 법률 제15조 제3항(기술이전.사업화 촉진사업의 추진)			
지원자격 및 요건	-			
지원한도	-			

재원구성(%)	국고	100	지방비	0	융자	0	자부담	0

연도별 재정투입 현황 (단위 : 백만원)

구 분	2017년	2018년	2019년	2020년
합 계	-	-	1,000	1,000
국 고	-	-	1,000	1,000

담당기관	담당과	담당자	연락처
농림축산식품부 농업기술실용화재단	식품산업정책과 기술창출이전팀	여종수 김은진	044-201-2123 063-919-1314
신청시기	-	사업시행기관	농업기술실용화재단
관련자료	-		

307 식품명인 발굴육성

세부사업명	전통발효식품육성		세목	민간경상보조
내역사업명	식품명인 발굴육성		예산 (백만원)	1,200
사업목적	○ 전통식품 분야 식품명인의 발굴 육성을 통해 우수한 우리 전통식품의 계승·발전 도모			
사업 주요내용	○ 식품명인 체험홍보관 운영, 식품명인 및 전수자 교육, 식품명인 전시홍보·체험활동 지원, 식품명인제품 유통활성화, 전수자 장려금 지원			
국고보조 근거법령	○ 식품산업진흥법 제14조(식품명인의 지정 및 지원 등)			
지원자격 및 요건	○ 식품산업진흥법 제14조에 따라 지정된 식품명인 ○ 식품산업진흥법 시행령 제23조에 따라 선정된 식품명인전수자			
지원한도	○ 각 내내역사업별로 수립된 사업계획 및 배정예산에 따름			

재원구성 (%)	국고	100	지방비	-	융자	-	자부담	-

(단위 : 백만원)

구 분	2016년	2017년	2018년	2019년	2020년
합 계	1,300	800	800	1,100	1,200
국 고	1,300	800	800	1,100	1,200
지방비	-	-	-	-	-
자부담	-	-	-	-	-

연도별 재정투입 현황

담당기관	담당과	담당자	연락처
농림축산식품부 한국농수산식품유통공사	식품산업진흥과 식품진흥부	이승국 주태진 박나영	044-201-2134 044-201-2135 061-931-0733

신청시기		사업시행기관	한국농수산식품유통공사
관련자료			

308. 식품외식산업 인력양성 교육 운영

세부사업명	식품산업인프라강화			세목	민간경상보조
내역사업명	식품외식산업 인력양성 사업			예산 (백만원)	2,542
사업목적	○ **(취창업 지원)** 식품외식산업으로 취창업을 희망하는 청년들의 취창업 역량을 강화하고 식품외식기업으로의 진출 도모 ○ **(인력양성)** 중.고.대학생들의 식품외식산업에 대한 관심 환기와 향후 식품외식산업 진출을 위한 역량 강화				
사업 주요내용	○ **(취창업 지원)** 식품외식산업으로 취창업을 희망하는 청년들의 취창업 역량을 강화하고 식품외식기업으로의 진출 도모 ○ **(인력양성)** 중.고.대학생들의 식품외식산업에 대한 관심 환기와 향후 식품외식산업 진출을 위한 역량 강화				
국고보조 근거법령	○ 식품산업진흥법 제7조(식품산업 전문인력 양성)				
지원자격 및 요건	-				
지원한도	-				
재원구성 (%)	국고 100	지방비 0	융자 0	자부담	0

연도별 재정투입 현황 (단위: 백만원)

구 분	2017년	2018년	2019년	2020년
합 계	1,700	1,462	1,462	2,542
국 고	1,700	1,462	1,462	2,542

담당기관	담당과	담당자	연락처
농림축산식품부 한국농수산식품유통공사 농림수산식품교육문화정보원	식품산업정책과 식품기획부 미래인재실	여종수 이수직 이택선	044-201-2123 061-931-0710 044-861-8832

신청시기	-	사업시행기관	한국농수산식품 유통공사 농림수산식품교육 문화정보원
관련자료	-		

309 식품품질 및 위생역량제고 사업

세부사업명	식품산업인프라강화		세목	민간경상보조
내역사업명	식품품질 위생역량 제고		예산 (백만원)	1,000
사업목적	○ 중소 식품업체의 품질수준을 향상을 위한 HACCP 등에 대한 컨설팅을 통해 국내 식품·외식기업의 경쟁력 향상			
사업 주요내용	○ 식품·외식, 농공상융합형 중소기업 제품의 위생·품질 경쟁력 제고를 위해 HACCP 인증 등 품질개선을 위한 컨설팅 등 지원			
국고보조 근거법령	○ 식품산업진흥법제15조(식품산업 컨설팅 지원)			
지원자격 및 요건	○ 식품제조·가공업체, 외식업체			
지원한도	○ 민간경상보조 50~60%			

재원구성 (%)	국고	50~60	지방비	-	융자	-	자부담	40~50

연도별 재정투입 계획 (단위 : 백만원)

구 분	2017년	2018년	2019년	2020년 이후
합 계	-	-	1,000	1,000
국 고	-	-	1,000	1,000

담당기관	담당과	담당자	연락처
농림축산식품부	식품산업진흥과	곽기형 사무관 권영민 주무관	044-201-2138 044-201-2139
한국농수산식품유통공사	기업컨설팅부	맹우열 대리	02-6300-1733

신청시기	수시	사업시행기관	한국농수산식품 유통공사
관련자료			

310 외식산업 수출지원

세부사업명	수출인프라 강화		세목	민간경상보조
내역사업명	외식산업 수출지원		예산 (백만원)	1,100
사업목적	○ 권역별 맞춤형 해외 외식기업 홍보 및 외식프랜차이즈의 해외진출 활성화 도모			
사업 주요내용	○ (해외 프랜차이즈 박람회 참가지원) 국제 프랜차이즈 박람회 국가관 참가 지원 (부스임차비, 장치비, 통역비 등 지원) ○ (맞춤형 해외진출 지원) 개별박람회 참가, 자료조사, 브랜드 등록·홍보, 홍보물 제작, 컨설팅 ○ (글로벌 전문인력 양성과정) 외식업계 관심있는 학생들을 대상으로 전문 교육 실시(7주 30시간) 및 외식기업 취업 매칭 지원 ○ (외식기업 협의체 운영) 외식업계 간담회, 해외진출 워크숍, 멘토링 등 다양한 활동 진행			
국고보조 근거법령	○ 외식산업진흥법 제7조 및 동법 제9조			
지원자격 및 요건	○ 해외진출을 희망하는 국내 외식프랜차이즈 가맹본부 및 직영사업자			
지원한도	○ (맞춤형 해외진출 지원) 총 사업비 30백만원 한도로 집행액의 80% 지원			
재원구성 (%)	국고	80~100%	지방비		융자		자부담	0~20%

(단위 : 백만원)

연도별 재정투입 현황	구 분	2017년	2018년	2019년	2020년
	합 계	1,100	1,100	1,100	1,100
	국 고	1,100	1,100	1,100	1,100

담당기관	담당과	담당자	연락처
농림축산식품부 한국농수산식품유통공사	외식산업진흥과 식품외식기획부	이정은 조혜정	044-201-2158 061-931-0719
신청시기	2020년 1월~	사업시행기관	한국농수산식품 유통공사
관련자료	-		

311 외식창업 인큐베이팅

세부사업명	푸드서비스 선진화	세목	민간경상보조
내역사업명	외식창업 인큐베이팅	예산(백만원)	980
사업목적	○ 외식창업을 희망하는 청년들을 대상으로 창업 전 실질적인 사업 운영기회 제공으로 준비된 창업을 유도		
사업 주요내용	○ 청년들을 대상으로 일정기간(1~3개월) 외식사업 실전경험에 필요한 사업장, 주방기구 및 비품, 교육 및 컨설팅 등 지원 (7개소)		
국고보조 근거법령	○ 외식산업진흥법 제6조		
지원자격 및 요건	○ 외식창업을 희망하는 만 39세 이하 청년		
지원한도	○ 개소당 200백만원		

재원구성(%)	국고	70%	지방비		융자		자부담	30%

연도별 재정투입 현황
(단위 : 백만원)

구 분	2017년	2018년	2019년	2020년
합 계	200	1,000	1,000	1,400
국 고	100	700	700	980
자부담	100	300	300	420

담당기관	담당과	담당자	연락처
농림축산식품부 한국농수산식품유통공사	외식산업진흥과 식품외식기획부	이정은 엄유선	044-201-2157 061-931-0711
신청시기	`19.12월~`20.1월 (운영기관별 상이)	사업시행기관	한국농수산식품유통공사
관련자료	-		

312 전통주 등 교육훈련 교육지원사업

세부사업명	친환경우수농식품인증		세목	민간경상보조
내역사업명	우리술 교육훈련 교육지원		예산 (백만원)	260
사업목적	○ 일반인의 전통주에 대한 소양교육 및 제조방법 교육 지원을 통해 전통주에 대한 이해와 선호도 증대			
사업 주요내용	○ 전통주 교육훈련기관의 교육프로그램 평가를 통한 이론 및 실습 교육 등 교육기관 운용 직접사업비, 간접사업비, 일반관리비 지원			
국고보조 근거법령	○ 「전통주 등의 산업진흥에 관한 법률」 제11조(교육훈련)			
지원자격 및 요건	○ 전통주 등 교육훈련기관으로 지정받은 기관을 대상으로 공모 및 사업계획서 등의 평가를 통해 선정			
지원한도	-			
재원구성 (%)	국고 70	지방비	융자	자부담 30

연도별 재정투입계획 (단위 : 백만원)

구 분	2017년	2018년	2019년	2020년
합 계	300	300	260	260
국 고	300	300	260	260

담당기관	담당과	담당자	연락처
농림축산식품부 국립농산물품질관리원	품질검사과	한인권	054-429-4123
신청시기	정기(당해연도 2~3월 중)	사업시행기관	전통주 교육훈련기관
관련자료	-		

313 전통주 등 전문인력 양성기관 교육지원사업

세부사업명	친환경우수농식품인증		세목	민간경상보조
내역사업명	우리술 전문인력 양성기관 교육지원		예산(백만원)	140
사업목적	○ 전통주 산업 발전에 기여할 전문인력 양성을 통해 산업인력의 전문성 및 품질관리 수준 제고			
사업주요내용	○ 전통주 전문인력양성 기관의 교육프로그램 평가를 통한 이론 및 실습 교육 등 교육기관 운용 직접사업비, 간접사업비, 일반관리비 지원			
국고보조근거법령	○ 「전통주 등의 산업진흥에 관한 법률」 제12조(전문인력 양성)			
지원자격 및 요건	○ 전통주 등 전문인력양성기관으로 지정받은 기관을 대상으로 공모 및 사업계획서 등의 평가를 통해 선정			
지원한도	-			
재원구성(%)	국고 70	지방비	융자	자부담 30

연도별 재정투입 계획 (단위: 백만원)

구 분	2017년	2018년	2019년	2020년
합 계	140	140	140	140
국 고	140	140	140	140

담당기관	담당과	담당자	연락처
농림축산식품부 국립농산물품질관리원	품질검사과	한인권	054-429-4123
신청시기	정기(당해연도 2~3월 중)	사업시행기관	전통주 전문인력 양성기관
관련자료	-		

314 유기가공식품 생산·소비 활성화 등 지원

세부사업명	친환경우수농식품인증		세목	민간경상보조
내역사업명	유기식품 생산·소비 활성화 등 지원		예산 (백만원)	350
사업목적	○ 유기가공식품 관련 산업 활성화 및 유기식품의 소비가치 확산			
사업 주요내용	○ 유기가공식품 인증 중소 제조업체 판로 개척 및 유기가공식품의 수출확대를 위한 바이어 초청 박람회 등 지원			
국고보조 근거법령	○ 친환경농어업 육성 및 유기식품 등의 관리·지원에 관한 법률」제19조(유기식품 등의 인증), 제54조(인증제도 활성화 지원)			
지원자격 및 요건	○ 유기가공식품 인증사업자 등			
지원한도	○ 민간경상보조금(국고 100~80%)			
재원구성 (%)	국고 100~80	지방비	융자	자부담 0~20

연도별 재정투입 현황 (단위 : 백만원)

구 분	2017년	2018년	2019년	2020년
합 계	380	380	350	350
국 고	380	380	350	350

담당기관	담당과	담당자	연락처
국립농산물품질관리원	인증관리팀	조주현 정최희	054-429-4180 054-429-4181
신청시기	정기(당해연도 2~3월 중)	사업시행기관	한국농수산식품 유통공사 등
관련자료	별도 공지		

315 청년 외식창업 공동체 공간조성

세부사업명	푸드서비스 선진화		세목	지자체경상보조
내역사업명	청년 외식창업 공동체 공간조성 사업		예산 (백만원)	1,000
사업목적	○ 외식분야에 다양한 아이디어를 가진 청년들이 공동체 단위로 특색있는 외식문화 공간을 조성할 수 있도록 지원하여 외식산업 활성화와 청년 일자리 창출 도모			
사업 주요내용	○ 공유주방, 푸드코트 등 청년들이 외식창업 관련 다양한 사업모델을 구현할 수 있는 플랫폼을 조성하여 임차비, 설치비, 교육·홍보비, 공동체육성자금 등 지원			
국고보조 근거법령	○ 외식산업진흥법 제6조			
지원자격 및 요건	○ 사업개시일 기준 만 39세 이하 청년 ○ (우대요건) ① 또는 국외 전문기관에서 외식·조리 관련 교육을 수료·졸업한 청년, 조리 자격 소지 또는 외식업에 종사한 경력이 있는 청년 ② 소재지가 해당 지자체인 경우 ○ (특별요건) aT 청년키움식당 수료자 우대			
지원한도	개소당 200백만원			
재원구성 (%)	국고 50% 지방비 50% 융자 자부담			

연도별 재정투입 현황				(단위 : 백만원)
구 분	2017년	2018년	2019년	2020년
합 계	-	-	-	2,000
국 고	-	-	-	1,000
지방비	-	-	-	1,000

담당기관	담당과	담당자	연락처
농림축산식품부	외식산업진흥과	이정은	044-201-2158
신청시기	2019.1월~(지자체별 상이)	사업시행기관	지자체
관련자료	-		

316 친환경농산물 인증활성화 지원사업

세부사업명	친환경우수농식품인증		세목	민간경상보조
내역사업명	친환경농산물 인증활성화 지원		예산 (백만원)	690
사업목적	○ 친환경인증 제도의 활성화를 위한 지원 및 인증기관 심사원, 농업인 등에 대한 교육·홍보			
사업 주요내용	○ 친환경인증기관 종사자 교육 지원, 농업인 등에 대한 교육 및 홍보			
국고보조 근거법령	○ 친환경농어업육성 및 유기식품 등의 관리·지원에 관한 법률 제54조(인증제도 활성화 지원)			
지원자격 및 요건	○ 친환경인증 농업인 및 단체, 친환경인증기관			
지원한도	-			

재원구성 (%)	국고	100%	지방비		융자		자부담	

연도별 재정투입 현황 (단위 : 백만원)

구 분	2017년	2018년	2019년	2020년
합 계	750	750	690	690
국 고	750	750	690	690

담당기관	담당과	담당자	연락처
국립농산물품질관리원	인증관리팀	김동현 사무관 양선희 주무관	054-429-4175 054-429-4177
신청시기	-	사업시행기관	미지정
관련자료	-		

317 판매조직육성

세부사업명	농식품글로벌경쟁력강화			세목	민간경상보조
내역사업명	판매조직육성			예산 (백만원)	5,200
사업목적	○ '수출통합·선도조직' 육성, 수출협의회 운영 및 전문인력양성 교육 등 지원				
사업 주요내용	○ 전문판매조직인 수출통합·선도조직 육성, 품목별 수출협의회 운영 및 전문인력 양성으로 수출 확대·효율화 도모 및 수출경쟁력 강화				
국고보조 근거법령	○ 농산물유통 및 가격안정에 관한 법률 제57조(기금의 용도) ○ 농업·농촌 및 식품산업 기본법 제59조(농산물 및 식품의 수출 진흥)				
지원자격 및 요건	○ 수출농가, 농식품 수출업체 등				
지원한도	○ 민간경상보조(국비 50~90%)				
재원구성 (%)	국고 50~90	지방비 -	융자 -	자부담 10~50	

연도별 재정투입 현황 (단위: 백만원)

구 분	2017년	2018년	2019년	2020년
합 계	3,390	3,790	4,790	5,200
국 고	3,390	3,790	4,790	5,200

담당기관	담당과	담당자	연락처
농림축산식품부 한국농수산식품유통공사 한국농수산식품유통공사	수출진흥과 농산수출부 수출농가지원부	안광현 고혁성 이주표	044-201-2176 061-931-0830 061-931-0820

신청시기	수시	사업시행기관	한국농수산식품유통공사
관련자료	-		

318 푸드페스타&캠페인

세부사업명	푸드서비스 선진화		세목	민간경상보조
내역사업명	푸드페스타&캠페인		예산 (백만원)	**400**
사업목적	○ 외식소비 촉진 및 지역 외식경제 활성화를 통해 외식매출 향상, 외식가격 안정화, 일자리 창출로 이어지는 선순환체계 구축			
사업 주요내용	○ 푸드페스타(온라인 이벤트 등)를 통해 외식소비 붐 조성 ○ 외식업 선도지구 경진대회를 통해 우수 외식업 지구 발굴 및 선진 외식문화 확산			
국고보조 근거법령	○ 외식산업진흥법 제13조 및 동 법 제15조			
지원자격 및 요건	-			
지원한도	-			
재원구성 (%)	국고 100%	지방비	융자	자부담

연도별 재정투입 현황 (단위 : 백만원)

구 분	2017년	2018년	2019년	2020년
합 계	-	-	400	400
국 고	-	-	400	400

담당기관	담당과	담당자	연락처
농림축산식품부 한국농수산식품유통공사	외식산업진흥과 식품외식기획부	이정은 엄유선	044-201-2158 061-931-0711
신청시기	-	사업시행기관	한국농수산식품 유통공사
관련자료	-		

319 해외식품인증지원센터

세부사업명	농식품수출시장다변화		세목	민간경상보조
내역사업명	해외식품인증지원센터		예산 (백만원)	1,278
사업목적	○ 농식품 해외시장 진출 및 수출확대 지원기반 강화를 위해 인증지원, 수출정보 제공, 인력양성, 성공 비즈니스 모델 개발, 안전관리 등 지원			
사업 주요내용	○ 할랄·코셔 시장 및 신시장 진출을 희망하는 국내 농식품 기업에게 수출정보 제공, 수출상담, 전문인력 양성교육, 인증취득을 위한 식품성분분석 및 컨설팅 등 추진			
국고보조 근거법령	○ 농업·농촌 및 식품산업 기본법 제59조(농수산물 및 식품의 수출진흥) ○ 식품산업진흥법 제10조(국제교류 및 무역진흥), ○ 식품산업진흥법 제17조의3(식품수출 지원기관)			
지원자격 및 요건	○ 농식품 수출업체 등			
지원한도	○ 민간경상보조(국비 100%)			
재원구성 (%)	국고 100	지방비 -	융자 -	자부담 -

연도별 재정투입 현황

(단위 : 백만원)

구 분	2017년	2018년	2019년	2020년
합 계	-	-	1,278	1,278
국 고	-	-	1,278	1,278

담당기관	담당과	담당자	연락처
농림축산식품부 한국식품연구원	수출진흥과 해외식품인증지원센터	조용형 오승용	044-201-2179 031-780-9238

신청시기	수시	사업시행기관	한국식품연구원
관련자료			

320 해외정보조사 및 제공

세부사업명	수출인프라강화	세목	민간경상보조
내역사업명	해외정보조사 및 제공	예산 (백만원)	4,300
사업목적	○ 농식품 수출과 관련된 국내외 정보를 생산농가와 수출업체 등에 제공하여 우리 농식품 수출확대 및 경쟁력 제고		
사업 주요내용	○ 통상환경 및 수출시장 동향, 수출유망품목 등 정보를 수집 분석하여 수출업체 등 수요자에게 정보 제공		
국고보조 근거법령	○ 농업·농촌 및 식품산업 기본법 제59조(농산물 및 식품의 수출진흥) ○ 식품산업진흥법 제10조(국제교류 및 무역진흥) ○ 식품산업진흥법 제17조(전통식품과 식문화의 세계화)		
지원자격 및 요건	○ 대국민, 수출 농가, 농식품 수출업체 등		
지원한도	○ 민간경상보조(국비 70~100%)		

재원구성 (%)	국고	70~100	지방비	-	융자	-	자부담	0~30

(단위 : 백만원)

연도별 재정투입 현황	구 분	2017년	2018년	2019년	2020년
	합 계	4,492	4,700	4,500	4,300
	국 고	4,492	4,700	4,500	4,300

담당기관	담당과	담당자	연락처
농림축산식품부 한국농수산식품유통공사	수출진흥과 수출정보부	박혜란 권태화	044-201-2180 02-6300-1671
신청시기	수시	사업시행기관	한국농수산식품 유통공사
관련자료	KATI 농수산식품수출지원정보시스템 (www.kati.net)		

321 농식품글로벌육성지원자금(농식품원료구매)

세부사업명	농식품글로벌육성지원자금			세목	기타민간융자
내역사업명	농식품원료구매			예산 (백만원)	352,882
사업목적	○ 농식품 수출을 위한 원료구매에 필요한 자금을 적기에 지원함으로써 수출 경쟁력 제고 및 수출농가 소득 증대 도모				
사업 주요내용	○ 농식품 수출업체의 원료 및 부자재구입, 저장·가공 등 소요자금을 지원				
국고보조 근거법령	○ 농산물유통 및 가격안정에 관한 법률 제57조(기금의 용도) ○ 농업.농촌 및 식품산업 기본법 제59조(농산물 및 식품의 수출 진흥)				
지원자격 및 요건	○ 농식품 수출업체 등				
지원한도	○ 융자(국비 80%) * 대출금리 고정금리 2.5-3.0% 또는 변동금리 1년 상환				
재원구성 (%)	국고 -	지방비 -	융자 80		자부담 20

연도별 재정투입 현황	구 분	2017년	2018년	2019년	(단위 : 백만원) 2020년
	합 계	372,700	333,842	333,842	352,882
	국 고	372,700	333,842	333,842	352,882

담당기관	담당과	담당자	연락처
농림축산식품부 한국농수산식품유통공사 한국농수산식품유통공사	수출진흥과 정책금융부 정책금융부	안광현 한승희 추덕엽	044-201-2176 061-931-1142 061-931-1143

신청시기	수시	사업시행기관	한국농수산식품 유통공사
관련자료			

322 농식품글로벌육성지원자금(농식품시설현대화)

세부사업명	농식품글로벌육성지원자금			세목	기타민간융자
내역사업명	농식품시설현대화			예산 (백만원)	4,800
사업목적	○ 농식품 수출을 위한 시설 현대화에 필요한 자금을 적기에 지원함으로써 수출 경쟁력 제고 및 수출농가 소득 증대 도모				
사업 주요내용	○ 농식품 수출에 필요한 수출업체의 저장·가공·부대시설의 건축·확보·증설·개보수 및 물류 장비 등 자금을 적기에 지원				
국고보조 근거법령	○ 농산물유통 및 가격안정에 관한 법률 제57조(기금의 용도) ○ 농업.농촌 및 식품산업 기본법 제59조(농산물 및 식품의 수출 진흥)				
지원자격 및 요건	○ 농식품 수출업체 등				
지원한도	○ 융자(국비 80%) * 대출금리 고정금리 2.0-3.0% 또는 변동금리 3년거치 7년 분할상환				
재원구성 (%)	국고	-	지방비	-	융자	80	자부담	20

(단위 : 백만원)

연도별 재정투입 현황	구 분	2017년	2018년	2019년	2020년
	합 계	4,800	4,800	4,800	4,800
	국 고	4,800	4,800	4,800	4,800

담당기관	담당과	담당자	연락처
농림축산식품부 한국농수산식품유통공사 한국농수산식품유통공사	수출진흥과 정책금융부 정책금융부	안광현 한승희 추덕엽	044-201-2176 061-931-1142 061-931-1143
신청시기	수시	사업시행기관	한국농수산식품 유통공사
관련자료			

5-2. 생산기반확충

323 식품외식종합자금(융자)사업

세부사업명	식품외식종합자금(융자)			세목	융자금
내역사업명	식품가공원료매입, 농식품시설현대화, 외식업체육성, 농공상융합형중소기업지원, 식품원료계열화			예산 (백만원)	157,000
사업목적	○ 농식품 제조·가공업계의 경쟁력 제고 및 농업과 식품산업간의 연계 강화				
사업 주요내용	○ 농산물의 안정적 소비 및 판로확대를 위한 가공원료매입 및 부대비용 지원 ○ HACCP, GMP 등 식품안전성 확보를 위한 식품 제조·가공업체 시설현대화				
국고보조 근거법령	○ 농수산물유통 및 가격안정에 관한 법률 제57조, 식품산업진흥법 제4조, ○ 농업·농촌 및 식품산업기본법 제21조				
지원자격 및 요건	○ 시설, 운영자금을 지원받고자 하는 식품제조.가공업체 및 외식업체 * 농업협동조합법에 의한 "조합" 및 공정위 지정 상호출자제한기업 제외				
지원한도	○ 식품가공원료매입 : 50억원 ○ 농식품시설현대화 : 50억원 / (소규모창업) 12억원(시설 10억원, 운영 2억원) ○ 외식업체육성지원 : 시설자금 1억원, 운영자금 5억원 ○ 농공상융합형기업지원 : 시설자금 20억원, 운영자금 20억원 ○ 식품원료계열화 : 10억원				
재원구성 (%)	국고	-	지방비	-	융자	80	자부담	20

연도별 재정투입 현황	(단위 : 백만원)

구 분	2017년	2018년	2019년	2020년 이후
합 계	150,350	169,000	181,250	196,250
융 자	120,280	135,280	145,000	157,000
자부담	30,070	33,820	36,250	39,250

담당기관	담당과	담당자	연락처
농림축산식품부	식품산업진흥과	과 장 이용직 사무관 강태원	044-201-2131 044-201-2138
	외식산업진흥과	과 장 이재식 사무관 류성훈	044-201-2151 044-201-2157
한국농수산식품유통공사	정책금융부	부 장 한순철 차 장 배성진	061-931-1140 061-931-1141

신청시기	정기(전년12월~4월) 수시(잔여예산 발생시)	사업시행기관	한국농수산식품 유통공사
관련자료	식품외식종합자금(융자) 시행지침서 참조		

324 기능성 농식품 산업활성화

세부사업명	기능성식품산업육성		세목	민간경상보조
내역사업명	기능성 농식품산업 기반 구축		예산 (백만원)	200
사업목적	○ 국내 다양한 기능성 농식품 자원에 대한 실태조사 및 통합DB 운영을 통한 기능성 농식품산업 활성화 추진			
사업 주요내용	○ 기능성 농식품 자원 실태조사, 기능성 농식품자원 DB운영			
국고보조 근거법령	○ 농업·농촌 및 식품산업기본법 제21조(식품산업의 육성) ○ 식품산업진흥법 제8조(식품산업 관련 기술개발의 촉진)			
지원자격 및 요건	○ 국고보조 100%			
지원한도				

재원구성 (%)	국고	100	지방비	-	융자	-	자부담	-

연도별 재정투입 계획 (단위 : 백만원)

구 분	2018년	2019년	2020년
합 계	530	200	200
국 고	530	200	200

담당기관	담당과	담당자	연락처
농림축산식품부 국가식품클러스터지원센터 농림수산식품교육문화정보원	식품산업진흥과 기능성평가지원팀 농정정보실	서희정 김나영 김지안	044-201-2133 063-720-0678 044-861-8748
신청시기		사업시행기관	국가식품클러스터지원센터, 농림수산식품교육문화정보원
관련자료			

325 기능성표시식품제도 정착지원

세부사업명	기능성식품산업육성	세목	민간경상보조
내역사업명	기능성표시식품제도 정착 지원	예산 (백만원)	500
사업목적	○ 기능성표시식품 제도 도입에 따라 식품기업이 국산소재를 활용하여 기능성 표시식품을 개발할 수 있도록 국산 소재의 기능성을 규명 및 관련 자료 제공		
사업 주요내용	○ 국산소재 기능성 규명 추진 및 검증된 자료 제공 등		
국고보조 근거법령	○ 농업·농촌 및 식품산업기본법 제21조(식품산업의 육성) ○ 식품산업진흥법 제8조(식품산업 관련 기술개발의 촉진)		
지원자격 및 요건	○ 국고보조 100%		
지원한도			

재원구성 (%)	국고	100	지방비	-	융자	-	자부담	-

연도별 재정투입 계획

(단위 : 백만원)

구 분	2018년	2019년	2020년
합 계	-	-	500
국 고	-	-	500

담당기관	담당과	담당자	연락처
농림축산식품부 국가식품클러스터지원센터	식품산업진흥과 기능성평가지원팀	서희정 김나영	044-201-2133 063-720-0678
신청시기		사업시행기관	국가식품클러스터 지원센터,
관련자료			

326 기능성 원료은행 구축

세부사업명	기능성식품산업육성		세목	민간경상보조
내역사업명	기능성 원료은행 구축		예산 (백만원)	352
사업목적	○ 국산 농산물 유래 기능성 원료 생산·공급을 위한 산업인프라 구축으로 기능성 식품소재 국산화 지원 및 산업활성화 기반 마련			
사업 주요내용	○ 국산농산물 유래 기능성 원료의 생산·보관·공급을 위한 원료은행 구축			
국고보조 근거법령	○ 농업·농촌 및 식품산업기본법 제21조(식품산업의 육성) ○ 식품산업진흥법 제8조(식품산업 관련 기술개발의 촉진)			
지원자격 및 요건	○ 국고보조 70%			
지원한도				

재원구성 (%)	국고	70	지방비	-	융자	-	자부담	-

(단위 : 백만원)

연도별 재정투입 계획	구 분	2018년	2019년	2020년
	합 계	-	-	352
	국 고	-	-	352

	담당기관	담당과	담당자	연락처
	농림축산식품부	식품산업진흥과	서희정	044-201-2133
신청시기	'20년 2분기 예정		사업시행기관	지방자치단체
관련자료				

327 김치산업육성

세부사업명	전통발효식품육성			세목	민간경상보조
내역사업명	김치산업육성			예산(백만원)	300
사업목적	○ 국산김치 품질경쟁력 강화 및 김치 우수성 홍보 등을 통한 김치산업 육성					
사업 주요내용	○ 국산김치 품질향상을 위한 우수브랜드 선발·홍보 지원 및 국산김치 우수성 국내외 홍보를 위한 문화축제 개최 및 언론홍보 추진					
국고보조 근거법령	○ 김치산업진흥법 제15조(품평회 개최) ○ 김치산업진흥법 제17조(세계화 촉진)					
지원자격 및 요건	○ 국고보조 100%					
지원한도						
재원구성(%)	국고	100	지방비	-	융자	-	자부담	-

연도별 재정투입 계획 (단위 : 백만원)

구 분	2018년	2019년	2020년
합 계	200	300	300
국 고	-	-	300

담당기관	담당과	담당자	연락처
농림축산식품부 한국농수산식품유통공사	식품산업진흥과 전통식품진흥부	서희정 박나영	044-201-2133 061-931-0733
신청시기		사업시행기관	한국농수산식품유통공사
관련자료			

328 김치산업통계조사

세부사업명	전통발효식품육성		세목	민간경상보조
내역사업명	김치산업통계조사		예산 (백만원)	350
사업목적	○ 김치산업 현황 진단 및 육성을 위한 통계조사 추진			
사업 주요내용	○ 절임배추, 세부종류별 생산규모(생산실적) 조사, 판매량, 생산액, 원료 구매액 등 김치산업 통계조사 추진			
국고보조 근거법령	○ 김치산업진흥법 제9조(통계조사)			
지원자격 및 요건	○ 국고보조 100%			
지원한도				
재원구성 (%)	국고 100 / 지방비 - / 융자 - / 자부담 -			

연도별 재정투입계획 (단위: 백만원)

구 분	2018년	2019년	2020년
합 계	-	-	350
국 고	-	-	350

담당기관	담당과	담당자	연락처
농림축산식품부 한국농수산식품유통공사	식품산업진흥과 전통식품진흥부	서희정 박나영	044-201-2133 061-931-0733
신청시기		사업시행기관	한국농수산식품유통공사
관련자료			

329 남해안권발효식품산업지원센터 건립

세부사업명	전통발효식품육성			세목	자치단체 자본보조
내역사업명	남해안권발효식품산업지원센터 건립			예산 (백만원)	1,000
사업목적	○ 발효미생물 연구 및 식품활용 기술 개발 등 발효식품산업 경쟁력 제고를 위한 연구·생산지원 시설 구축으로 농업과 식품산업 연계를 통한 농업소득 창출				
사업 주요내용	○ 발효차·음료류 연구 및 생산지원 시설 구축				
국고보조 근거법령	○ 농업·농촌 및 식품산업기본법 제21조(식품산업의 육성)				
지원자격 및 요건	○ 발효차·음료류 연구 및 상품개발, 생산지원 시설을 건립·운영하고자 하는 지방자치단체				
지원한도	○ 1개소 건립(총 사업비 100억원)				
재원구성 (%)	국고	50	지방비	50	융자	-	자부담	-

연도별 재정투입 현황 (단위 : 백만원)

구 분	2016년	2017년	2018년	2019년	2020년
합 계	-	-	-	500	2,000
국 고	-	-	-	500	1,000
지방비	-	-	-	-	1,000
자부담	-	-	-	-	-

담당기관	담당과	담당자	연락처
농림축산식품부	식품산업진흥과	이승국 주태진	044-201-2134 044-201-2135 063-650-5474
신청시기		사업시행기관	미정
관련자료			

330 농업과 기업 간 연계강화(민간)

세부사업명	식품산업인프라강화		세목	민간경상보조
내역사업명	농업과 기업간 연계 강화(민간)		예산 (백만원)	500
사업목적	○ **(연계 관리)** 지자체의 농업과 기업간 연계 강화 사업 성과제고를 위해 중앙 차원에서 전체 지자체 사업의 진행상황 및 실적점검 등 관리 ○ **(보증 보험)** 식품업체와 생산자단체 간 직거래 활성화를 통해 농가의 안정적 판로 확보 및 소득 증대, 식품업체의 구매력 향상 및 경영안정 도모			
사업 주요내용	○ **(연계 관리)** 사업 모니터링, 워크숍, 중소식품업체 온라인 판로지원 및 컨설팅, 경진대회 개최, 우수사례집 발간 및 확산 등 ○ **(보증 보험)** 중소 식품업체가 국산 농축산물 이용을 활성화할 수 있도록 국산 농축산물 신용거래를 위한 구매이행 보증보험료 지원			
국고보조 근거법령	○ 식품산업진흥법 제13조(계약재배 및 교류협력사업의 증진)			
지원자격 및 요건	○ **(연계 관리)** 민간경상보조 100% ○ **(보증 보험)** 민간경상보조 80%, 자부담 20%			
지원한도	-			

재원구성 (%)	국고	80~100%	지방비		융자		자부담	0~20%

연도별 재정투입 현황 (단위 : 백만원)

구 분	2017년	2018년	2019년	2020년
합 계	-	500	500	500
국 고	-	500	500	500

담당기관	담당과	담당자	연락처
농림축산식품부 한국농수산식품유통공사	식품산업정책과 식품기획부	정성문 이수직	044-201-2118 061-931-0710
신청시기	-	사업시행기관	한국농수산식품 유통공사
관련자료	-		

331 농업과 기업 간 연계강화(지자체)

세부사업명	식품산업인프라강화			세목	지자체보조
내역사업명	농업과 기업간 연계 강화(지자체)			예산 (백만원)	1,200
사업목적	○ 농업-식품기업의 가공용 농산물 생산·이용 및 연계 활동을 지원하여 농업인의 안정적 판로확보 및 소득 증진 도모				
사업 주요내용	○ 농업-식품기업의 가공용 농산물 생산·이용 및 연계 활동을 지원				
국고보조 근거법령	○ 식품산업진흥법 제13조(계약거래 등 교류협력사업의 증진)				
지원자격 및 요건	**(생산자단체)** 식품·외식업체와 계약재배를 통해 농산물을 공급하는 생산자단체 대상(5농가 이상) **(중소식품기업)** 생산농가(5농가 이상)와 계약재배를 통해 농산물을 조달하는 업체				
지원한도	○ **(생산자단체)** 40백만원(국비 및 도비) **(중소식품기업)** 20백만원(국비 및 도비)				
재원구성 (%)	국고 25~40%	지방비 25~40%	융자 -	자부담 20~50%	

연도별 재정투입 현황 (단위 : 백만원)

구 분	2017년	2018년	2019년	2020년
합 계	2,500~4,000	3,000~4,800	3,000~4,800	3,000~4,800
국 고	1,000	1,200	1,200	1,200
지방비	1,000	1,200	1,200	1,200
자부담	500~2,000	600~2,400	600~2,400	600~2,400

담당기관	담당과	담당자	연락처
농림축산식품부 광역지자체(9개 도)	식품산업정책과	정성문	044-201-2118

신청시기	-	사업시행기관	지자체
관련자료	-		

332 발효미생물산업화지원센터건립

세부사업명	전통발효식품육성			세목	자치단체 자본보조
내역사업명	발효미생물산업화지원센터건립			예산 (백만원)	1,500
사업목적	○ 전통발효식품에서 추출된 유익한 종균의 상품화 및 생산·보급 시설 구축을 통해 전통발효식품의 품질향상 제고로 전통발효식품업체의 경쟁력 강화				
사업 주요내용	○ 상품화된 우수 종균을 장류, 식초류 등 발효식품업체에 맞춤형으로 공급할 수 있는 종균 생산 및 보급 시설 구축 ○ 종균을 활용한 발효식품 상품 개발 및 생산 지원 시설 구축				
국고보조 근거법령	○ 농업·농촌 및 식품산업기본법 제21조(식품산업의 육성)				
지원자격 및 요건	○ 유용 발효종균 연구개발시설을 보유하고 있으면서 안정적인 종균 생산·공급 체계를 구축하기 위해 발효미생물(종균 및 반제품) 생산시설을 건립·운영 하고자 하는 지방자치단체				
지원한도	○ 1개소 건립(총 사업비 80억원)				
재원구성 (%)	국고	50	지방비	50	융자	-	자부담	-

(단위 : 백만원)

구 분	2016년	2017년	2018년	2019년	2020년
합 계	-	-	500	4,000	3,500
국 고	-	-	500	2,000	1,500
지방비	-	-	-	2,000	2,000
자부담	-	-	-	-	-

담당기관	담당과	담당자	연락처
농림축산식품부 전라북도 순창군	식품산업진흥과 미생물산업사업소	이승국 주태진 김현영	044-201-2134 044-201-2135 063-650-5474
신청시기		사업시행기관	전라북도 순창군
관련자료			

333 소스산업화센터건립지원

세부사업명	전통발효식품육성			세목	자치단체 경상보조
내역사업명	소스산업화센터건립지원			예산 (백만원)	298
사업목적	○ 발효 원료 기반 소스산업 지원을 통한 미래 동반 신 성장 산업 육성을 위한 기반 마련				
사업 주요내용	○ 소스산업화센터 운영에 필요한 인건비 및 관리비 지원				
국고보조 근거법령	○ 농업·농촌 및 식품산업기본법 제21조(식품산업의 육성)				
지원자격 및 요건	○ 소스산업화센터건립 및 운영주체인 국가식품클러스터지원센터(전라북도 익산시)				
지원한도	○ 소스산업화센터건립 운영관리비 집행계획에 따름				
재원구성 (%)	국고 50	지방비 50	융자 -	자부담	-

연도별 재정투입 현황 (단위 : 백만원)

구 분	2016년	2017년	2018년	2019년	2020년
합 계	-	600	500	500	596
국 고	-	300	250	250	298
지방비	-	300	250	250	298
자부담	-	-	-	-	-

담당기관	담당과	담당자	연락처
농림축산식품부	식품산업진흥과	이승국 주태진 박주영 이재홍	044-201-2134 044-201-2135 063-859-3966 063-720-0520
전라북도 익산시 국가식품클러스터지원센터	국가식품클러스터담당관 소스산업화부		

신청시기		사업시행기관	전라북도 익산시
관련자료			

334 전통식품안전성모니터링

세부사업명	전통발효식품육성		세목	민간 경상보조
내역사업명	전통식품 안전성 모니터링		예산 (백만원)	300
사업목적	○ 전통장류의 안전성 모니터링을 통해 유해물질 제어 모델 개발 및 기능성·우수성 규명으로 장류시장 활성화, 해외시장 개척 등 새로운 성장동력 확보			

사업
주요내용
	○ (모티터링) 전통장류 40개 업체 선정하여 제품별 안전성 분석
	○ (페러독스) 전통장류 6개 제품(고추장, 된장, 청국장) 선정 기능성, 우수성 규명
	  * 평가항목: 비만, 독성, 장기능 개선, 혈액검사, 마이크로바이옴검사
	  * 평가방법: 세포시험, 동물시험, 인체시험			

국고보조 근거법령	○ 농어업.농어촌 및 식품산업기본법 제8조(식품산업 관련 기술개발 촉진), 제19조의3 (농산물가공품 생산의 지원)			
지원자격 및 요건	○ 전통장류 및 발효미생물 분야 연구개발 실적이 있는 국·공립 연구기관 또는 출연연구기관			
지원한도	○ 600백만원 * 총 사업비의 50% 국가 보조			
재원구성 (%)	국고	50	지방비	50 (자부담)	융자	-	자부담	-

연도별 재정투입 현황 (단위: 백만원)

구 분	2016년	2017년	2018년	2019년	2020년
합 계	-	-	-	-	600
국 고	-	-	-	-	300
지방비	-	-	-	-	300(자부담)
자부담	-	-	-	-	-

담당기관	담당과	담당자	연락처
농림축산식품부	식품산업진흥과	이승국 주태진	044-201-2134 044-201-2135
신청시기	당해년도 1분기	사업시행기관	연구기관 등
관련자료			

335 전통주산업진흥사업

세부사업명	전통발효식품육성		세목	민간경상보조
내역사업명	전통주 산업진흥		예산 (백만원)	2,878
사업목적	○ 전통주 산업 경쟁력 강화, 소비 저변 확대 ○ 지역 우수 전통주 업체에 대한 지원체계 구축을 통해 우리 농산물 사용 확대에 기여			
사업 주요내용	○ 주류산업정보실태조사, 발효제 보급사업, 전통주 정책연구, 전통주 유통 활성화, 전통주 품질 고급화, 대한민국 우리술 품평회(대축제), 전통주 갤러리 운영, 우리술 사이트 운영 등			
국고보조 근거법령	○ 전통주 등의 산업진흥에 관한 법률 제5조, 제6조, 제7조, 제14조, 제15조, 제16조			
지원자격 및 요건	○ 국내 전통주 제조 업체, 관련 협회, 컨설팅 업체, 지자체 등 * 기타 자세한 사항은 세부 사업계획에 따름			
지원한도	○ 사업계획 수립 시 배정된 세부사업별 예산에 따름			

재원구성 (%)	국고	100	지방비	-	융자	-	자부담	-

연도별 재정투입 계획 (단위: 백만원)

구 분	2017년	2018년	2019년	2020년
합 계	3,682	3,820	1,978	2,878
국 고	3,682	3,820	1,978	2,878

담당기관	담당과	담당자	연락처
농림축산식품부 한국농수산식품유통공사	식품산업진흥과 식품진흥부	박진희 이순영	044-201-2136 061-931-0731

신청시기	수시	사업시행기관	한국농수산식품유통공사
관련자료	나라장터 홈페이지 및 전통주산업진흥사업 시행지침서 참조		

336 종균활용 발효식품산업지원

세부사업명	전통발효식품육성		세목	자치단체 경상보조
내역사업명	종균활용 발효식품산업지원		예산 (백만원)	500
사업목적	○ 산업화가 가능한 유용 종균을 발효식품 제조업체에 맞춤형으로 보급하여 신제품 개발 및 품질향상을 통한 발효식품산업 발전 도모			
사업 주요내용	○ (종균보급) 장류, 식초류 등 발효식품 업체에 맞춤형 유용 종균 보급 ○ (상품화) 공급받은 유용 종균을 활용하여 품질 개선 및 제품 개발			
국고보조 근거법령	○ 농어업.농어촌 및 식품산업기본법 제21조(식품산업의 육성) ○ 식품산업진흥법 제19조의2(농수산물 가공산업 육성 시책의 마련)			
지원자격 및 요건	○ (종균보급기관) 종균을 확보하고 보급 등 기술이전이 가능한 시설, 장비, 인력을 갖춘 연구기관 * (재)발효미생물산업진흥원 ○ (제조업체) 장류, 식초류 등 발효식품을 제조하는 식품기업, 영농조합법인, 농업회사법인 등			
지원한도	○ 제조업체별 40백만원(최고 50백만원 한도) * 종균보급기관의 종균비 및 기술이전 등 관리 비용은 최대 50% 이내			
재원구성(%)	국고 50	지방비 50	융자 -	자부담 -

연도별 재정투입 현황

(단위 : 백만원)

구 분	2016년	2017년	2018년	2019년	2020년
합 계	-	-	400	600	1,000
국 고	-	-	200	300	500
지방비	-	-	200	300	500
자부담	-	-	-	-	-

담당기관	담당과	담당자	연락처
농림축산식품부	식품산업진흥과	이승국 주태진	044-201-2134 044-201-2135
신청시기	전년도 3분기	사업시행기관	시·도, 시·군·구
관련자료			

337 찾아가는 양조장사업

세부사업명	전통발효식품육성		세목	자치단체 경상보조
내역사업명	찾아가는 양조장		예산 (백만원)	96
사업목적	○ 지역 우수 양조장을 발굴하여 인근 농촌관광 자원과 연계하여 체험형 양조장으로 육성하며 지역의 융복합 농업자원으로 육성			
사업 주요내용	○ 양조장의 농촌관광 연계 컨설팅 및 인테리어 사업 지원			
국고보조 근거법령	○ 「전통주 등의 산업진흥에 관한 법률」 제5조			
지원자격 및 요건	○ 국내 전통주 생산업체			
지원한도	○ 업체별 48백만원(국비, 지방비 포함) 한도 내 지원(4개 업체 선정)			
재원구성 (%)	국고 40	지방비 40	융자 -	자부담 20

연도별 재정투입 계획 (단위 : 백만원)

구 분	2017년	2018년	2019년	2020년
국 고	-	96	96	96
지방비	-	96	96	96
자부담	-	48	48	48

담당기관	담당과	담당자	연락처
농림축산식품부 한국농수산식품유통공사	식품산업진흥과 식품진흥부	박진희 이순영	044-201-2136 061-931-0731

신청시기	1분기(2~3월) 예정	사업시행기관	자치단체
관련자료	나라장터 홈페이지 및 찾아가는 양조장사업 시행지침서 참조		

5-3. 가격안정 및 유통효율화

식품분야

338 GAP 안전성 분석 지원

세부사업명	국가인증 농식품지원			세목	자치단체 경상보조
내역사업명	GAP 안전성 분석 지원			예산 (백만원)	3,895
사업목적	○ GAP 농가의 신규인증 확대 및 인증 농산물의 안전성 확보를 위해 토양·용수 분석비 및 안전성 검사비 지원				
사업 주요내용	○ 농경지에 대한 토양·용수 안전성 분석 및 GAP 인증농가 검사비 지원				
국고보조 근거법령	○ 「농수산물품질관리법」제6조(농산물우수관리의인증), 제110조(자금지원)				
지원자격 및 요건	· 토양용수 분석 : 농경지에 대한 토양·용수 안전성 검사를 시행하고자 하는 지자체(과거 안전성 검사비용 3년 이내 지원받은 경우 제외) · 안전성 검사비 지원 : 신청일을 기준으로 GAP 인증을 유지하고 있는자 (GAP 인증을 받은 자 또는 받기 위해 안전성 검사를 실시하고 그 비용을 부담한 자에게 지원하되 다른 안전성 검사비용을 지원받거나 분석결과 인증기준에 부적합한 경우 지원 제외)				
지원한도	· 토양용수 분석 : 지원한도액 250천원/점(토양117, 용수133) * 실제 분석비용이 표준단가보다 낮은 경우 실제 분석비용 적용 · 안전성 검사비 지원 : 신청일자를 기준으로 인증을 받은자가 부담한 검사비용 지원				
재원구성 (%)	국고	50	지방비	50	융자	-	자부담	-

재원구성 표:

국고	50	지방비	50	융자	-	자부담	-

(단위 : 천원)

구 분	2017년	2018년	2019년	2020년 이후
합 계	10,508,000	10,508,000	11,514,000	7,790,000
국 고	5,508,000	5,508,000	5,757,000	3,895,000
지방비	5,008,000	5,008,000	5,757,000	3,895,000
융 자	-	-	-	-
자부담	-	-	-	-

* 2016~2018 재정투입은 주산지안전성분석 지원 사업

담당기관	담당과	담당자	연락처
농림축산식품부 국립농산물품질관리원	식생활소비급식진흥과 인증관리팀	과 장 신우식 사무관 김남진 사무관 전진석	044-201-2271 044-201-2279 054-429-4172
신청시기	정기(당해년도 2.28일까지), 수시	사업시행기관	자치단체
관련자료	농림사업정보시스템(AGRIX) 사업시행지침서 GAP정보서비스(www.gap.go.kr)		

339 GAP생산여건 조성

세부사업명	친환경우수농식품인증	세목	민간경상보조
내역사업명	GAP생산여건 조성	예산 (백만원)	350
사업목적	○ GAP인증 희망농업인의 GAP 교육, 위해요소관리계획서 작성, 인증신청 등 컨설팅 지원을 통해 GAP인증 생산기반 확대		
사업 주요내용	○ 농산물의 사전예방적 안전관리 제도인 농산물우수관리(GAP)의 확산을 위해 GAP인증을 희망하는 농업인을 대상으로 GAP 교육, GAP실천요령, 위해요소 관리 및 GAP인증 신청 지원 등의 인증 업무 전반에 대한 컨설팅을 실시하여 농산물우수관리인증 활성화 도모		
국고보조 근거법령	○ 농수산물품질관리법제12조의2(농산물우수관리 관련 교육·홍보 등)		
지원자격 및 요건	○ GAP 인증을 희망하는 농업인		
지원한도	○ 민간경상보조금(국비 100%)		

재원구성 (%)	국고	100%	지방비	-	융자	-	자부담	-

연도별 재정투입 현황 (단위 : 백만원)

구 분	2017년	2018년	2019년	2020년
합 계	500	500	350	350
국 고	500	500	350	350

담당기관	담당과	담당자	연락처
국립농산물품질관리원	인증관리팀	전진석 사무관 박혜미 주무관	054-429-4172 054-429-4173

신청시기	수시	사업시행기관	미지정
관련자료	별도 공지		

340 GAP 위생시설 보완 지원

세부사업명	국가인증 농식품지원			세목	자치단체 자본보조
내역사업명	GAP 위생시설 보완 지원			예산 (백만원)	2,100
사업목적	○ 농산물우수관리시설 위생설비 보완·강화로 농식품 안전관리 강화				
사업 주요내용	○ 농산물의 수확 후 위생·안전 관리를 위한 농산물우수관리시설 보완 지원				
국고보조 근거법령	○ 「농수산물품질관리법」제11조(농산물우수관리시설의 지원 등), 제110조(자금지원)				
지원자격 및 요건	○ **지원대상**: 농산물 생산·유통시설 중 「농수산물 품질관리법」 제11조에 따른 농산물 우수관리시설로 지정을 받으려는 자(농업인, 농업법인, 생산자단체 또는 시장· 군수) 또는 이미 농산물우수관리시설로 지정받았으나 시설보완이 필요하여 지원을 받으려는 자 ○ **자격 및 요건**: 「농어업경영체 육성 및 지원에 관한 법률」제4조에 따라 농업 경영정보를 등록한 농업인·농업법인 등 - **농업인**: 「농어업·농어촌 및 식품산업 기본법」제3조제2호 - **농업법인**: 「농어업경영체 육성 및 지원에 관한 법률」제2조제2호 - **생산자단체**: 「농어업·농어촌 및 식품산업 기본법」제3조제4호 * 생산자단체와 일반유통업체가 공동투자(단, 생산자단체 또는 생산자단체연합이 지분의 50%이상 점유)하는 산지유통시설은 이 지침에서 생산자단체가 사업자가 되는 산지유통시설로 봄				
지원한도	○ 300백만원 이내/개소				
재원구성 (%)	국고	30 (생산자단체) 50 (시장·군수)	지방비	20 (생산자단체) 50 (시장·군수)	융자	-	자부담	50 (생산자단체)

연도별 재정투입 계획 (단위 : 천원)

구 분	2017년	2018년	2019년	2020년 이후
합 계	3,500,000	3,500,000	3,500,000	7,000,000
국 고	1,050,000	1,050,000	1,050,000	2,100,000
지방비	700,000	700,000	700,000	1,400,000
융 자	-	-	-	-
자부담	1,750,000	1,750,000	1,750,000	3,500,000

담당기관	담당과	담당자	연락처
농림축산식품부 국립농산물품질관리원	식생활소비정책과 인증관리팀	과 장 신우식 사무관 김남진 사무관 전진석	044-201-2271 044-201-2279 054-429-4172
신청시기	정기(당해년도 2.28일까지), 수시	사업시행기관	자치단체
관련자료	농림사업정보시스템(AGRIX) 사업시행지침서 GAP정보서비스(www.gap.go.kr)		

341. GAP인증 및 이력추적관리 유통활성화 지원

세부사업명	친환경우수농식품인증		세목	민간경상보조
내역사업명	GAP인증 및 이력추적관리 유통활성화 지원		예산 (백만원)	756
사업목적	○ GAP인증제도 홍보 강화로 소비자 인지도 제고를 통한 GAP 인증 농산물 유통 활성화와 농업인의 GAP인증제도 참여 분위기 조성으로 안전한 농산물 생산과 유통을 통한 소비자의 건강 보호			
사업 주요내용	○ 농산물우수관리(GAP) 및 농산물이력추적제도의 소비자·유통자·생산자 인지도 제고를 위한 영상 송출, 유통·급식업체 참여 홍보, GAP우수사례 경진대회 및 기획홍보전 개최 등			
국고보조 근거법령	○ 농수산물품질관리법제12조의2(농산물우수관리 관련 교육·홍보 등)			
지원자격 및 요건	○ GAP인증 농산물 생산 농업인, 소비자, 유통업자 등			
지원한도	○ 민간경상보조금(국고 100%)			
재원구성 (%)	국고 100% / 지방비 - / 융자 - / 자부담 -			

연도별 재정투입 현황 (단위 : 백만원)

구 분	2017년	2018년	2019년	2020년
합 계	770	770	756	756
국 고	770	770	756	756

담당기관	담당과	담당자	연락처
국립농산물품질관리원	인증관리팀	전진석 사무관 박혜미 주무관	054-429-4172 054-429-4173

신청시기	별도 공지	사업시행기관	미지정
관련자료	별도 공지		

342. GAP인증기관 운영비 지원

세부사업명	친환경우수농식품인증			세목	민간경상보조
내역사업명	GAP인증기관 운영비 지원			예산 (백만원)	1,910
사업목적	○ GAP인증 확대 추진을 위한 GAP 민간인증기관 운영비 지원				
사업 주요내용	○ 농산물우수관리(GAP) 인증기관의 운영에 필요한 경상경비적 운영비를 기관별 인증농가수, 신규농가수, 사후관리, 교육·홍보 추진 등 실적 반영 지원				
국고보조 근거법령	○ 농수산물품질관리법제110조(자금지원)				
지원자격 및 요건	○ GAP인증기관, (사)한국GAP협회				
지원한도	○ 민간경상보조금(국고 100%)				
재원구성 (%)	국고 100%	지방비 -		융자 -	자부담 -

연도별 재정투입 현황 (단위 : 백만원)

구 분	2017년	2018년	2019년	2020년
합 계	1,740	1,910	1,910	1,910
국 고	1,740	1,910	1,910	1,910

담당기관	담당과	담당자	연락처
국립농산물품질관리원	인증관리팀	전진석 사무관 김규식 주무관	054-429-4172 054-429-4174
신청시기	별도 공지	사업시행기관	GAP 민간인증기관
관련자료	별도 공지		

343 PLS 교육 홍보 지원

세부사업명	국가인증 농식품지원		세목	민간경상보조
내역사업명	PLS 교육 홍보 지원		예산 (백만원)	500
사업목적	○ 농약 허용기준강화제도(PLS) 시행에 따라 올바른 농약사용 문화 정착을 위하여 농업인 대상 교육·홍보하고 - 대국민 대상 농산물 안전성 신뢰도 향상을 위한 홍보 추진			
사업 주요내용	○ 대중매체(동영상, 언론 등) 및 교육자료 제작·배포			
국고보조 근거법령	○ 「농약관리법」 제23조제5항(농약등의 안전사용기준 등) 및 「농업농촌 및 식품산업 기본법」 제11조의2제4항			
지원자격 및 요건	○ 국고 100%			
지원한도	-			

재원구성(%)	국고	100%	지방비		융자		자부담	

연도별 재정투입 현황 (단위 : 백만원)

구 분	2017년	2018년	2019년	2020년
합 계	-	300	580	500
국 고	-	300	580	500

담당기관	담당과	담당자	연락처
농림축산식품부	농축산물위생품질관리팀	박춘규	044-201-2972
신청시기	-	사업시행기관	농림수산식품교육문화정보원
관련자료	-		

344 건전한 식생활 확산(민간보조)

세부사업명	농식품 소비정책 및 건전한 식생활 확산		세목	민간경상보조
내역사업명	건전한 식생활 확산(민간보조)		예산 (백만원)	2,244
사업목적	○ 생애주기별, 대상별 맞춤형 식생활교육 및 홍보를 통해 사회적 비용 절감 및 우리 농산물 소비촉진 기여			
사업 주요내용	○ 생애주기별·대상별 맞춤형교육 추진을 위해 영유아, 어린이, 학생 등을 위한 교육교재 개발 및 체험프로그램 운영, 취약계층 등을 대상으로 찾아가는 식생활교육 등 추진			
국고보조 근거법령	○ 식생활교육지원법 제10조, 제11조, 제12조, 제13조, 제22조, 제23조, 제24조			
지원자격 및 요건	○ 전 국민			
지원한도	○ 민간경상보조(100%)			

재원구성 (%)	국고	100%	지방비	-	융자	-	자부담	-

연도별 재정투입 현황 (단위 : 백만원)

구 분	2017년	2018년	2019년	2020년
국 고	4,023	3,104	2,244	2,244

담당기관	담당과	담당자	연락처
농림축산식품부	식생활소비급식진흥과	사무관 신기태 주무관 방혜정	044-201-2272 044-201-2273
신청시기	수시(각 내내역사업별 진행)	사업시행기관	식생활교육지원센터 등
관련자료			

345 건전한 식생활 확산(지자체보조)

세부사업명	농식품 소비정책 및 건전한 식생활 확산	세목	자치단체 경상보조
내역사업명	건전한 식생활 확산(지자체보조)	예산(백만원)	2,840
사업목적	○ 지역단위 식생활교육을 통해 사회적 비용 절감 및 우리 농산물 소비촉진 기여		
사업 주요내용	○ 지자체의 바른식생활 관심제고 및 확산을 위해 지역의 특성을 반영한 지역 주도적 학교, 학생, 학교급식과 연계한 바른 식생활 식습관 교육 추진		
국고보조 근거법령	○ 식생활교육지원법 제16조		
지원자격 및 요건	○ 해당 지자체 주민		
지원한도	○ 자치단체보조(50%)		

재원구성(%)	국고	50	지방비	50	융자	-	자부담	-

연도별 재정투입 현황 (단위 : 백만원)

구 분	2017년	2018년	2019년	2020년
합 계	4,800	4,800	5,680	5,680
국 고	2,400	2,400	2,840	2,840
지방비	2,400	2,400	2,840	2,840

담당기관	담당과	담당자	연락처
농림축산식품부	식생활소비급식진흥과	사무관 신기태 주무관 방혜정	044-201-2272 044-201-2273

신청시기	수시(각 내내역사업별 진행)	사업시행기관	자치단체
관련자료			

346 김치 자조금

세부사업명	전통발효식품육성		세목	민간경상보조
내역사업명	김치 자조금		예산 (백만원)	250
사업목적	○ 우리나라 김치 산업의 자생력 확보			
사업 주요내용	○ 김치원료 수급조절 및 가격안정, 품질향상을 위한 자조금사업 지원			
국고보조 근거법령	○ 김치산업진흥법 제19조(김치자조금의 적립지원)			
지원자격 및 요건	○ 김치산업진흥법 시행령 제12조(보조금의 지급 등)에 따라 구성된 자조금조성 단체			
지원한도	○ 자조금 조성액 매칭지원			

재원구성 (%)	국고	50	지방비	-	융자	-	자조금	50

연도별 재정투입 현황 (단위 : 백만원)

구 분	2017년	2018년	2019년	2020년
합 계	500	500	500	250
국 고	250	250	250	250

담당기관	담당과	담당자	연락처
농림축산식품부 한국농수산식품유통공사	식품산업진흥과 식품진흥부	서희정 박나영	044-201-2133 061-931-0733
신청시기		사업시행기관	김치자조금협회
관련자료			

347 농산물 소비실태 조사

세부사업명	농업관측		세목	민간경상보조
내역사업명	농산물 소비실태 조사		예산 (백만원)	1,100
사업목적	○ 소비실태 정보는 생산자·소비자의 합리적인 의사 결정과 정부의 정책 수립 등에 활용되어 농축산물 수급조절을 통한 가격안정과 농가소득 증대에 기여			
사업 주요내용	○ 농산물 주요 소비처(가정, 단체급식, 외식)의 구매실측정보 조사를 통해 품목별 소비패턴 분석 및 수요기반 생산관측 지원			
국고보조 근거법령	○ 농수산물 유통 및 가격안정에 관한 법률 제5조(농림업관측) 제1항(농림축산식품부장관은 농산물의 수급안정을 위하여 가격의 등락 폭이 큰 주요 농산물에 대하여 매년 기상정보, 생산면적, 작황, 재고물량, 소비동향, 해외시장 정보 등을 조사하여 이를 분석하는 농림업관측을 실시하고 그 결과를 공표하여야 한다.)			
지원자격 및 요건	○ 국고 100% ○ 농산물 소비실태 조사가 가능한 연구기관			
지원한도	○ 국비 1,100백만원			

재원구성 (%)	국고	100%	지방비		융자		자부담	

연도별 재정투입 현황 (단위 : 백만원)

구 분	2017년	2018년	2019년	2020년
합 계	-	-	-	1,100
국 고	-	-	-	1,100

담당기관	담당과	담당자	연락처
농림축산식품부	식생활소비급식진흥과	곽병배 곽재은	044-201-2274 044-201-2275
신청시기	'20. 1~3월	사업시행기관	연구기관(공모)
관련자료	-		

348 농식품 국가인증 홍보

세부사업명	국가인증 농식품지원		세목	민간경상보조
내역사업명	농식품 국가인증 홍보		예산(백만원)	774
사업목적	○ 농식품 국가인증제도에 대한 통합홍보를 통해 소비자 인지도 제고 및 소비촉진			
사업 주요내용	○ 농식품부 소관 국가인증 농식품의 온·오프라인 매체활용 통합홍보 및 소비자 인지도 조사			
국고보조 근거법령	○ 농수산물 품질관리법 제6조(농산물우수관리의 인증), 식품산업진흥법 제3조(국가 및 지방자치단체의 책무), 제14조(식품명인의 지정 및 지원 등), 제20조(식품의 산업표준인증), 제22조(전통식품의 품질인증), 친환경농어업 육성 및 유기식품 등의 관리·지원에 관한 법률 제3조(국가와 지방자치단체의 책무), 제19조(유기식품등의 인증), 제34조(무농약농수산물등의 인증 등), 제54조(인증제도 활성화 지원), 동물보호법 제4조(국가·지방자치단체 및 국민의 책무), 제29조(동물복지축산농장의 인증), 저탄소 녹색성장 기본법 제4조(국가의 책무), 제32조(녹색기술·녹색산업의 표준화 및 인증 등) 및 「저탄소 농축산물 인증제 운영규정」 등			
지원자격 및 요건	○ 국고 100% ○ 「농업·농촌 및 식품산업 기본법」에 따라 설립한 농림수산식품교육문화정보원			
지원한도	○ 국가인증제도 홍보 및 소비자 인지도 조사 등 774백만원			

재원구성(%)	국고	100%	지방비		융자		자부담	

연도별 재정투입 현황 (단위 : 백만원)

구 분	2017년	2018년	2019년	2020년
합 계	800	800	800	774
국 고	800	800	800	774

담당기관	담당과	담당자	연락처
농림축산식품부 농림수산식품교육문화정보원	식생활소비급식진흥과 소비전략실	권오진 임희석	044-201-2277 044-861-8853
신청시기	비공모	사업시행기관	농림수산식품교육문화정보원
관련자료	-		

349 농식품 소비정보망 활성화

세부사업명	농식품 소비정책 및 건전한 식생활 확산	세목	민간경상보조
내역사업명	농식품 소비정보망 활성화	예산(백만원)	519
사업목적	○ 소비자에게 제철 농식품 영양, 가격, 요리법, 식생활 등 다양한 농식품 소비정보를 제공하여 건강하고 합리적인 농식품 소비문화 확산		
사업 주요내용	○ 농식품정보누리(웹) 운영 및 농식품 정보매거진 '농식품 소비공감' 발간으로 소비자에게 제철 농식품 영양, 가격, 요리법, 농촌체험, 농식품 트렌드 및 귀농귀촌 등 다양한 농식품 소비정보 제공		
국고보조 근거법령	○ 「농수산물품질관리법」 제103조(정보제공 등)		
지원자격 및 요건	○ 농림수산식품교육문화정보원		
지원한도 (조건)	○ 민간경상보조 100%		

재원구성(%)	국고	100	지방비	-	융자	-	자부담	-

연도별 재정투입 계획 (단위 : 백만원)

구 분	2017년	2018년	2019년	2020년
합 계	603	519	519	519
국 고	603	519	519	519

담당기관	담당과	담당자	연락처
농림축산식품부 농림수산식품교육문화정보원	식생활소비급식진흥과 소비전략실	곽재은 유남규	044-201-2275 044-861-8855
신청시기	비공모	사업시행기관	농림수산식품교육문화정보원
관련자료	-		

350 농식품 소비정책 강화

세부사업명	농식품 소비정책 및 건전한 식생활 확산	세목	민간경상보조
내역사업명	농식품 소비정책 강화	예산(백만원)	1,008
사업목적	○ 건강하고 합리적인 농식품 소비문화 확산 및 소비자 소통채널 강화, 소비자의 적극적인 정책 참여를 통한 농식품 신뢰 제고		
사업 주요내용	○ 제철 농산물 포스터 제작, 소비자단체 협력 교육·홍보, 농식품 소비자 전문 교육강사(농사랑알리미) 양성, 소비자 정책포럼 및 간담회 개최		
국고보조 근거법령	○ 「농업·농촌 및 식품산업기본법」 제11조(농업 및 식품산업 관련 단체의 육성) ○ 「농업·농촌 및 식품산업기본법」 제20조(농산물과 식품의 품질관리 등)		
지원자격 및 요건	○ 소비자단체(일반인 포함), 농림수산식품교육문화정보원		
지원한도(조건)	○ 민간경상보조 100%		
재원구성(%)	국고 100 / 지방비 - / 융자 - / 자부담 -		

연도별 재정투입 계획 (단위 : 백만원)

구 분	2017년	2018년	2019년	2020년
합 계	1,030	838	838	1,008
국 고	1,030	838	838	1,008

담당기관	담당과	담당자	연락처
농림축산식품부 농림수산식품교육문화정보원	식생활소비급식진흥과 소비전략실	곽재은 임희석	044-201-2275 044-861-8853
신청시기	비공모	사업시행기관	농림수산식품교육문화정보원
관련자료	-		

351 농식품 소비정책 강화(스마트 소비)

세부사업명	농식품 소비정책 및 건전한 식생활 확산		세목	자치단체 경상보조
내역사업명	농식품 소비정책 역량강화 및 소비정보 교류 (스마트 소비)		예산 (백만원)	340
사업목적	○ 소비자 교육이 지역 단위로 확산될 수 있도록 교육·홍보 등을 지원하여, 농산물에 대한 합리적 소비문화 조성 및 우리 농산물 신뢰 제고			
사업 주요내용	○ 지역 농산물 소비촉진, 원산지표시제도 정착, 안전 농산물 소비자 이해도 제고를 위해 지역 소비자를 중심으로 교육·홍보 추진			
국고보조 근거법령	○ 「농수산물품질관리법」 제66조(농수산물안전에 관한 교육 등) ○ 「농업·농촌 및 식품산업기본법」 제11조(농업 및 식품산업 관련 단체의 육성)			
지원자격 및 요건	○ 소비자단체			
지원한도 (조건)	○ 자치단체경상보조 50%			

재원구성 (%)	국고	50	지방비	50	융자	-	자부담	-

(단위 : 백만원)

연도별 재정투입 계획	구 분	2017년	2018년	2019년	2020년
	합 계	680	680	680	680
	국 고	340	340	340	340
	지방비	340	340	340	340

담당기관	담당과	담당자	연락처
농림축산식품부	식생활소비급식진흥과	곽병배 곽재은	044-201-2274 044-201-2275

신청시기	'20. 1~3월	사업시행기관	시·도
관련자료	-		

352 농식품 지리적표시 활성화

세부사업명	국가인증 농식품지원			세목	민간경상보조
내역사업명	농식품 지리적표시 활성화			예산 (백만원)	429
사업목적	○ 지리적표시 농식품의 마케팅 지원 등 유통 활성화를 통해 부가가치 제고 및 지역특화 산업 육성				
사업 주요내용	○ 지리적표시 농특산품에 대한 매체활용 온·오프라인 마케팅 및 등록단체 역량 강화				
국고보조 근거법령	○ 농수산물 품질관리법 제32조(지리적표시의 등록), 제39조(지리적표시품의 사후관리) 및 제110조(자금지원)				
지원자격 및 요건	○ 국고 100% ○ 「농업·농촌 및 식품산업 기본법」에 따라 설립한 농림수산식품교육문화정보원 및 「농수산물 품질관리법」에 따른 지리적표시 등록자(단체)				
지원한도	○ 지리적표시 농특산물 유통 활성화 사업 등 429백만원				
재원구성 (%)	국고 100%	지방비	융자		자부담

연도별 재정투입 현황 (단위 : 백만원)

구 분	2017년	2018년	2019년	2020년
합 계	579	429	429	429
국 고	579	429	429	429

담당기관	담당과	담당자	연락처
농림축산식품부 농림수산식품교육문화정보원	식생활소비급식진흥과 소비전략실	권오진 최유란	044-201-2277 044-861-8858
신청시기	비공모	사업시행기관	농림수산식품교육 문화정보원
관련자료	-		

353 명예감시원 운영 활성화 지원 사업

세부사업명	농산물원산지관리			세목	민간경상보조	
내역사업명	명예감시원 운영 활성화 지원			예산(백만원)	399	
사업목적	○ 농식품의 공정한 유통질서 확립을 위해 원산지 표시 위반행위 등 부정유통에 대한 민간 감시기능 강화					
사업 주요내용	○ 원산지 표시 위반행위 등 부정유통에 대한 민간 감시기능 강화를 위하여 명예감시원 교육훈련비 및 지도활동비 지원					
국고보조 근거법령	○「농수산물 품질관리법」제104조(농수산물 명예감시원)					
지원자격 및 요건	○ 농산물 명예감시원이 소속된 생산자 단체 및 소비자 단체					
지원한도	-					
재원구성(%)	국고	100	지방비	-	융자	-	자부담	-

연도별 재정투입 계획 (단위: 백만원)

구 분	2017년	2018년	2019년	2020년 이후
합 계	399	399	399	399
국 고	399	399	399	399
지방비	-	-	-	-
융 자	-	-	-	-
자부담	-	-	-	-

담당기관	담당과	담당자	연락처
국립농산물품질관리원	원산지관리과	임은택 김경한	054-429-4152 054-429-4153
신청시기	정기(매년 연초)	사업시행기관	명예감시원 소속 단체
관련자료	-		

354 한식복합문화공간 조성 설계비

세부사업명	한식진흥 및 음식관광활성화		세목	민간자본보조
내역사업명	한식복합문화공간 조성 설계비		예산 (백만원)	400
사업목적	○ 한식문화관 임대기간 만료('21.3월)로 이전이 필요함에 따라 한식진흥원과 한식문화관을 합쳐 한식복합 문화공간을 설립			
사업 주요내용	○ 한식복합 문화공간을 설계 및 조성 준비			
국고보조 근거법령	○ 식품산업진흥법 제17조(전통식품과 식생활 문화의 세계화)			
지원자격 및 요건	○ 민간자본보조			
지원한도	○ 국고 100%			
재원구성 (%)	국고 100	지방비 -	융자 -	자부담 -

(단위 : 백만원)

연도별 재정투입 현황	구 분	2017년	2018년	2019년	2020년
	합 계	-	-	-	400
	국 고	-	-	-	400
	지방비	-	-	-	
	자부담	-	-	-	

담당기관	담당과	담당자	연락처
농림축산식품부	외식산업진흥과	이현 류은빈	044-201-2155 044-201-2156
신청시기	-	사업시행기관	한식진흥원
관련자료			

355 술 품질인증 신청비 지원사업

세부사업명	친환경우수농식품인증			세목	민간경상보조
내역사업명	술 품질인증 신청비 지원			예산 (백만원)	40
사업목적	○ 술 품질인증 확대를 위한 참여업체 신청 수수료 지원으로 업체 비용 부담 경감					
사업 주요내용	○ 중소기업에 해당하는 국내 전통주 제조업체의 품질인증 신청 심사비, 제품시험검사비, 출장비 등 수수료 지원					
국고보조 근거법령	○ 「전통주 등의 산업진흥에 관한 법률」 제22조(품질인증) ○ 「전통주 등의 산업진흥에 관한 법률」 제23조(품질인증기관의 지정 등) ○ 「보조금 관리에 관한 법률」 제26조의2(보조금통합관리망의 구축 등), 「농림축산식품분야 재정사업관리 기본규정」 제5조(사업시행지침 등)					
지원자격 및 요건	○ 술 품질인증을 신청한 중소기업에 해당하는 국내 전통주 제조업체					
지원한도	-					

재원구성 (%)	국고	50~70	지방비		융자		자부담	30~50

연도별 재정투입 계획 (단위 : 백만원)

구 분	2017년	2018년	2019년	2020년
합 계	40	40	40	40
국 고	40	40	40	40

담당기관	담당과	담당자	연락처
농림축산식품부 국립농산물품질관리원	품질검사과	한인권	054-429-4123
신청시기	수시	사업시행기관	한국식품연구원
관련자료	-		

356 식품기능성 평가지원 사업

세부사업명	기능성식품산업육성			세목	민간경상보조
내역사업명	식품기능성평가지원			예산 (백만원)	1,796
사업목적	○ 농업과 식품사업간 연계발전 및 고부가가치 식품산업육성을 위해 국내농산물 유래 우수소재의 기능성에 대한 과학적 연구 지원				
사업 주요내용	○ 지역 농특산물 및 농산물 유래 식품 소재의 기능성등록에 필요한 인체적용 前시험(세포·동물시험/안전성평가) 및 인체적용시험 지원				
국고보조 근거법령	○ 「농업·농촌 및 식품산업기본법」 제21조, 「식품산업진흥법」 제8조				
지원자격 및 요건	○ 국내 농산물 유래 기능성식품 소재로 사업목적에 부합하는 근거자료(관련 기능성, 안전성 등)가 구비되어 있는 식품사업자, 농업법인 등				
지원한도	○ 식품기능성평가지원 : 과제당 120백만원 이내(국고보조는 60백만원)				
재원구성 (%)	국고	50	지방비	융자	자부담 50

연도별 재정투입 현황 (단위 : 백만원)

구 분	2017년	2018년	2019년	2020년
합 계	3,736	3,331	4,931	3,536
국 고	2,636	2,106	2,606	1,796
자부담	1,100	1,225	2,325	1,740

담당기관	담당과	담당자	연락처
농림축산식품부 한국식품연구원	식품산업진흥과 헬스케어연구단	서희정 양혜정	044-201-2133 061-219-9245/9341

신청시기	정기(1월31일까지)	사업시행기관	한국식품연구원
관련자료	식품기능성평가지원사업 운영 지침 참조		

357 식품소재 및 반가공산업육성(자치단체)

세부사업명	농산물산지유통시설지원		세목	자치단체 자본보조
내역사업명	식품소재 및 반가공산업육성(자치단체)		예산(백만원)	2,940
사업목적	○ 식품소재·반가공산업육성을 통해 농업과 식품산업의 연계를 강화하여 국산 농산물의 수요확대, 수급조절 및 농가소득 증대 도모			
사업 주요내용	○ 식품소재·반가공품 생산·유통·상품화연구 등을 위한 시설 및 장비 지원			
국고보조 근거법령	○ 농업.농촌 및 식품산업기본법 제21조(식품산업의 육성) ○ 식품산업진흥법 제19조의2(농수산물 가공산업 육성 시책의 마련) 및 제19조의3 (농산물가공품 생산 등의 지원)			
지원자격 및 요건	○ 농업·농촌 및 식품산업 기본법 시행령」 제4조(생산자단체의 범위) 제1호 및 제5호에 해당하는 단체 및 식품제조업 등록을 마친 식품기업 ○ 농림축산식품분야 재정사업관리 기본규정」 별표6에 따른 농업법인 지원요건 준수			
지원한도	○ 개소당 최대 1,500백만원(국고기준 450백만원)			

재원구성(%)	국고	30	지방비	30	융자	-	자부담	40

연도별 재정투입 현황 (단위 : 백만원)

구 분	2017년	2018년	2019년	2020년이후
합 계	6,650	7,000	7,000	9,800
국 고	1,995	2,100	2,100	2,940
지방비	1,995	2,100	2,100	2,940
자부담	2,660	2,800	2,800	3,920

담당기관	담당과	담당자	연락처
농림축산식품부	식품산업진흥과	사무관 강태원 주무관 권영민	044-201-2138 044-201-2139

신청시기	전년도 2분기	사업시행기관	시·도, 시·군·구
관련자료			

358 식품외식정보분석

세부사업명	식품산업인프라강화		세목	민간경상보조
내역사업명	식품외식정보분석		예산(백만원)	1,797
사업목적	○ 식품산업 통계.정보를 수집.가공.분석하여 식품.외식업계 마케팅 전략 수립, 원료농산물 생산자정보 제공을 통한 국산농산물 사용 촉진, 학계 학술연구, 정부정책 수립 등 식품산업육성을 위한 정보를 제공			
사업 주요내용	○ 국내외 식품산업통계 생산기관의 기초통계(통계청, 식약처, 한국은행, Globaldata 등) 수집 및 분석 ○ 식품산업 통계 DB 구축(국제 원자재 선물가격, 품목별 소매점 매출액 등) ○ 국가승인통계의 작성·배포(원료소비실태조사, 외식산업경기전망지수, 가공식품 소비자태도조사, 외식업경영실태조사) ○ 가공식품 품목별 세분시장 현황 조사 및 식품산업 트렌드 분석 ○ 식품산업통계정보(FIS) 운영을 통한 정보 이용환경 조성 및 정보 전파 ○ 식품외식산업 전망대회, 대학생 식품외식산업 논문경진대회 등 운영			
국고보조 근거법령	○ 식품산업진흥법 제9조(식품산업 통계의 조사) ○ 식품산업진흥법 제9조의2(식품산업 정보분석 전문기관의 지정) ○ 외식산업진흥법 제11조(외식산업 통계의 작성 및 관리)			
지원자격 및 요건	○ 한국농수산식품유통공사(민간경상보조 100%)			
지원한도	○ 식품산업 정보분석 : - 백만원 ○ 외식산업 정보분석 : - 백만원			

재원구성(%)	국고	100	지방비	-	융자	-	자부담	-

연도별 재정투입 현황 (단위 : 백만원)

구 분	2017년	2018년	2019년	2020년
합 계	1,955	1,681	1,681	1,797
국 고	1,955	1,681	1,681	1,797

담당기관	담당과	담당자	연락처
농림축산식품부	식품산업정책과 외식산업진흥과	송재원 왕희대	044-201-2116 044-201-2170
신청시기	-	사업시행기관	한국농수산식품유통공사
관련자료	-		

359 식품표준화

세부사업명	식품산업인프라강화		세목	민간경상보조
내역사업명	식품표준화		예산 (백만원)	1,100
사업목적	○ 농식품 표준화·규격화를 통한 국산 농산물 소비촉진, 소비자 선택권 확보 및 수출 증대 등 식품산업 육성 기반 구축			
사업 주요내용	○ 가공식품 한국산업표준(KS) 제·개정, 국제식품규격(CODEX) 제·개정 대응, ISO 등 국제표준 대응, 원산지인증제 운영 및 홍보			
국고보조 근거법령	○ 식품산업진흥법 제20조, 제21조, 제22조의2			
지원자격 및 요건	○ (KS, ISO, CODEX) 식품표준 업무를 수행할 수 있는 인력 및 시설을 갖춘 기관 ○ (원산지인증제) 농림수산식품교육문화정보원 ○ 국고 100%			
지원한도	-			
재원구성 (%)	국고	100%	지방비	융자	자부담

연도별 재정투입 현황 (단위 : 백만원)

구 분	2017년	2018년	2019년	2020년
합 계	1,380	1,187	1,100	1,100
국 고	1,380	1,187	1,100	1,100

담당기관	담당과	담당자	연락처
농림축산식품부 농림수산식품교육문화정보원	식품산업정책과 소비전략실	김동훈 김남훈	044-201-2122 044-861-8857

신청시기	1월중	사업시행기관	농림수산식품교육 문화정보원 (원산지인증제)
관련자료	-		

360 국산 식재료 공동구매 조직화 지원

세부사업명	푸드서비스 선진화	세목	지자체경상보조
내역사업명	우수 식재료 소비확대 기반조성	예산 (백만원)	250
사업목적	○ 외식업체간 협력을 통한 식재료 공동구매로 경영비 절감 및 국산 농산물 직거래 활성화		
사업 주요내용	○ 외식업소에서 대량으로 필요한 쌀.소금.양파 등의 식재료를 함께 구입 할 수 있도록 조직화 비용 및 운영비 지원		
국고보조 근거법령	○ 외식산업진흥법 제16조		
지원자격 및 요건	○ (사업대상자) 공동구매에 참여하는 복수의 외식업소로 구성된 단체·조직 ○ (지원조건) 지원금액의 2배이상 국산 식재료 구매실적 증빙 필요		
지원한도	최대 10백만원		

재원구성 (%)	국고	50%	지방비	50%	융자		자부담	

연도별 재정투입 현황 (단위 : 백만원)

구 분	2017년	2018년	2019년	2020년
합 계	200	200	250	500
국 고	100	100	250	250
자부담	100	100	-	250

담당기관	담당과	담당자	연락처
농림축산식품부	외식산업진흥과	이정은	044-201-2158

신청시기	2020.1월~	사업시행기관	지자체
관련자료	-		

361 음식점 원산지 표시 정착 지원 사업

세부사업명	농산물원산지관리			세목	민간 경상보조
내역사업명	음식점 원산지 표시 정착 지원 사업			예산 (백만원)	331
사업목적	○ 음식점 원산지 표시제도의 조기 정착을 위해 음식점 영업자 단체의 자율적인 지도·홍보를 유도				
사업 주요내용	○ 음식점 영업자 단체 소속 자율감시원의 원산지 표시 지도·홍보 활동수당 지원				
국고보조 근거법령	○ 「농수산물의 원산지 표시에 관한 법률」 제5조제3항(원산지 표시)				
지원자격 및 요건	○ 일반음식점영업, 휴게음식점영업 또는 위탁급식영업을 하는 영업소나 집단급식소를 설치·운영하는 자의 단체				
지원한도	-				
재원구성 (%)	국고	100	지방비	-	융자	-	자부담	-

연도별 재정투입 계획	구 분	2017년	2018년	2019년	(단위: 백만원) 2020년 이후
	합 계	381	381	331	331
	국 고	381	381	331	331
	지방비	-	-	-	-
	융 자	-	-	-	-
	자부담	-	-	-	-

담당기관	담당과	담당자	연락처
국립농산물품질관리원	원산지관리과	임은택 김경한	054-429-4152 054-429-4153
신청시기	정기(매년 연초)	사업시행기관	음식점 영업자 단체
관련자료	-		

362 한식진흥 및 음식관광활성화

세부사업명	한식진흥 및 음식관광활성화		세목	민간경상보조
내역사업명	한식진흥 및 음식관광활성화		예산(백만원)	**12,996**
사업목적	○ 한식을 세계인이 즐길 수 있는 음식으로 보급·홍보하여 농식품 수출 지원 및 국가 이미지 제고			
사업 주요내용	○ (한식진흥기반강화) 한식콘텐츠 개발·보급, 한식산업 및 소비실태 조사 등 ○ (음식관광성화) 지역별 음식자원을 연계한 음식관광 상품 개발·보급 등 ○ (전문인력양성) 한식교육 인프라 강화, 해외 한식인턴 지원 등 ○ (한식해외확산) 한식전문인력 파견, 해외 교류단체 지원 등			
국고보조 근거법령	○ 식품산업진흥법 제17조(전통식품과 식생활 문화의 세계화)			
지원자격 및 요건	○ 민간경상보조			
지원한도	○ 국고 100%			

재원구성(%)	국고	100	지방비	-	융자	-	자부담	-

연도별 재정투입 현황 (단위 : 백만원)

구 분	2017년	2018년	2019년	2020년
합 계	10,539	12,106	9,858	12,996
국 고	10,539	12,106	9,858	12,996
지방비	-	-	-	-
자부담	-	-	-	-

담당기관	담당과	담당자	연락처
농림축산식품부	외식산업진흥과	이현 류은빈	044-201-2155 044-201-2156
신청시기	-	사업시행기관	한식진흥원
관련자료			

6-1. 경쟁력 제고

유통원예분야

363 과실브랜드 육성

세부사업명	과수 생산유통지원			세목	민간경상보조
내역사업명	과실브랜드 육성			예산 (백만원)	1,115
사업목적	○ 다국적기업과 경쟁할 수 있는 국내대표브랜드육성				
사업 주요내용	○ 브랜드 품질관리, 마케팅운영지원, 홍보지원 등				
국고보조 근거법령	○ 자유무역협정 체결에 따른 농어업인 등의 지원에 관한 특별법 제5조(농어업등의 경쟁력 향상을 위한 지원)				
지원자격 및 요건	- 전국공동브랜드 : 전국 광역조직으로 전국 생산량의 40% 이상을 점유하는 품목이 3개 이상인 조직 - 지역공동브랜드 : 과수 생산유통지원사업을 추진하는 광역 또는 시·도 단위 브랜드 경영체				
지원한도	- 전국공동브랜드 : 연차별 사업수요 반영 - 지역공동브랜드 : 개소당 총사업비 900~3,000백만원 기준(3년간 균분지원) * 개소당 연간 지원액 : 3~10억원				
재원구성 (%)	국고	30	지방비	30	융자	-	자부담	40

(재원구성 row: 국고 30 / 지방비 30 / 융자 - / 자부담 40)

연도별 재정투입 계획

(단위 : 백만원)

구 분	2018년	2019년	2020년	2021년 이후
합 계	3,145	2,450	2,450	15,395
국 고	1,325	1,115	1,115	6,015
지방비	660	450	450	4,020
자부담	1,160	885	885	5,360

담당기관	담당과	담당자	연락처
농림축산식품부	원예경영과	과 장 김수일 사무관 이강권 주무관 송일로	044-201-2253
한국과수농협연합회	생산유통부	전 무 박연순 차 장 김영문	054-534-8003

신청시기		사업시행기관	
관련자료	농림사업정보시스템(AGRIX) 사업시행지침서		

364 밭작물공동경영체육성지원 사업 개요

세부사업명	밭작물산업육성사업			세목	자치단체 자본보조
내역사업명	밭작물공동경영체육성지원(자치단체)			예산 (백만원)	10,100
사업목적	○ 밭작물 주산지 중심으로 품질 경쟁력 및 생산혁신 역량을 갖춘 조직화·규모화된 공동경영체를 육성하고 통합마케팅조직과 계열화를 통해 시장교섭력 확보 및 지역단위의 자율적 수급조절에 기여				
사업 주요내용	○ 생산자 조직화·규모화를 위한 역량 강화, 생산비 절감, 품질 관리 등에 필요한 교육, 컨설팅, 시설, 장비 등 맞춤형 지원				
국고보조 근거법령	○ 「농업·농촌 및 식품산업 기본법」 제7조 및 제8조 ○ 「농업기계화촉진법」 제4조 ○ 「자유무역협정 체결에 따른 농어업인 등의 지원에 관한 특별법」 제5조 ○ 「농어업경영체 육성 및 지원에 관한 법률」 제27조3				
지원자격 및 요건	○ 사업주관기관 요건 : 원예산업종합계획이 수립·승인된 지자체(기존에 승인된 산지유통합계획, 과수산업발전계획은 기한만료시까지 효력 인정) - 채소류(참깨, 땅콩, 버섯류, 특작류 포함) 주산지 시·군(과수는 해당 품목 재배면적 100ha 이상인 시·군) - 특화수준 또는 준 주산지에 해당되는 시·군 ○ 사업대상자 요건 - 밭작물공동경영체 조건을 갖추고 통합마케팅조직에 참여하는 농업법인, 농협조직, 협동조합(공동경영체 참여농가의 해당 품목 재배면적이 시·군·구 해당 품목 전체 재배면적의 5% 이상이어야 함) ※ 단, 먹거리 계획 협약이 체결된 시·군 계획에 포함된 사업자는 사업대상자, 지원자격 및 요건 등을 별도로 정하는 평가계획으로 평가 가능 ※ 기타 상세요건은 사업시행지침 참고				
지원한도	공동경영체별 10억원 이내				
재원구성 (%)	국고 50	지방비 40	융자 -	자부담	10

(단위 : 백만원)

연도별 재정투입 계획	구 분	2018년	2019년	2020년	2021년 이후
	합 계	20,000	21,500	20,200	미정
	국 고	10,000	10,750	10,100	미정
	지방비	8,000	8,600	8,080	미정
	자부담	2,000	2,150	2,020	미정

담당기관	담당과	담당자	연락처
농림축산식품부 지자체(시·도 및 시·군)	유통정책과 친환경유통과 등 (직제에 따름)	사무관 김아림 사무분장 규정에 의함	044-201-2219 -

신청시기	정기(전년도 10월까지), 수시	사업시행기관	자치단체
관련자료	농림사업정보시스템(AGRIX), 사업시행지침서		

365 ICT 융복합 지원(스마트팜 확산 지원)

세부사업명	농업정보이용활성화		세목	민간경상보조
내역사업명	ICT 융복합 확산지원(스마트팜 확산 지원)		예산 (백만원)	1,111
사업목적	○ 스마트팜 확산 유도 및 산업성장 지원 등을 위한 체계적인 교육프로그램 운영, 선도사례 발굴 및 홍보, 국내외 박람회 참가지원, 기자재 규격 및 표준화 지원 등			
사업 주요내용	○ 스마트팜 활용역량 강화 - 현업 중심의 스마트팜 전문교육 지원, 스마트팜 성과 분석을 통한 맞춤형 지원 강화 ○ 스마트팜 현장지원 확대 - 스마트팜 사후관리 지원체계 강화 및 운영, 수요자 맞춤형 스마트팜 통합 홍보 ○ 스마트팜 산업생태계 육성 - 스마트팜 주요 기술·서비스 표준화 및 산업 경쟁력 강화, 스마트팜 ICT기업 육성 지원			
국고보조 근거법령	○ 농업·농촌 및 식품산업기본법 제52조(농업 및 농촌지역의 정보화 촉진) ○ 국가정보화 기본법 제35조(정보격차해소교육의 시행 등)			
지원자격 및 요건	○ 국고 100% ○ 스마트팜 농가 또는 예정 농업인 참여			
지원한도	해당없음			
재원구성 (%)	국고	100	지방비	0	융자	0	자부담	0

연도별 재정투입 계획 (단위 : 백만원)

구 분	2017년	2018년	2019년	2020년
합 계	-	-	1,410	1,111
국 고	-	-	1,410	1,111

담당기관	담당과	담당자	연락처
농림축산식품부 농림수산식품교육문화정보원	농산업정책과 스마트농업지원실	심동욱 사무관 원주언 실장	044-201-2425 044-861-8790
신청시기	-	사업시행기관	농림수산식품 교육문화정보원
관련자료	-		

366 스마트팜 ICT융복합확산사업(시설보급, 컨설팅) 개요

세부사업명	스마트팜 ICT융복합확산사업		세목	자치단체 자본보조
내역사업명	스마트팜 ICT융복합확산사업(시설보급)		예산(백만원)	3,500
사업목적	○ ICT 시설기반 구축 자동화온실 등에 시설물 자동·원격제어를 통한 온·습도 관리 등 최적 생육환경 조성에 필요한 환경제어시스템 구축 등 스마트팜 시설 지원			
사업 주요내용	○ 시설원예 분야 ICT 융복합된 스마트팜 시설보급 및 컨설팅 지원			
국고보조 근거법령	○ 「자유무역협정 체결에 따른 농업인등의 지원에 관한 특별법」제5조(농어업 등의 경쟁력 향상을 위한 지원)			
지원자격 및 요건	○ 채소·화훼·특용작물*(육묘장 포함) 자동화 재배 시설을 운영하는 농업인·농업법인·생산자단체 * 특용작물 : 버섯, 인삼, 약용채소			
지원한도	○ 사업비 상한액: 200백만원(총사업비 기준 1백만원 미만 사업 지원 제외) - 표준사업비(0.33ha 기준): 복합환경관리 20백만원, 단순환경관리 7백만원 * 사업집행 시 실 단가를 적용하되, 사업시행기관장 책임 하에 철저한 검토·확인을 거쳐 집행			
재원구성(%)	국고 30	지방비 30		자부담 40

연도별 재정투입 계획
* 컨설팅 : 국고 80%, 자부담 20%

(단위 : 백만원)

구 분	2017년	2018년	2019년	2020년
합 계	21,000	21,000	21,000	10,500
국 고	4,200	4,200	4,200	3,500
지방비	6,300	6,300	6,300	3,000
융 자	6,300	6,300	6,300	-
자부담	4,200	4,200	4,200	4,000

담당기관	담당과	담당자	연락처
농림축산식품부	원예경영과	과 장 김수일 사무관 최은철	044-201-2256
농림수산식품교육문화정보원	스마트농업지원실	실 장 원주언 과 장 정명종	044-861-8791
신청시기	정기(전년도 8.30.일까지), 수시	사업시행기관	자치단체
관련자료	농림사업정보시스템(AGRIX) 사업시행지침서		

367 스마트팜 실증단지(실증단지 시설구축)

세부사업명	스마트팜 실증단지		세목	지자체 자본보조
내역사업명	실증단지 시설구축		예산 (백만원)	13,552
사업목적	○ 스마트팜 관련 기자재·품목에 대한 실증공간 및 서비스 제공으로 기업의 신제품·서비스 개발과 공공 연구결과의 현장적용성 강화			
사업 주요내용	○ 스마트팜 실증단지 내 유리·비닐온실, 수직형 농장 등 조성			
국고보조 근거법령	○ 농어촌정비법 제10조(농업생산기반 정비사업 시행자)·제108조(자금지원)			
지원자격 및 요건	○ '스마트팜 혁신밸리' 사업 공모에 선정된 지자체			
지원한도	○ 개소 당 9,240백만원(국비)			
재원구성 (%)	국고 70	지방비 30	융자 0	자부담 0

(단위 : 백만원)

구 분	2017년	2018년	2019년	2020년
합 계	-	-	17,600	19,360
국 고	-	-	12,320	13,552
지방비	-	-	5,280	5,808
융자	-	-	-	-
자부담	-	-	-	-

담당기관	담당과	담당자	연락처
농림축산식품부	농산업정책과	박찬우 사무관	044-201-2426
신청시기	-	사업시행기관	지방자치단체
관련자료	-		

368 스마트팜 실증단지(실증장비 구축)

세부사업명	스마트팜 실증단지		세목	지자체 자본보조
내역사업명	실증장비 구축		예산 (백만원)	12,600
사업목적	○ 스마트팜 관련 기자재·품목에 대한 실증공간 및 서비스 제공으로 기업의 신제품·서비스 개발과 공공 연구결과의 현장적용성 강화			
사업 주요내용	○ 스마트팜 실증단지 내 ICT기자재(복합환경제어기, 양액기, 센서 등), 스마트 농기계 등의 호환성, 신뢰성 등을 실증하기 위한 장비 구축			
국고보조 근거법령	○ 농어촌정비법 제10조(농업생산기반 정비사업 시행자)·제108조(자금지원)			
지원자격 및 요건	○ '스마트팜 혁신밸리' 사업 공모에 선정된 지자체			
지원한도	○ 개소 당 6,300백만원(국비)			
재원구성 (%)	국고 70	지방비 30	융자 0	자부담 0

(단위 : 백만원)

구 분	2017년	2018년	2019년	2020년
합 계	-	-	-	18,000
국 고	-	-	-	12,600
지방비	-	-	-	5,400
융자	-	-	-	-
자부담	-	-	-	-

(연도별 재정투입 현황)

담당기관	담당과	담당자	연락처
농림축산식품부	농산업정책과	박찬우 사무관	044-201-2426

신청시기	-	사업시행기관	지방자치단체
관련자료	-		

369 스마트팜 실증단지(지원센터 조성)

세부사업명	스마트팜 실증단지			세목	지자체 자본보조
내역사업명	지원센터 조성			예산 (백만원)	7,333
사업목적	○ 스마트팜 관련 기자재·품목에 대한 실증공간 및 서비스 제공으로 기업의 신제품·서비스 개발과 공공 연구결과의 현장적용성 강화				
사업 주요내용	○ 전시·체험, 데이터 수집 및 공유, 검인증, 스타트업 등 기능을 복합적으로 수행하기 위한 지원센터 조성				
국고보조 근거법령	○ 농어촌정비법 제10조(농업생산기반 정비사업 시행자)·제108조(자금지원)				
지원자격 및 요건	○ '스마트팜 혁신밸리' 사업 공모에 선정된 지자체				
지원한도	○ 개소 당 5,000백만원(국비)				
재원구성 (%)	국고	50	지방비	50	융자	0	자부담	0

(단위 : 백만원)

구 분	2017년	2018년	2019년	2020년
합 계	-	-	13,334	14,666
국 고	-	-	6,667	7,333
지방비	-	-	6,667	7,333
융자	-	-	-	-
자부담	-	-	-	-

담당기관	담당과	담당자	연락처
농림축산식품부	농산업정책과	박찬우 사무관	044-201-2426
신청시기	-	사업시행기관	지방자치단체
관련자료	-		

6-2. 생산기반확충

유통원예분야

370 농업에너지이용효율화사업 개요

세부사업명	농업에너지이용효율화사업			세목	자치단체 자본보조
내역사업명	신재생에너지시설, 에너지절감시설			예산 (백만원)	24,156
사업목적	○ 신재생에너지 이용기술의 농업분야 적용을 통한 온실가스 감축 및 농자재 가격 상승으로 인한 농가 경영비 부담 경감을 위한 에너지절감자재 지원				
사업 주요내용	○ 신재생에너지시설(지열냉난방시설, 폐열재이용시설, 목재펠릿난방기)과 에너지 절감시설(다겹보온커튼, 자동보온덮개, 공기열냉난방시설 등) 설치 및 에너지 진단 컨설팅지원				
국고보조 근거법령	○「신에너지 및 재생에너지 개발·이용·보급 촉진법」제4조(시책과 장려 등) ○「에너지이용 합리화법」제36조(폐열의 이용) ○「농업·농촌 및 식품산업기본법」제8조(농어업의 구조개선과 지속가능한 발전)				
지원자격 및 요건	○ 냉난방이 필요한 고정식 시설에서 채소·화훼·버섯류를 재배·생산하는 농업인· 농업법인·생산자단체 또는 시·군 자치구 ○ 돼지·닭·오리 가축사육업 허가 또는 등록 농가(지열 및 폐열에 한함)				
지원한도	○ 공기열 냉난방시설 : 농작물 재배온실 1,000㎡ 이상 30,000㎡ 미만 ○ 그 외 시설 : 총사업비 기준 1백만원 미만 사업 지원 제외				
재원구성 (%)	국고 20~60	지방비 20~30	융자 10~30	자부담 10~20	

연도별 재정투입 계획	* 에너지진단 컨설팅 국고 100% (단위 : 백만원)

구 분	2017년	2018년	2019년	2020년
합 계	116,550	103,190	83,865	62,755
국 고	33,952	30,304	27,273	17,385
지방비	31,927	28,053	22,572	17,640
융 자	28,439	24,789	19,797	16,345
자부담	22,232	20,044	14,223	11,385

담당기관	담당과	담당자	연락처
농림축산식품부	원예경영과	과 장 김수일 사무관 최은철	044-201-2256
한국농어촌공사	첨단기술사업처	처 장 김희중 부 장 박승표	061-338-5701
신청시기	정기(전년도 8.30.일까지), 수시	사업시행기관	자치단체
관련자료	농림사업정보시스템(AGRIX) 사업시행지침서		

371 고추비가림재배시설지원

세부사업명	원예시설현대화			세목	자치단체 자본보조
내역사업명	고추비가림재배시설지원			예산 (백만원)	3,360
사업목적	○ FTA 등에 따른 시장개방 확대와 잦은 기상이변에 대비하여 비가림 재배시설 지원을 통한 고추 생산기반 확충 및 자급기반 확보					
사업 주요내용	○ 관수시설(점적관수, 스프링클러, 관정), 환경관리시설(자동개폐기, 차광망)을 포함한 고추비가림재배시설 지원					
국고보조 근거법령	○ 「자유무역협정 체결에 따른 농어업인 등의 지원에 관한 특별법」 제5조(농어업 등의 경쟁력 향상을 위한 지원)					
지원자격 및 요건	○ 「농어업경영체 육성 및 지원에 관한 법률」 제4조에 따라 농업경영정보를 등록한 농업인·농업법인					
지원한도	○ 기준면적: 시설면적 660㎡ 이상 ○ 기준단가: 22천원/㎡					
재원구성 (%)	국고 20	지방비 30	융자 30	자부담 20	

(단위: 백만원)

구 분	2017년	2018년	2019년	2020년
합 계	40,000	32,000	28,000	16,800
국 고	8,000	6,400	5,600	3,360
융 자	4,800	3,840	3,360	2,016
지방비	12,000	9,600	8,400	5,040
자부담	15,200	12,160	10,640	6,384

연도별 재정투입 현황

담당기관	담당과	담당자	연락처
농림축산식품부 지자체	원예산업과 시·군·자치구 원예담당	사무관 이남윤 -	044-201-2236 -

신청시기	매년 1월	사업시행기관	농림축산식품부
관련자료	농림사업정보시스템(AGRIX), 사업시행지침서		

372 과수분야 스마트팜확산

세부사업명	과수 생산유통지원			세목	자치단체자본보조
내역사업명	과수분야 스마트팜확산			예산(백만원)	200
사업목적	○ 과수분야 ICT 시설장비를 활용을 하여 노동력을 절감 및 고품질 과수생산을 통해 과수경쟁력 확보				
사업 주요내용	○ 과수분야 ICT 시설(온·습도, 풍속, 강우, 토양수분 등과 병해충 예찰정보 모니터링을 위한 센서 장비 및 영상모니터링 장비 등				
국고보조 근거법령	○ 자유무역협정 체결에 따른 농어업인 등의 지원에 관한 특별법 제5조(농어업 등의 경쟁력 향상을 위한 지원)				
지원자격 및 요건	○ ICT융복합 시설 적용이 가능한 과수재배 농업경영체				
지원한도	○ 사업별 지원 단가는 실 단가를 적용, 사업비 상한액 기준: 200백만원				
재원구성(%)	국고 20	지방비 30		융자 30	자부담 20

(단위 : 백만원)

구 분	2018년	2019년	2020년	2021년 이후
합 계	3,640	2,000	1,000	7,500
국 고	800	400	200	1,500
지방비	1,200	600	300	2,250
융 자	840	420	210	1,260
자부담	800	580	290	2,490

담당기관	담당과	담당자	연락처
농림축산식품부	원예경영과	과 장 김수일 사무관 최종순 주무관 서경호	044-201-2255
농림수산식품교육문화정보원	정보융합실	실 장 양종열 과 장 정명종	044-861-8763
신청시기	정기(전년도 11.30.일까지)		

373 과수거점산지유통센터 건립 지원

세부사업명	과수 생산유통지원		세목	자치단체자본보조
내역사업명	과수거점산지유통센터 건립 지원		예산 (백만원)	4,227
사업목적	○ 규모화·현대화된 산지유통시설을 지원하여 소규모 유통시설의 중심축으로 육성			
사업 주요내용	○ 집하선별, 포장, 예냉·저온저장, 냉장수송시설, 위생시설, 신선편의시설, 가공시설 등 일괄지원			
국고보조 근거법령	○ 자유무역협정 체결에 따른 농어업인 등의 지원에 관한 특별법 제5조(농어업등의 경쟁력 향상을 위한 지원)			
지원자격 및 요건	○ 연간 과일 선별물량을 5천톤~2만톤 내외로 조달가능하고, 원료조달 물량의 2배이상(1~4만톤 내외)을 생산하는 지역에서 시·군단위 이상의 규모화된 마케팅사업이 가능한 운영주체를 확보한 경우			
지원한도	○ 15,000백만원 내외/개소(부지구입비 제외)			

재원구성(%)	국고	50~40	지방비	50~30	융자	0	자부담	30

연도별 재정투입 계획 (단위: 백만원)

구 분	2018년	2019년	2020년	2021년 이후
합 계	7,884	10,280	10,280	74,472
국 고	3,942	4,227	4,227	27,081
지방비	3,942	4,227	4,227	27,081
자부담	-	1,826	1,826	20,310

담당기관	담당과	담당자	연락처
농림축산식품부	원예경영과	과 장 김수일 사무관 최종순 주무관 서경호	044-201-2255
한국농수산식품유통공사	유통조성처	부 장 김동목 차 장 안만물 과 장 곽일태	061-931-1026
신청시기	정기(전년도 1.31.일까지)		

374 과수고품질시설현대화

세부사업명	과수생산유통지원		세목	자치단체자본보조
내역사업명	과수고품질시설현대화		예산 (백만원)	43,338
사업목적	○ 과수생산시설현대화를 통하여 고품질생산 및 재해예방 등 경쟁력 강화			
사업 주요내용	○ 고품질 생산(우량품종갱신, 지주시설, 비가림 시설 등) 및 재해예방시설 등 지원			
국고보조 근거법령	○ 자유무역협정 체결에 따른 농어업인 등의 지원에 관한 특별법 제5조(농어업 등의 경쟁력 향상을 위한 지원)			
지원자격 및 요건	○ 최근 5년 이내 과수산업발전계획의 사업시행주체(참여조직) 또는 지역 푸드플랜에 참여 실적이 있고, 3년 이상(사업시행주체와 지역 푸드플랜에 생산량의 80% 이상) 출하약정한 경영체			
지원한도	○ 사업별 지원 단가는 실 단가를 적용			
재원구성 (%)	국고 20	지방비 30	융자 30	자부담 20

연도별 재정투입 계획	(단위 : 백만원)			
구 분	2018년	2019년	2020년	2021년 이후
합 계	137,885	150,356	132,245	486,640
국 고	27,577	30,071	26,449	97,328
지방비	41,365	45,107	39,674	145,992
융 자	18,321	15,360	16,889	54,016
자부담	50,622	59,818	49,233	189,304

담당기관	담당과	담당자	연락처
농림축산식품부	원예경영과	과 장 김수일 사무관 최종순 주무관 서경호	044-201-2255
한국농수산식품 유통공사	FTA기금관리팀	차 장 김은희	061-931-1126
농협은행	농식품금융부	과 장 이주섭	02-2080-7587

신청시기	정기(전년도 11.30.일까지)	사업시행기관	자치단체
관련자료	농림사업정보시스템(AGRIX) 사업시행지침서		

375 과수우량묘목 운영 지원

세부사업명	과수 생산유통지원		세목	민간자본보조
내역사업명	과수우량묘목생산지원		예산 (백만원)	500
사업목적	무병, 우량 과수묘목공급기반조성			
사업 주요내용	과수 무병품종(원종) 선발 및 도입, 중앙모수포 증설 등			
국고보조 근거법령	자유무역협정 체결에 따른 농어업인 등의 지원에 관한 특별법 제5조(농어업등의 경쟁력 향상을 위한 지원)			
지원자격 및 요건	우량 보증묘목 생산 체계 구축을 위해 무병원종 확보 및 보존·증식·공급을 담당하는 중앙과수묘목관리센터			
지원한도	기반조성 : 500백만원 이내/개소			
재원구성(%)	국고 100	지방비 0	융자 0	자부담 0

연도별 재정투입 계획 (단위 : 백만원)

구 분	2018년	2019년	2020년	2021년 이후
합 계	500	500	500	1,500
국 고	500	500	500	1,500
자부담	-	-	-	-

담당기관	담당과	담당자	연락처
농림축산식품부	원예경영과	과 장 김수일 사무관 윤석중	044-201-2260
한국과수 농협연합회	중앙과수묘목관리센터	전 무 박연순 과 장 김우섭	054-534-8003
신청시기	수시		

376 과수우량묘목 생산 지원

세부사업명	과수 생산유통지원		세목	민간자본보조
내역사업명	과수우량묘목생산지원		예산 (백만원)	500
사업목적	○ 무병, 우량 과수묘목공급기반조성			
사업 주요내용	○ 과수 무병품종(원종) 선발 및 도입, 중앙모수포 증설 등			
국고보조 근거법령	○ 자유무역협정 체결에 따른 농어업인 등의 지원에 관한 특별법 제5조 (농어업등의 경쟁력 향상을 위한 지원)			
지원자격 및 요건	○ 우량 보증묘목 생산 체계 구축을 위해 무병원종 확보 및 보존·증식·공급을 담당하는 중앙과수묘목관리센터			
지원한도	기반조성 : 500백만원 이내/개소			
재원구성 (%)	국고 100 / 지방비 0 / 융자 0 / 자부담 0			

연도별 재정투입 계획 (단위 : 백만원)

구 분	2018년	2019년	2020년	2021년 이후
합 계	500	500	500	1,500
국 고	500	500	500	1,500
자부담	-	-	-	-

담당기관	담당과	담당자	연락처
농림축산식품부	원예경영과	과 장 김수일 사무관 윤석중	044-201-2260
한국과수 농협연합회	중앙과수묘목관리센터	전 무 박연순 과 장 김우섭	054-534-8003
신청시기	수시		

377 과실전문생산단지 기반조성

세부사업명	과수 생산유통지원		세목	자치단체자본보조
내역사업명	과실전문생산단지 기반조성		예산 (백만원)	21,182
사업목적	○ 과실전문생산단지 조성을 위한 용배수로, 경작로 정비 등 과수생산 및 출하기반 구축			
사업 주요내용	○ 과실전문생산단지 조성을 위한 용수원 개발(관정, 양수장 등), 경작로 정비 등			
국고보조 근거법령	○ 자유무역협정 체결에 따른 농어업인 등의 지원에 관한 특별법 제5조(농어업등의 경쟁력 향상을 위한 지원)			
지원자격 및 요건	○ FTA 과수 생산유통지원사업 추진지역 중 집단화된 지구로 개소당 사업규모가 30ha이상(수출단지는 10ha이상), 사업범위는 중심지역에서 반경 3km이내 한정 ○ 사업수혜농가들이 사업시행주체(지원대상 조직)에 5년 이상 생산량의 80%이상 출하약정한 지구			
지원한도	○ 기반조사비 : 461천원/ha (국고100%) ○ 기반조성 사업비 : 32,520천원/ha (국고 80%, 지방비 20%)			

재원구성 (%)	국고	80	지방비	20	융자	0	자부담	0

연도별 재정투입계획 (단위 : 백만원)

구 분	2018년	2019년	2020년	2021년 이후
합 계	24,109	26,477	26,478	86,050
국 고	19,361	21,181	21,182	68,840
지방비	4,748	5,296	5,296	17,210

담당기관	담당과	담당자	연락처
농림축산식품부	원예경영과	과 장 김수일 사무관 최종순 주무관 서경호	044-201-2255
한국농어촌공사	사업계획처 사업개발부	부 장 윤성은 차 장 정근영 대 리 백민경	061-338-6206
신청시기	정기(전년도 3.31.일까지)		

378 과수인공수분용꽃가루생산단지조성

세부사업명	과수 생산유통지원			세목	자치단체자본보조
내역사업명	과수인공수분용꽃가루생산단지조성			예산 (백만원)	145
사업목적	○ 과수인공꽃가루단지를 조성하여 고품질 국산꽃가루 생산				
사업 주요내용	○ 꽃가루 채취단지 기반조성, 꽃가루 채취 및 발아율 검증장비 구입, 관리시설 설치 등				
국고보조 근거법령	○ 자유무역협정 체결에 따른 농어업인 등의 지원에 관한 특별법 제5조(농어업등의 경쟁력 향상을 위한 지원)				
지원자격 및 요건	○ 과수인공수분용 꽃가루채취단지 조성에 필요한 토지를 소유하고 있거나 확보가 가능한 지자체, 농협, 농업법인등				
지원한도	725백만원(국비 362.5백만원 이내, 5ha/1개소 기준)				
재원구성 (%)	국고 50	지방비 30	융자 0	자부담 20	

연도별 재정투입 계획 (단위 : 백만원)

구 분	2018년	2019년	2020년	2021년 이후
합 계	725	726	290	2,179
국 고	362.5	363	145	1,089
지방비	217.5	218	87	654
자부담	145	145	58	436

담당기관	담당과	담당자	연락처
농림축산식품부	원예경영과	과 장 김수일 사무관 윤석중	044-201-2255

신청시기	정기(1.31일까지)	사업시행기관	
관련자료	농림사업정보시스템(AGRIX) 사업시행지침서		

379 농산물산지유통센터(일반APC) 지원(자치단체)

세부사업명	농산물산지유통시설지원		세목	자치단체 자본보조
내역사업명	농산물산지유통센터(일반APC)지원		예산 (백만원)	17,488
사업목적	○ 산지 농산물의 규격화·상품화에 필요한 집하·선별·포장·저장 및 출하 등의 복합 기능을 갖춘 유통시설(Agricultural Product Processing Complex) 지원				
사업 주요내용	○ 산지 농산물을 규격화·상품화하기 위해 필요한 집하·선별·포장·저장 및 출하 등의 기능 수행을 위한 복합시설의 건립·보완 지원				
국고보조 근거법령	○ 농수산물 유통 및 가격안정에 관한 법률 제51조(농수산물산지유통센터의 설치·운영 등) 및 제57조(기금의 용도)				

지원자격 및 요건	○ 지자체 또는 품목 단위 원예산업종합계획(시설설치계획)에 참여하고, 당해연도 산지유통종합평가결과 선정된 조직(지역연합조직, 품목광역조직, 참여조직)으로 사업부지를 확정한 사업자
	  * 전년도 원예농산물 취급액 중 산지통합마케팅조직으로의 출하액 비율이 30% 이상이며, 조직화취급액이 30억원 이상이고, 산지통합마케팅조직에 출하한 조직화취급액이 15억원 이상인 사업신청자
	○ 푸드플랜 패키지 지원대상(먹거리계획 협약을 맺은 지자체)으로 선정된 지자체
	  * 푸드플랜 패키지 지원에 따른 사업신청은 지역 원예산업종합계획 및 산지유통종합평가와는 무관함				

지원한도	○ 신규시설의 경우 최소 25~60억원 내외(푸드플랜 APC 5~40억원 내외), 보완시설의 경우 최소 5~60억원 내외				

재원구성 (%)	국고	30~50	지방비	10~50	융자	-	자부담	0~40

연도별 재정투입 계획 (단위 : 백만원)

구 분	2017년	2018년	2019년	2020년
합 계	58,283	58,283	73,016	58,293
국 고	17,485	17,485	21,905	17,488
지방비	17,485	17,485	21,905	17,488
자부담	23,313	23,313	29,206	23,317

담당기관	담당과	담당자	연락처
농림축산식품부 한국농수산식품유통공사 농협경제지주 자치단체	유통정책과 산지시설부 원예사업부 시·군·구 농정담당부서	사무관 하미숙 차 장 안만물 계 장 김주리 -	044-201-2223 061-931-1021 02-2080-6314 -
신청시기	전년도 6.30.까지	사업시행기관	시·도, 시·군·구
관련자료			

380 과원규모화

세부사업명	과수생산유통지원(융자)			세목	융자금
내역사업명	과원규모화			예산(백만원)	37,520
사업목적	○ 과원규모를 확대하고 집단화함으로써 과수산업경쟁력 제고				
사업 주요내용	○ 과원 규모화를 위한 융자지원				
국고보조 근거법령	○ 「농업·농촌 및 식품산업 기본법」 제3조에 따른 농촌 및 「수산업·어촌 발전 기본법」 제3조에 따른 어촌 지역안의 과원(실제 이용현황기준)				
지원자격 및 요건	○ 과원매도·임대대상자 - 비농가, 전업(轉業).은퇴 또는 과원규모를 축소하는 농가, 비농업법인 등 ○ 과원매입·임차대상자 - 과수전업농육성대상자, 2030세대, 과수를 주작목으로 설립된 법인 등				
지원한도	○ 과원매매 : 제곱미터(㎡)당 20,000원(과수목 포함) ○ 과원임대차 : 임차료는 공사가 당사자와 협의하여 합의된 가격으로 결정 * 과수농가 : 5ha, 농업법인 : 10ha				
재원구성(%)	국고	0	지방비 0	융자 100	자부담 0

연도별 재정투입 계획

(단위 : 백만원)

구 분	2018년	2019년	2020년	2021년 이후
합 계	42,900	39,300	37,520	140,700
융 자 - 매매	36,000	32,400	32,000	120,000
- 임대	6,900	6,900	5,520	20,700

담당기관	담당과	담당자	연락처
농림축산식품부	원예경영과	과 장 김수일 사무관 최종순 주무관 서경호	044-201-2255
한국농어촌공사	농지수신부	부 장 김형섭 차 장 양진승 대 리 이정화	061-338-5888

신청시기	수시(연중 가능)	사업시행기관	한국농어촌공사
관련자료	농림사업정보시스템(AGRIX) 사업시행지침서		

381 스마트원예단지 기반조성사업

세부사업명	스마트원예단지 기반조성사업	세목	자치단체 자본보조
내역사업명	스마트원예단지 기반조성사업	예산 (백만원)	2,800
사업목적	○ 자연재해, 환경오염에 취약한 노후 온실단지의 기반·생산시설 등 기초환경을 개선하여 스마트팜 저변확대 추진 ○ 노후·영세한 재배시설을 이전·집적화하거나 신규로 규모화된 스마트팜 단지를 조성하여 스마트팜 확산거점으로 육성, 농식품 수출확대 및 농업의 미래성장산업화		
사업 주요내용	○ 노후온실 밀집지역 대상으로 도로, 용배수, 전기, 오폐수처리 등의 기반시설 개보수·증설 ○ 단지 조성에 필요한 부지정지 및 용수, 전기, 도로, 오폐수처리 등의 기반시설 조성		
국고보조 근거법령	○ 「농어촌정비법」제2조(정의) 제5호 나목 ○ 「농어촌정비법」제10조(농업생산기반정비사업 시행자) ○ 「보조금관리에 관한 법률」제9조(보조금의 대상사업 및 기준보조율)		
지원자격 및 요건	○ 노후온실단지 기반시설 개보수 또는 스마트원예단지를 조성하고자 하는 시·군·자치구 - 지자체는 부지 확보 후 참여경영체 등과 스마트원예단지 기반조성사업 추진단을 구성하여 사업신청		
지원한도	○ 기준단가 : (개보수) 250백만원/ha, (신규) 500백만원/ha		

재원구성 (%)	국고	70	지방비	30	융자	-	자부담	-

(단위 : 백만원)

연도별 재정투입 계획	구 분	2017년	2018년	2019년	2020년
	합 계	5,000	5,000	10,000	4,000
	국 고	3,500	3,500	7,000	2,800
	지방비	1,500	1,500	3,000	1,200
	융 자	-	-	-	-
	자부담	-	-	-	-

담당기관	담당과	담당자	연락처
농림축산식품부	원예경영과	과 장 김수일 사무관 최은철	044-201-2256
한국농어촌공사	첨단기술사업처	처 장 김희중 부 장 한재욱	061-338-5701

신청시기	수시	사업시행기관	자치단체
관련자료	농림사업정보시스템(AGRIX) 사업시행지침서		

382 시설원예현대화 지원

세부사업명	원예시설현대화			세목	자치단체 자본보조	
내역사업명	시설원예현대화			예산 (백만원)	14,816	
사업목적	○ FTA 등 개방화에 대응하여 농산물전문생산단지 및 일반원예시설의 현대화를 지원하여 원예작물의 품질개선 및 안정적인 수출기반 구축					
사업 주요내용	○ 농산물전문생산단지.일반원예시설 현대화를 위한 측고인상, 관수관비, 환경관리, 기타(무인방제기, 전동운반기, 레일카, 파쇄기) 자재.설비 등 지원					
국고보조 근거법령	○ 「자유무역협정 체결에 따른 농업인등의 지원에 관한 특별법」제5조(농어업 등의 경쟁력 향상을 위한 지원)					
지원자격 및 요건	○ 채소.화훼류 고정식 재배 시설을 운영하는 농업인.농업법인.생산자단체					
지원한도	○ 사업집행 시 실 단가를 적용하되, 사업주관기관장 책임 하에 철저한 검토.확인을 거쳐 집행 (총사업비 기준 1백만원 미만 사업 지원 제외)					
재원구성 (%)	국고	20	지방비	30	융자	30	자부담	20

연도별 재정투입 계획

(단위 : 백만원)

구 분	2017년	2018년	2019년	2020년
합 계	119,100	101,920	77,150	46,300
국 고	23,820	20,384	15,430	9,260
지방비	35,730	30,576	23,145	13,890
융 자	35,730	30,576	23,145	13,890
자부담	23,820	20,384	15,430	9,260

담당기관	담당과	담당자	연락처
농림축산식품부	원예경영과	과 장 김수일 사무관 최은철	044-201-2256
신청시기	정기(전년도 8.30.일까지), 수시	사업시행기관	자치단체
관련자료	농림사업정보시스템(AGRIX) 사업시행지침서		

383 유통시설현대화

세부사업명	과수 생산유통지원	세목	자치단체자본보조
내역사업명	유통시설현대화	예산(백만원)	450
사업목적	○ 선별포장시설 등 상품화시설을 지원하여 상품성향상 및 부가가치제고		
사업 주요내용	○ 기존 APC 선별시설 등 증설보완		
국고보조 근거법령	○ 자유무역협정 체결에 따른 농어업인 등의 지원에 관한 특별법 제5조(농어업등의 경쟁력 향상을 위한 지원)		
지원자격 및 요건	○ 기존 운영 중인 APC시설(증설 및 보완포함)에서 전처리·선별·후처리 설비, 제함기 등이 노후화되어 교체하고자 하는 2천톤 이상의 과일전문 APC		
지원한도	○ 700백만원 이내/개소		

재원구성(%)	국고	30	지방비	30	융자	0	자부담	40

연도별 재정투입 계획 (단위 : 백만원)

구 분	2018년	2019년	2020년	2021년 이후
합 계	6,000	4,500	1,500	13,500
국 고	1,800	1,350	450	4,050
지방비	1,800	1,350	450	4,050
자부담	2,400	1,800	600	5,400

담당기관	담당과	담당자	연락처
농림축산식품부	원예경영과	과 장 김수일 사무관 최종순 주무관 서경호	044-201-2255

신청시기	정기(전년도 3.31.일까지)	사업시행기관	
관련자료	농림사업정보시스템(AGRIX) 사업시행지침서		

384. 저온유통체계구축(산지저온시설)(자치단체)사업

세부사업명	농산물산지유통시설지원		세목	자치단체 자본보조
내역사업명	저온유통체계구축(산지저온시설 및 저온차량)		예산 (백만원)	3,300
사업목적	○ 농산물 유통과정에서의 품질저하를 방지를 통한 상품성 향상으로 농가소득 증대 및 소비자 신뢰 도모 - 예냉 등 저온처리를 통해 농산물의 기능성·효능을 유지하고 유통기간 연장으로 출하조절 및 수익성 개선			
사업 주요내용	○ 원예농산물 저온처리를 위한 예냉설비·저온저장고·선별장 신규설치 및 개보수 지원 ○ 유통과정에서의 원예농산물 신선도 유지를 위한 저온수송차량 구매 지원			
국고보조 근거법령	○ 농수산물 유통 및 가격안정에 관한 법률 제57조 및 같은 법 시행령 제23조			
지원자격 및 요건	○ 농가와의 계약재배, 매취, 수탁 등을 통한 원예 농산물 취급액이 연간 5억원 이상인 법인(김치가공업체는 김치원료 5천만원 이상) - 영농조합법인, 농업회사법인, 농업협동조합, 조합공동사업법인, 김치가공업체, 지역 푸드플랜 운영기관(지자체, 사회적기업, 재단법인, 농협 등 생산자 단체)			
지원한도	○ 「사업시행지침」 지원한도액 기준 및 범위 참고			
재원구성 (%)	국고 30	지방비 30	융자 -	자부담 40

(단위 : 백만원)

구 분	2017년	2018년	2019년	2020년
합 계	12,140	12,140	12,140	11,000
국 고	3,642	3,642	3,642	3,300
지방비	3,642	3,642	3,642	3,300
자부담	4,856	4,856	4,856	4,400

담당기관	담당과	담당자	연락처
농림축산식품부 지자체(시·도 및 시·군)	원예경영과	과 장 김수일 사무관 이강권 주무관 송일로	044-201-2253
신청시기	정기(전년도 6월)	사업시행기관	자치단체 (시·도 및 시·군)
관련자료	저온유통체계구축(산지저온시설)사업 시행지침서 참조		

385 저온유통체계구축(산지저온시설 및 저온수송차량)

세부사업명	농산물산지유통시설지원		세목	민간경상보조
내역사업명	저온유통체계구축(산지저온시설 및 저온수송차량)		예산 (백만원)	17
사업목적	○ 사업자 선정 위원회 및 현장 실사단 운영을 통한 저온유통체계 사업 운영의 공정성 및 투명성 제고			
사업 주요내용	○ 저온유통체계구축 사업 대상자 선정 위원회 구성 및 평가 진행 ○ 사업자 현장 실사 및 사후관리 등 실시			
국고보조 근거법령	○ 농수산물 유통 및 가격안정에 관한 법률 제57조 및 같은 법 시행령 제23조			
지원자격 및 요건	○ 저온저장시설, 차량, 설비 등 분야별 전문가			
지원한도	○「사업시행지침」지원한도액 기준 및 범위 참고			

재원구성(%)	국고	100	지방비	-	융자	-	자부담	-

연도별 예산투입 현황 (단위: 백만원)

구 분	2017년	2018년	2019년	2020년
합 계	12	12	17	17
국 고	12	12	17	17

담당기관	담당과	담당자	연락처
농림축산식품부 한국농수산식품유통공사	원예경영과	과 장 김수일 사무관 이강권 주무관 송일로	044-201-2253
신청시기	수시	사업시행기관	한국농수산식품유통공사
관련자료	저온유통체계구축(산지저온시설)사업 시행지침서 참조		

386 특용작물(버섯, 녹차, 약용)시설현대화 지원

세부사업명	원예시설현대화		세목	자치단체자본보조 기타민간융자금
내역사업명	특용작물시설현대화(버섯, 녹차, 약용 등)		예산 (백만원)	3,504
사업목적	○ 특용작물시설현대화 지원을 통한 특용작물 경쟁력 강화			
사업 주요내용	○ 특용작물(버섯, 녹차, 약용 등)을 신성장 동력 산업으로 육성하기 위한 재배시설 개·보수 지원 및 생산 기기 등 현대화 지원			
국고보조 근거법령	○ 자유무역협정 체결에 따른 농어업인등의 지원에 관한 특별법 제5조(농어업들의 경쟁력 향상을 위한 지원)			
지원자격 및 요건	■ 농업경영정보를 등록한 특용작물(버섯, 녹차, 약용 등) 재배 농가, 농업법인 등 ■ 녹차·약용작물은 유통·가공시설에 한해 저온저장고 지원 가능 ■ 수출 가공법인 및 연계농가, 농산물전문생산단지, 수출 우수 농가, 태풍·화재 등 재해를 입은 농가, 친환경 또는 GAP인증 농가, 자조금 납부 농업인·농업법인 등 우선지원			
지원한도	○ 법인 1,000백만원, 개인 200백만원(버섯종균배양시설은 법인, 개인 1,200백만원)			

재원구성 (%)	국고	20	지방비	30	융자	30	자부담	20

연도별 재정투입 계획

(단위 : 백만원)

구 분	2018년	2019년	2020년	2021년
합 계	**8,262**	**9,594**	**8,979**	**8,979**
국 고	2,016	2,340	2,190	2,190
지방비	3,024	3,510	3,285	3,285
융 자	1,206	1,404	1,314	1,314
자부담	2,016	2,340	2,190	2,190

* 융자예산은 실집행율(40%)을 감안하여 편성

담당기관	담당과	담당자	연락처
농림축산식품부	원예산업과	사무관 박태준 주무관 김선이 주무관 한문숙	044-201-2238 044-201-2239 044-201-2242

신청시기	사업대상자 : '20년 2월 15일까지 시도담당자 제출 : '20년 2월 말까지	사업시행기관	지자체
관련자료	농림사업정보시스템(AGRIX) 사업시행지침서		

387 특용작물(인삼)생산시설현대화 사업

세부사업명	원예시설현대화(계속)	세목	자치단체자본보조, 기타민간융자금
내역사업명	특용작물(인삼)생산시설현대화	예산 (백만원)	2,896
사업목적	○ 폭설 등으로 인한 자연재해 경감, 생력화를 통한 생산비 절감으로 인삼 생산농가의 경쟁력 제고		
사업 주요내용	○ 철재 해가림 및 하우스 등 인삼 내재해시설, 무인방제시설, 점적 관수시설, 방풍망 시설, 야생동물방지시설, 도난방지시설, 이식기, 파종기, 수확기 등 지원		
국고보조 근거법령	○ 인삼산업법 제3조 ○ 자유무역협정 체결에 따른 농어업인 등의 지원에 관한 특별법 제5조		
지원자격 및 요건	○ 2019년도에 직파했거나 2020년도에 인삼을 본 밭에 이식한(하려는) 농업경영체 ○ 무인방제시설, 방풍망시설, 야생동물방지시설, 도난방지시설, 이식기, 파종기 및 수확기는 기존 인삼이 식재된 농가에도 지원 가능 ○ GAP(친환경 포함) 인증 또는 GAP(친환경 포함) 인증 신청한 농업경영체 우선 지원(GAP, 친환경 미인증 농업경영체는 지원한도액 차등 지급)		
지원한도	○ 철재 해가림 등 내재해시설 : 개소당 2ha이내(50백만원/ha) ○ 인삼재배용 내재해형 비닐하우스 시설 : 개소당 2ha이내(180백만원/ha) ○ 무인방제시설 : 개소당 2ha이내(15백만원/ha) ○ 인삼 점적관수시설 : 개소당 2ha이내(8백만원/ha) ○ 인삼 이식기·파종기·수확기 : 대당 5백만원 이내		

재원구성 (%)	국고	20	지방비	30	융자	30	자부담	20

(단위 : 백만원)

연도별 재정투입 계획	구 분	2018년	2019년	2020년	2021년
	○합 계	6,191	7,421	7,421	7,421
	- 보 조	1,510	1,810	1,810	1,810
	- 융 자	906	1,086	1,086	1,086
	- 지방비	2,265	2,715	2,715	2,715
	- 자부담	1,510	1,810	1,810	1,810

* 융자예산은 실집행율(40%)을 감안하여 편성

담당기관	담당과	담당자	연락처
농림축산식품부	원예산업과	사무관 박태준 주무관 김선이	044-201-2238 044-201-2239
시·도	인삼산업 담당과	인삼산업 담당자	

신청시기	사업대상자 : '20년 2월 15일까지 시도담당자 제출 : '20년 2월 말까지	사업시행기관	지자체
관련자료	농림사업정보시스템(AGRIX) 사업시행지침서		

6-3. 가격안정 및 유통효율화

유통원예분야

388 공동선별비지원(자치단체)

세부사업명	농산물 공동출하확대 지원				세목	자치단체 경상보조
내역사업명	공동선별비지원(자치단체)				예산 (백만원)	9,961
사업목적	○ 산지의 규모화·조직화를 유도하고 공동출하를 통하여 농산물 유통비용 절감 및 물류 효율성 제고 등 농산물의 시장 교섭력 확보					
사업 주요내용	○ 공동 선별·출하·계산 물량에 대한 선별에 소요되는 비용					
국고보조 근거법령	○ 농업·농촌 및 식품산업 기본법 제43조(농산물과 식품의 유통개선), 농수산물 품질관리법 제5조(표준규격), 제110조(자금지원)					
지원자격 및 요건	○ 지원대상 : 농협조직 및 지원대상 품목의 생산자 단체, 농업법인, 공영도매시장 또는 농협공판장에 등록한 산지유통인 ○ 대상품목 : 과실류, 서류, 채소류, 버섯류, 화훼류					
지원한도	○ 조직별 국고보조금 배정하한 : 1백만원 ○ 조직별 국고보조금 배정상한 : 500백만원 내외					
재원구성 (%)	국고	10~50	지방비	10~25	융자	-	자부담	50~80

(단위 : 백만원)

연도별 재정투입 계획	구 분	2017년	2018년	2019년	2020년
	합 계	46,218	46,218	50,978	56,920
	국 고	8,088	8,088	8,921	9,961
	지방비	8,088	8,088	8,921	9,961
	자부담	30,042	30,042	33,136	36,998

담당기관	담당과	담당자	연락처
농림축산식품부 한국농수산식품유통공사 자치단체	유통정책과 산지경영부 시군구 농정담당부서	사무관 하미숙 차 장 이찬우 -	044-201-2223 061-931-1035 -
신청시기	전년도 8월 말	사업시행기관	시·도, 시·군·구
관련자료			

389 초등돌봄교실 과일간식 지원 시범사업

세부사업명	초등돌봄교실 과일간식 지원 시범사업	세목	자치단체경상보조
내역사업명	초등돌봄교실 과일간식 지원 시범사업	예산 (백만원)	7,200
사업목적	○ 어린이의 식습관 개선 등 국민 건강증진과 국산 제철과일의 소비를 확대하기 위하여 초등돌봄교실을 대상으로 과일간식 지원		
사업 주요내용	○ 전국 초등학교 방과 후 돌봄교실을 이용하는 학생(1~6학년)을 대상으로 과일간식(1인 150g 내외) 제공		
국고보조 근거법령	○ 「식생활교육지원법」 제26조(학교에서의 식생활 교육)		
지원자격 및 요건	○ 「초·중등교육법」 제2조제1호의 초등학교에 재학 중인 학생 중 '초등돌봄교실'과 '방과후학교 연계형 돌봄교실'을 이용하는 학생		
지원한도	○ 학생 1인당 1회 150g 기준 과일간식 연간 30회 이상		

| 재원구성
(%) | 국고 | 50
(서울 30) | 지방비 | 50
(서울 70) | 융자 | | 자부담 | |

연도별 재정투입 계획 (단위 : 백만원)

구 분	2018년	2019년	2020년	2021년 이후
합 계	15,059	14,400	14,400	431,878
국 고	7,200	7,200	7,200	215,939
지방비	7,859	7,200	7,200	215,939
융 자	-	-	-	-
자부담	-	-	-	-

담당기관	담당과	담당자	연락처
농림축산식품부	원예경영과	과 장 김수일 사무관 최종순 주무관 서경호	044-201-2255

신청시기	'20. 1~2월	사업시행기관	시·도, 시·군·구
관련자료	농림사업정보시스템(AGRIX) 사업시행지침서		

390 직거래장터 지원

세부사업명	농산물직거래활성화지원	세목	민간경상보조
내역사업명	농산물 직거래장터 운영	예산 (백만원)	2,205

사업목적	○ 영세농·고령농 및 귀농인 등 경쟁력이 낮은 생산자에게 안정적인 판로를 제공하여 농업인 소득 증대 및 지역경제 활성화 기여
사업 주요내용	○ (바로마켓형 대표장터) 1개소, 500백만원 이내 지원(보조 70%) 　- 개설부지 5년 이상 점용권 확보, 50농가 이상·텐트 50동 이상, 연 56회 이상 개최 ○ (정례장터) ○○개소, 장터 당 최대 50백만원 이내(보조 70%) 　- 개설부지 점용권 사전 확보, 연 20회 이상 의무개설 및 텐트 10동 이상 운영 ○ (테마형장터) ○○개소, 장터 당 최대 50백만원 이내(보조 70%)
국고보조 근거법령	○ 지역농산물 이용촉진 등 농산물 직거래 활성화에 관한 법률 제9조 ○ 농수산물 유통 및 가격안정에 관한 법률 제68조
지원자격 및 요건	○ (바로마켓형 대표장터) 광역자치단체(광역시 또는 도 단위)가 관리하고 대표 법인이 운영하는 직거래장터 ○ (정례장터) 지자체, 공공기관 및 민간단체(법인)가 주관하는 직거래장터 ○ (테마형장터) 특정시기 특정 목적으로 단기간 운영하는 직거래장터
지원한도	○ (대표장터) 1개소 최대 500백만원 (보조 70%, 자부담 30%*) 　* 단, 자부담은 반드시 지방비로 충당 ○ (정례장터) 개소당 최대 50백만원 (보조 70%, 자부담 30%) ○ (테마형장터) 개소당 최대 50백만원 (보조 70%, 자부담 30%)

| 재원구성
(%) | 국고 | 70% | 지방비 | - | 융자 | - | 자부담 | 30% |

연도별 재정투입 현황 (단위 : 백만원)

구 분	2017년	2018년	2019년	2020년
합 계	3,500	3,500	3,500	2,866
국 고	2,450	2,450	2,450	2,205
자부담	1,050	1,050	1,050	661

담당기관	담당과	담당자	연락처
농림축산식품부 한국농수산식품유통공사	유통정책과 유통조성처 유통기획부	사무관 김남주 차 장 유승희	044-201-2285 061-931-1019

신청시기	○ 정기 : 설·추석 명절 전('19.12월, '20.7월) ○ 수시 : 사업포기 등에 따른 수요 발생 시	사업시행기관	한국농수산식품유통공사

| 관련자료 | ○ 한국농수산식품유통공사 홈페이지(www.at.or.kr) 공지사항
○ 농림사업정보시스템(AGRIX) 농림축산식품사업 시행지침서
○ 국고보조금 통합관리시스템(e-나라도움)(www.gosims.go.kr) |

391 직거래활성화 교육·홍보 지원

세부사업명	농산물직거래활성화지원사업	세목	민간경상보조
내역사업명	농산물직거래활성화지원(교육,홍보 등)	예산 (백만원)	2,265
사업목적	○ 생산자·소비자 대상 교육지원을 통한 지속적인 직거래 확산 기반 마련, 경영컨설팅을 통한 직거래사업 경쟁력 강화 및 경영활성화 도모		
사업 주요내용	- 직거래활성화 교육 - 소비자 대상 홍보 - 직거래경영정보 운영 - 직거래종합정보관리시스템(바로정보) 고도화 및 운영 - 사업추진용 행정경비		
국고보조 근거법령	- 「지역농산물 이용촉진 등 농산물 직거래 활성화에 관한 법률」제9조 - 「농수산물 유통 및 가격안정에 관한 법률」제68조		
지원자격 및 요건	○ 로컬푸드직매장, 직거래장터, 제철꾸러미 등을 운영하는 법인격을 갖춘 직거래 사업자 - 지자체 및 공공기관은 위탁운영법인이 대상		
지원한도	- (직거래교육) 교육·교류 지원 개소당 10백만원 내외 등 - (직거래홍보) 직거래 페스티벌, 로컬푸드 서포터즈, 팸투어 등 - (싱싱장터) 시스템유지보수 및 운영관리 등 - (경영지원시스템) 경영지원시스템 보급 등		

재원구성(%)	국고	100%	지방비	-	융자	-	자부담	-

연도별 재정투입 현황 (단위 : 백만원)

구 분	2017년	2018년	2019년	2020년
합 계	1,265	2,265	2,265	2,265
국 고	1,265	2,265	2,265	2,265

담당기관	담당과	담당자	연락처
농림축산식품부 한국농수산식품유통공사	유통정책과 유통조성처 유통기획부	사무관 김남주 차 장 강선영	044-201-2285 061-931-1015
신청시기	-	사업시행기관	한국농수산식품유통공사
관련자료	○ 한국농수산식품유통공사 홈페이지(www.at.or.kr) 공지사항 ○ 국고보조금 통합관리시스템(e-나라도움)(www.gosims.go.kr)		

392 농산물산지유통센터(일반APC)지원

세부사업명	농산물산지유통시설지원	세목	자치단체 자본보조
내역사업명	농산물산지유통센터(일반APC)지원	예산(백만원)	17,488

사업목적	○ 산지 농산물의 규격화·상품화에 필요한 집하·선별·포장·저장 및 출하 등의 복합기능을 갖춘 유통시설(Agricultural Product Processing Complex) 지원
사업 주요내용	○ 산지 농산물을 규격화·상품화하기 위해 필요한 집하·선별·포장·저장 및 출하 등의 기능 수행을 위한 복합시설 건립·보완 지원
국고보조 근거법령	○ 농수산물 유통 및 가격안정에 관한 법률 제51조(농수산물산지유통센터의 설치·운영 등) 및 제57조(기금의 용도)

지원자격 및 요건	○ 지자체 또는 품목 단위 원예산업종합계획(시설설치계획)에 참여하고, 당해연도 산지유통종합평가결과 선정된 조직(지역연합조직, 품목광역조직, 참여조직)으로 사업부지를 확정한 사업자
	  * 전년도 원예농산물 취급액 중 산지통합마케팅조직으로의 출하액 비율이 30% 이상이며, 조직화취급액이 30억원 이상이고, 산지통합마케팅조직에 출하한 조직화 취급액이 15억원 이상인 사업신청자
	○ 푸드플랜 패키지 지원대상(먹거리계획 협약을 맺은 지자체)으로 선정된 지자체
	  * 푸드플랜 패키지 지원에 따른 사업신청은 지역 원예산업종합계획 및 산지유통종합 평가와는 무관함

지원한도	○ 신규시설의 경우 최소 25~60억원 내외(푸드플랜 APC 5~40억원 내외), 보완시설의 경우 최소 5~60억원 내외

재원구성(%)	국고	30~50	지방비	10~50	융자	-	자부담	0~40

				(단위 : 백만원)
연도별 재정투입 계획	구 분	2017년	2018년	2019년	2020년
	합 계	58,283	58,283	73,016	58,293
	국 고	17,485	17,485	21,905	17,488
	지방비	17,485	17,485	21,905	17,488
	자부담	23,313	23,313	29,206	23,317

담당기관	담당과	담당자	연락처
농림축산식품부 한국농수산식품유통공사 농협경제지주 자치단체	유통정책과 산지시설부 원예사업부 시·군·구 농정담당부서	사무관 하미숙 차 장 안만물 계 장 김주리 -	044-201-2223 061-931-1021 02-2080-6314 -

신청시기	전년도 6.30.까지	사업시행기관	시·도, 시·군·구
관련자료			

393 산지유통활성화자금(융자)

세부사업명	산지유통종합자금(융자)			세목	기타민간 융자금
내역사업명	산지유통활성화자금			예산 (백만원)	300,000
사업목적	○ 농산물 유통환경변화에 대응하기 위하여 소단위 사업권역에서 광역화된 사업권역으로 발전할 수 있도록 산지유통주체의 역량을 강화하고 산지유통주체의 거래 교섭력 확보				
사업 주요내용	○ 산지유통조직의 원물확보자금 등 융자 지원				
국고보조 근거법령	○ 「농수산물 유통 및 가격안정에 관한 법률」 제6조(계약생산), 제57조(기금의 용도)				
지원자격 및 요건	○ 산지통합마케팅조직 및 참여조직 : 당해연도 산지유통종합평가 결과 선정된 조직				
지원한도	○ 지원한도액 : 연간 600억원 이내(최소한도 5억원) 등				
재원구성(%)	국고	-	지방비	-	융자	80	자부담	20

연도별 재정투입 계획

(단위 : 백만원)

구 분	2017년	2018년	2019년	2020년
합 계	450,000	412,500	400,000	375,000
융 자	360,000	330,000	320,000	300,000
자부담	90,000	82,500	80,000	75,000

담당기관	담당과	담당자	연락처
농림축산식품부 한국농수산식품유통공사 농협경제지주	유통정책과 산지경영부 원예사업부	사무관 하미숙 차 장 장호광 계 장 장동협	044-201-2223 061-931-1031 02-2080-6368
신청시기	매년 1월(농림사업정보시스템, AgriX 공지)	사업시행기관	한국농수산식품 유통공사 농협경제지주
관련자료			

394 약용작물산업화지원센터

세부사업명	원예시설현대화(계속)		세목	자치단체 자본보조
내역사업명	약용작물산업화지원센터		예산 (백만원)	1,300
사업목적	○ 약용작물 산업화를 위한 시설 등을 지원함으로서 신성장 산업으로 육성			
사업 주요내용	○ 약용작물 효능분석 연구·제품 개발 등을 위한 연구시설 및 장비를 지원			
국고보조 근거법령	○ 자유무역협정 체결에 따른 농어업인 등의 지원에 관한 특별법 제5조			
지원자격 및 요건	○ 약용작물산업화지원센터 건립을 위한 부지 및 지방비를 확보하였거나 확보 가능한 지자체 ○ 약용작물 연구개발 및 우수약용작물종자 보급기반을 조성하여 원료 공급지로 생산기반이 구축되어 발전 가능성이 높은 지자체 ○ 약용작물산업화를 위한 시설 및 산·학·연 클러스터 형성이 가능하며, 사업수행을 위한 인력 확보가 가능한 지자체			
지원한도	○ 총사업비 : 6,000백만원(국고 3,000백만원, 지방비 3,000백만원) ○ 연차별 국고지원액 : 1년차 3억원, 2년차 13.5억원, 3년차 13.5억원			

재원구성 (%)	국고	50	지방비	50	융자	-	자부담	-

연도별 재정투입 계획 (단위 : 백만원)

구 분	2018년	2019년	2020년	2021년
○ 합 계	4,000	4,000	2,600	3,300
- 국고보조	2,000	2,000	1,300	1,650
- 국고융자	-	-	-	-
- 지방비	2,000	2,000	1,300	1,650
- 자부담	-	-	-	-

담당기관	담당과	담당자	연락처
농림축산식품부	원예산업과	사무관 박태준 주무관 김선이	044-201-2238 044-201-2239
시·도	약용작물 담당과	약용작물 담당자	

신청시기	시·도 제출 : '19년 12월 15일까지	사업시행기관	지자체
관련자료	농림사업정보시스템(AGRIX) 사업시행지침서		

395 인삼특용작물계열화사업(융자)

세부사업명	인삼·특용작물계열화사업(계속)		세목	기타 민간 융자금
내역사업명	인삼·특용작물 계약재배, 수매사업		예산 (백만원)	19,418
사업목적	○ 인삼·특용작물 재배·수매·가공·유통 체계 구축 지원을 통해 고품질 청정 인삼·특용작물 공급 및 유통구조 개선, 농가소득 보전 ○ 이력이 관리된 안전한 인삼·특용작물의 유통비중 확대를 통한 소비자 신뢰 제고			
사업 주요내용	○ 계약재배 : 인삼·특용작물 생산농가와 계약재배 약정 후 계약 참여 농가에 지급하는 계약자금 융자 지원 ○ 수매사업 : 인삼·특용작물 생산농가와 계약한 재배 물량 수매자금 융자 지원			
국고보조 근거법령	○ 인삼산업법 제3조 ○ 농수산물유통및가격안정에관한법률 제57조			

지원자격 및 요건	○ 사업대상 : 생산자단체(농협 등), 농업법인 및 가공업체(일반업체 포함)
	○ 지원조건
	  - 인삼계열화 : 계약재배 금리 0%(5년 거치 일시상환)
	  - 특용계열화 : 계약재배 금리 0%(1~3년 거치 일시상환), 수매자금 금리 2.5~3%(1~3년 거치 일시상환)
	  - 인삼 수매자금(이차보전) : 금리 2.5% 또는 변동금리(5년 거치 일시상환)
	    * '인삼원료삼수매사업'은 3년 거치 일시상환			

지원한도	○ 계약재배
	  - 인삼 : 10a당 3,300천원
	  - 특용작물 : 농가 계약재배 금액의 20~50% 범위내에서 지급
	○ 수매단가 : 계약대상자(농가)와 협의하여 결정			

재원구성 (%)	국고	지방비	융자 80	자부담 20

(단위 : 백만원)

연도별 재정투입 계획	구 분	2018년	2019년	2020년	2021년 이후
	○합 계	24,272	24,272	24,272	69,870
	- 보 조	-	-	-	-
	- 융 자	19,418	19,418	19,418	55,896
	- 지방비	-	-	-	-
	- 자부담	4,854	4,854	4,854	13,974

담당기관	담당과	담당자	연락처
농림축산식품부	원예산업과	사무관 박태준 주무관 김선이	044-201-2238 044-201-2239
농협경제지주	인삼특작부	과장 김민수(인삼) 과장 강성철(특용)	02-2079-8266 02-2079-8265

신청시기	사업대상자 : '20.3.15일까지	사업시행기관	농협경제지주
관련자료	농림사업정보시스템(AGRIX) 사업시행지침서		

396 농산물소비촉진지원(과수) 사업

세부사업명	농산물마케팅지원		세목	민간경상보조
내역사업명	농산물소비촉진지원(과수)		예산 (백만원)	1,900
사업목적	○ 대한민국 과일산업대전 등의 행사를 통해 우리 과일의 우수성을 대내외에 알리고, 각종 매체를 통한 소비확대를 유도하여 수입과일 증가에 대응 및 국내 과일 산업 육성 도모			
사업 주요내용	○ 국산과일의 우수성 홍보를 위한 과일산업대전 등의 행사 및 소비활성화 유도를 위한 각종 캠페인 추진			
국고보조 근거법령	○ 농업·농촌 및 식품산업 기본법 제8조(농업의 구조개선과 지속가능한 발전) 농수산물 유통 및 가격안정에 관한 법률 제57조(기금의 용도)			
지원자격 및 요건	○ 과수소비 활성화 등 소비 촉진을 위한 홍보사업을 추진하려는 단체 등			
지원한도	○「사업시행지침」지원한도액 기준 및 범위 참고			

재원구성(%)	국고	100	지방비	-	융자	-	자부담	-

연도별 예산투입 현황 (단위 : 백만원)

구 분	2017년	2018년	2019년	2020년
합 계	2,072	2,064	2,064	1,900
국 고	2,072	2,064	2,064	1,900

담당기관	담당과	담당자	연락처
농림축산식품부	원예경영과	과 장 김수일 사무관 이강권 주무관 송일로	044-201-2253
신청시기	수시	사업시행기관	한국과수농협연합회
관련자료	-		

397 밭식량작물수매지원(융자)

세부사업명	산지유통활성화		세목	기타민간 융자금
내역사업명	밭식량작물수매지원		예산 (백만원)	9,400
사업목적	○ 유통·가공 등에 필요한 국산 밭 식량작물의 매입자금 지원을 통해 농가소득 안정, 계약재배 활성화, 수요업체 경영안정 도모			
사업 주요내용	○ 계열화경영체·밭작물공동경영체, 식량작물공동(들녘)경영체, 밭식량작물 유통·가공업체에 원료 구매자금 융자 지원			
국고보조 근거법령	○「농수산물 유통 및 가격안정에 관한 법률」제57조제1항			
지원자격 및 요건	○ 계열화경영체 및 밭작물공동경영체*, 식량작물공동(들녘)경영체, 밭식량작물(맥류, 두류, 서류, 잡곡류 등)을 유통하거나 원료로 하여 가공품을 생산하는 업체 * 계열화경영체 및 밭작물공동경영체는 밭작물산업육성 지원사업으로 선정된 업체임			
지원한도	○ 예산범위 내에서 사업대상자별 연간 30억원 이내			

재원구성 (%)	국고	-	지방비	-	융자	100	자부담	-

연도별 재정투입 계획 (단위 : 백만원)

구 분	2017년	2018년	2019년	2020년 이후
합 계	33,851	16,851	16,851	9,400
융 자	33,851	16,851	16,851	9,400

담당기관	담당과	담당자	연락처
농림축산식품부 농협경제지주 한국농수산식품유통공사	식량산업과 양곡부 정책금융부	이가인 신운락 한승희	044-201-1835 02-2080-6290 061-931-1142

신청시기	수시	사업시행기관	민간
관련자료	농산물수매지원(융자)사업 시행지침서 참조		

398 농산물소비촉진지원(잡곡)사업

세부사업명	농산물마케팅지원		세목	민간경상보조
내역사업명	농산물소비촉진지원(잡곡)		예산(백만원)	200
사업목적	○ 국산 잡곡 홍보 및 제품 개발을 통하여 밭 식량작물의 소비기반을 확충하고 농가소득·식량자급률 향상에 기여 ○ 수입 잡곡 대비 상대적으로 저평가되고 있는 국산 잡곡에 대하여 단기적으로 관심 유도를 위한 소비활성화를 추진하고 중장기적으로 잡곡류의 안정적인 생산 확대 및 품질향상 도모			
사업 주요내용	○ 국산 잡곡의 인지도 제고 및 유통 활성화 기반 마련			
국고보조 근거법령	○ 농업·농촌 및 식품산업 기본법제23조의2(농산물 및 식품에 대한 올바른 정보 제공 등) ○ 농수산물 유통 및 가격안정에 관한 법률 시행령 제23조(기금의 지출 대상사업)			
지원자격 및 요건	○ 잡곡·잡곡가공품 생산자 및 소비자 등 대국민 대상 홍보 사업			
지원한도				

재원구성(%)	국고	100	지방비	-	융자	-	자부담	-

(단위 : 백만원)

연도별 재정투입 계획	구 분	2016년	2017년	2018년	2019년 이후
	합 계	-	-	200	200
	국 고	-	-	200	200
	지방비	-	-	-	-
	융 자	-	-	-	-
	자부담	-	-	-	-

담당기관	담당과	담당자	연락처
농림축산식품부 농림수산식품교육문화정보원	식량산업과 소비문화실	차은지 사무관 이인아 실장	044-201-1842 044-861-8860
신청시기	-	사업시행기관	농림수산식품교육문화정보원
관련자료	-		

399 농산물소비촉진지원(차류)

세부사업명	농산물마케팅지원		세목	민간경상보조
내역사업명	농산물소비촉진지원(차류)		예산 (백만원)	200
사업목적	○ 차 소비촉진 홍보 : 한국 차 산업 발전 및 차 문화 보급을 위한 다양한 교육, 홍보사업 추진으로 차 대중화 유도			
사업 주요내용	○ 국산 차의 우수성을 홍보하는 교육·홍보사업 추진			
국고보조 근거법령	○ 차 산업 발전 및 차 문화 진흥에 관한 법률 제14조(차에 이용 확대 및 소비촉진) ○ 농산물 유통 및 가격안정에 관한 법률 제57조(기금의 용도)			
지원자격 및 요건	○ 차 소비 활성화를 위한 교육·홍보사업을 추진하려는 기관·단체 등			
지원한도	-			
재원구성 (%)	국고 100%	지방비	융자	자부담

연도별 재정투입 현황 (단위 : 백만원)

구 분	2017년	2018년	2019년	2020년
합 계	30	30	30	200
국 고	30	30	30	200

담당기관	담당과	담당자	연락처
농림축산식품부	원예산업과	지수아 강영선	044-201-2240 044-201-2241
신청시기	수시	사업시행기관	차 관련단체, AT
관련자료			

400 농식품유통교육훈련

세부사업명	농식품유통교육훈련		세목	민간경상보조
내역사업명	농식품유통교육훈련		예산 (백만원)	2,089
사업목적	○ 농식품 유통 분야의 전문인력 양성을 통해 유통 선진화를 촉진하고, 유통구조 개선 및 농식품 물가안정 등 정부정책이 현장에서 실현될 수 있도록 유통 종사자에 대한 교육 추진			
사업 주요내용	○ 농식품 유통 종사자에 대한 장·단기 교육 실시			
국고보조 근거법령	○ '농수산물 유통 및 가격안정에 관한 법률' 제75조(교육훈련 등) ○ '농수산물 유통 및 가격안정에 관한 법률 시행규칙' 제50조(교육훈련 등)			
지원자격 및 요건	○ 농식품 유통종사자에 대한 교육 관련 법정위탁기관인 한국농수산식품유통공사			
지원한도	○ 해당없음			

재원구성 (%)	국고	50~100%	지방비		융자		자부담	

연도별 재정투입 현황 (단위 : 백만원)

구 분	2017년	2018년	2019년	2020년
합 계	3,344	3,304	3,304	3,198
국 고	2,359	2,289	2,289	2,089
자부담	985	1,015	1,015	1,109

담당기관	담당과	담당자	연락처
농림축산식품부 한국농수산식품유통공사	유통정책과 유통교육원	김동환 류정한	044-201-2213 031-400-3510
신청시기	-	사업시행기관	한국농수산식품 유통공사
관련자료	-		

401 물류기기공동이용지원사업 개요

세부사업명	농산물 공동출하확대지원		세목	민간경상보조
내역사업명	물류기기공동이용지원		예산 (백만원)	15,260
사업목적	○ 산지의 규모화·조직화를 유도하여 농산물의 시장 교섭력을 확보하고 공동선별·물류기기 공동이용을 지원하여 공동출하를 통한 산지의 안정적인 판로 확대			
사업 주요내용	○ 농산물 출하시 수송용 팰릿, 플라스틱 상자, 다단식 목재상자 등 물류기기 임차비용 지원			
국고보조 근거법령	○ 농업농촌 및 식품산업 기본법 제43조 ○ 농수산물 품질관리법 제5조 및 제110조			

지원자격 및
요건
	○ 지원대상 : 농협조직 및 지원대상 품목의 생산자 단체, 농업법인, 공영도매시장 또는 농협공판장에 등록한 산지유통인
	○ 대상품목 : 청과부류, 약용작물류, 양곡부류, 임산물류, 화훼부류의 품목
	  - 양곡부류 중 미곡 및 맥류는 제외
	  - 약용작물류 중 야생 채취 또는 기타 재배에 의한 것은 제외
	   * 세척, 세절 등 전처리(신선편이) 및 1차 형태의 단순가공품도 지원 가능			

지원한도	○ 신청 사업자별 과거년도 사업실적 및 계획, 전년도 계획대비 집행 실적 등을 기준으로 예산 배정(총 예산의 80%)
	  - 배정예산의 30% 해당액은 도매시장 출하시 지원분으로 우선 할당
	○ 산지유통종합평가 결과 및 품목별 특성을 감안한 우수조직에 인센티브 배정 (총 예산의 20%)
	○ 조직별 배정한도: 상한 150백만원(인센티브는 상한 적용 제외)
	  ※ 공영도매시장 팰릿 출하 시 국고보조 20% 상향			

재원구성 (%)	국고 40	지방비 -	융자 -	자부담 60

(단위 : 백만원)

연도별 재정투입 계획	구 분	2017년	2018년	2019년	2020년
	합 계	36,450	36,450	36,450	38,150
	국 고	14,580	14,580	14,580	15,260
	자부담	21,870	21,870	21,870	22,890

담당기관	담당과	담당자	연락처
농림축산식품부 한국농수산식품유통공사	유통정책과 산지경영부	사무관 김아림 차 장 이찬우	044-201-2219 061-931-1035
신청시기	정기(1월)	사업시행기관	한국농수산 식품유통공사
관련자료	사업시행지침서		

402 비상품화 농산물 자원화센터 지원

세부사업명	농산물산지유통시설지원			세목	자치단체 자본보조
내역사업명	비상품화 농산물 자원화센터 지원			예산 (백만원)	1,000
사업목적	○ 농산물 산지 수급 및 가격 안정을 위해 저품위 농산물의 시장 유통을 제한하고, 퇴·액비 등으로 자원화를 통해 부가가치 창출				
사업 주요내용	○ 농산물 퇴·액비화 등 자원화 계획을 수립한 지방자치단체에 관련 시설 건립에 필요한 토목, 건축, 기계 등 지원				
국고보조 근거법령	○ 농업·농촌 및 식품산업기본법 제8조(농업의 구조개선과 지속가능한 발전), 농수산물 유통 및 가격안정에 관한 법률 제57조(기금의 용도)				
지원자격 및 요건	○ 농산물 자원화 시설의 설치, 운영방안 등을 포함한 사업계획을 수립한 지방자치단체 (시장·군수·구청장) ○ 지자체보조(국고 50%, 지방비 50%)				
지원한도	○ 개소당 사업비 총액규모는 100억원 이내 - 사업기간 2년으로 1년차 20%, 2년차 80% 수준에서 연차별 지원				
재원구성 (%)	국고	50%	지방비	50%	융자	-	자부담	-

(단위 : 백만원)

연도별 재정투입 현황	구 분	2017년	2018년	2019년	2020년
	합 계	-	-	-	2,000
	국 고	-	-	-	1,000
	지방비	-	-	-	1,000

담당기관	담당과	담당자	연락처
농림축산식품부 한국농수산식품유통공사	유통정책과 산지시설부	사무관 하미숙 차 장 안만물	044-201-2223 061-931-1021
신청시기	별도 공고	사업시행기관	지방자치단체
관련자료	-		

403 산지통합마케팅지원(자치단체)

세부사업명	농산물마케팅지원			세목	자치단체 경상보조
내역사업명	산지통합마케팅지원(자치단체)			예산(백만원)	2,100
사업목적	○ FTA에 따른 농산물 시장 개방 확대, 소비지 대형유통업체의 확산 및 소비자 선호변화 등 유통환경 변화에 대응하여 광역 단위의 규모화·전문화된 마케팅 조직 육성 지원 ○ 농가 조직화, 공동 선별·계산 활성화 및 거래질서 확립 등을 통해 우수 농산물의 안정적 공급체계를 구축하고 농산물 유통구조를 개선하여 농가소득 증대를 도모				
사업 주요내용	○ 농가 조직화, 공동 선별·계산 활성화 등을 통해 우수 농산물의 안정적 공급체계를 구축하고 농산물 유통구조를 개선을 위해 조직화, 홍보·마케팅 항목 지원				
국고보조 근거법령	○ 「농수산물 유통 및 가격안정에 관한 법률」 제57조(기금의 용도), 「농업·농촌 및 식품산업 기본법」 제8조(농업의 구조개선과 지속가능한 발전)				
지원자격 및 요건	○ 농업법인(영농조합법인, 농업회사법인)은 농림축산식품분야 재정사업관리 기본규정 제35조제9항(별표6, 농업법인 지원요건 및 사후관리기준)에 적합하고 농어업경영체육성 및 지원에 관한 법률에 따라 농업경영정보에 등록되어 있어야 함 ○ 농림축산식품분야 재정사업관리 기본규정 제35조제6항 및 제78조(보조금의 부정수급)에 따른 부정사용 등의 조직은 선정대상에서 제한				

지원한도	○ 산지조직 : 최대 200백만원 이내(전년도 산지유통종합평가 결과 및 조직화 취급액 등을 고려하여 지원한도액 설정)
	- 조직화취급액
	  * 조직화취급액 150억원 이상 : 국고보조 200백만원 이내
	  * 조직화취급액 100억원 이상~150억원 미만 : 국고보조 100백만원 이내
	  * 조직화취급액 100억원 미만 : 국고보조 50백만원 이내
	- 산지유통종합평가 결과 국고보조 지원한도액
	  * (A~B등급) 100%, (C등급) 80%, (D~E등급) 60%
	○ 지자체 : 최대 10백만원 이내				

재원구성(%)	국고	30% 50%	지방비	30%	융자	-	자부담	40% 50%

(단위 : 백만원)

연도별 재정투입 계획	구 분	2017년	2018년	2019년	2020년
	합 계	7,500	7,500	7,500	7,000
	국 고	2,250	2,250	2,250	2,100
	지방비	2,250	2,250	2,250	2,100
	자부담	3,000	3,000	3,000	2,800

담당기관	담당과	담당자	연락처
농림축산식품부 한국농수산식품유통공사 자치단체	유통정책과 산지경영부 시군구 농정담당부서	사무관 하미숙 차 장 장호광 -	044-201-2223 061-931-1031 -
신청시기	전년도 8월 말	사업시행기관	시·도, 시·군·구
관련자료			

404 산지통합마케팅지원 행정경비

세부사업명	농산물마케팅지원		세목	민간경상보조
내역사업명	산지통합마케팅지원 행정경비		예산 (백만원)	200
사업목적	○ FTA에 따른 농산물 시장 개방 확대, 소비지 대형유통업체의 확산 및 소비자 선호변화 등 유통환경 변화에 대응하여 광역 단위의 규모화·전문화된 마케팅 조직 육성 지원 ○ 농가조직화 및 공동선별·계산 활성화 및 거래질서 확립 등을 통해 우수 농산물의 안정적 공급체계를 구축하고 농산물 유통구조를 개선하여 농가소득 증대를 도모			
사업 주요내용	○ 농가조직화 및 공동선별·공동계산제 활성화 등을 통해 우수 농산물의 안정적 공급체계를 구축하고 농산물 유통구조를 개선을 위해 조직화, 홍보·마케팅 항목 지원을 위한 산지유통조직 선정 평가·육성 등			
국고보조 근거법령	○ 「농수산물 유통 및 가격안정에 관한 법률」 제57조, 「농업·농촌 및 식품산업 기본법 제 8조」 제8조			
지원자격 및 요건	○ 한국농수산식품유통공사(위탁수행)			
지원한도	○ 200백만 원 이내			
재원구성 (%)	국고	100%	지방비	-	융자	-	자부담	-

연도별 재정투입 계획 (단위 : 백만원)

구 분	2017년	2018년	2019년	2020년
합 계	200	200	200	200
국 고	200	200	200	200

담당기관	담당과	담당자	연락처
농림축산식품부 한국농수산식품유통공사	유통정책과 산지경영부	사무관 하미숙 차 장 장호광	044-201-2223 061-931-1031
신청시기	해당없음	사업시행기관	한국농수산식품 유통공사
관련자료	산지통합마케팅지원 사업시행지침서		

405 농산물 유통소비정보조사(수급정보조사 등)

세부사업명	농산물 유통소비정보조사		세목	민간경상보조
내역사업명	수급정보조사 등		예산 (백만원)	3,491
사업목적	○ 농산물 수급, 도소매 가격 및 유통실태 등 시장 동향 파악과 정보 제공을 통해 농산물의 투명한 거래질서를 확립하고 수급·가격안정 도모			
사업 주요내용	○ 농산물 수급정보조사, 도소매가격조사, 화훼유통정보조사, 유통실태조사, 수입정보조사			
국고보조 근거법령	○ 농수산물 유통 및 가격안정에 관한 법률 제5조의3, 제72조			
지원자격 및 요건	○ 국고 100%			
지원한도	-			

재원구성 (%)	국고	100%	지방비		융자		자부담	

연도별 재정투입 현황	구 분	2017년	2018년	2019년	2020년 (단위: 백만원)
	합 계	2,146	3,092	3,123	3,491
	국 고	2,146	3,092	3,123	3,491

담당기관	담당과	담당자	연락처
농림축산식품부	원예산업과	손경문	044-201-2234
농림축산식품부	유통정책과	김동환	044-201-2212
농림축산식품부	유통정책과	박은영	044-201-2215
농림축산식품부	원예경영과	정현주	044-201-2261
한국농수산식품유통공사	수급기획부	강형모	061-931-1061

신청시기	-	사업시행기관	한국농수산식품 유통공사
관련자료	-		

406 인삼·특용작물 유통시설현대화사업

세부사업명	농산물산지유통시설지원(계속)		세목	자치단체자본보조
내역사업명	인삼·특용작물 유통시설현대화(계속)		예산(백만원)	126
사업목적	○ 인삼·특용작물을 제조·가공·유통단계까지 지원하여, 주요 생산 권역별 조직화·규모화·브랜드(Brand)화를 통해 인삼·특용작물 전문 생산단지 조성			
사업 주요내용	○ 생산·유통시설현대화 : 우량종자 생산시설, 선별기, 증삼기, 건조기, 세척기, 탈피기, 저온저장고, 미생물 배양기 등 유통·가공시설 및 SW 부문 지원 ○ 마케팅·경영전략 컨설팅 : 브랜드 육성, 사업추진·운영 계획 수립, 수출 및 마케팅 전략 수립, 홍보 컨설팅 비용 지원			
국고보조 근거법령	○ 인삼산업법 제3조 ○ 농수산물 유통 및 가격안정에 관한 법률 제57조			
지원자격 및 요건	○ 신규시설 : 총 사업비가 21억원 이상이고, 시설규모가 총 1,000㎡ 이상 ○ 보완시설(신규) : 최근년도 가동률이 6개월 이상이고 보완 사업비가 6억원 이상인 시설 * 별도요건 : 신청자가 법인인 경우 총출자금이 3억원 이상이고 자본금이 사업비 자부담금 이상 확보된 조합원 10명 이상인 법인			

지원한도	○ 신규시설
	  - 생산·유통시설현대화 : 20억원/개소당(사업기간 : 2년)
	  - 마케팅·경영전략컨설팅지원 : 1억원/개소당(사업기간 : 2년)
	○ 보완시설 : 6억원/개소당(사업기간 : 2년)			

재원구성(%)	국고	30	지방비	40~60	융자	-	자부담	10~30

연도별 재정투입 계획	(단위 : 백만원)				
	구 분	2018년	2019년	2020년	2021년
	○ 합 계	2,100	2,100	420	2,100
	- 국고보조	630	630	126	630
	- 국고융자	-	-	-	-
	- 지방비	860	860	172	860
	- 자부담	610	610	122	610

담당기관	담당과	담당자	연락처
농림축산식품부	원예산업과	사무관 박태준 주무관 김선이	044-201-2238 044-201-2239
시·도	인삼·특용작물 담당과	인삼·특용작물 담당자	-

신청시기	사업대상자 : '19. 12. 10일까지 시·군 신청 : '19. 12. 15일까지 시·도 신청 : '19. 12. 31일까지	사업시행기관	지자체
관련자료	농림사업정보시스템(AGRIX) 사업시행지침서		

407 자조금 지원사업(단체)

세부사업명	자조금지원사업		세목	민간경상보조
내역사업명	자조금지원(단체) 자조금 통합지원센터 지원		예산 (백만원)	8,110 1,000
사업목적	○ 생산자단체를 조직화하여 농산물의 판로확대, 수급조절 및 가격안정을 도모하게 함으로써 농가소득 증진			
사업 주요내용	○ 농산물 판로확대 및 농가소득 증진을 위하여 생산자단체에 소비촉진 홍보비, 시장개척비, 사무국 운영비 등 지원 및 자조금 통합지원센터 운영 지원			
국고보조 근거법령	○ 「농수산자조금의 조성 및 운용에 관한 법률」 제5조(출연 및 지원)			
지원자격 및 요건	○ 의무자조금 단체 ○ 임의자조금 단체 * 기존 임의자조금단체('15년도 이전부터 지원한 단체)는 지원 대상에서 제외, 신규 임의자조금 단체는 결성 이후 3년간 한시 지원 ○ 의무자조금 추진 단체 ○ 통합자조금 단체 ○ 자조금 통합지원센터로 지정된 기관			
지원한도	○ 품목담당부서에서 검토 후, 예산 및 평가결과 등이 반영된 사업총괄부서의 검토·조정을 거쳐 해당 품목담당부서에서 승인			
재원구성 (%)	국고	50 (센터 100)	지방비	-	융자	-	자부담	50

(단위 : 백만원)

구 분	2017년	2018년	2019년	2020년
합 계	15,220	15,220	16,220	17,220
국 고	7,610	7,610	8,110	9,110
지방비	-	-	-	-
융 자	-	-	-	-
자부담	7,610	7,610	8,110	8,110

담당기관	담당과	담당자	연락처
농림축산식품부 농림축산식품부 한국농수산식품유통공사	유통정책과 품목자조금 담당부서 산지경영부	사무관 김아림 차 장 이찬우	044-201-2219 061-931-1035
신청시기	정기(당년도 1월)	사업시행기관	자조금단체 한국농수산식품유통공사
관련자료	사업시행지침서		

408 직매장 지원

세부사업명	농산물직거래활성화지원	세목	자치단체 자본보조
내역사업명	직매장 지원	예산(백만원)	4,200

사업목적	○ 농산물 직거래 활성화를 통해 기존 유통경로와의 건전한 경쟁을 촉진하여 보다 효율적인 유통환경 조성에 기여
사업 주요내용	○ 농축산물을 상시적으로 직거래하는 직거래 공간인 직매장 설치를 지원함으로써 직거래활성화 유도를 통한 유통구조 개선에 기여
국고보조 근거법령	○ 「지역농산물 이용촉진 등 농산물 직거래 활성화에 관한 법률」제9조
지원자격 및 요건	☞ 직매장을 설치·운영하고자 하는 법인격의 민간사업자 또는 지방자치단체 ○ 단, 민간사업자의 경우에도 지자체를 통해 사업을 신청하여야 하며, 푸드플랜 패키지 지원사업으로 응모할 경우 선정 우대 　* 지자체는 선정된 국고사업에 대해서는 반드시 지방비를 확보하여 사업을 추진하여야 함 　　< 민간사업자의 자격 요건 > 　» 농협(산림)조합, 영농조합법인 및 농업회사법인 　» 협동조합(사회적협동조합 등 포함) 및 사회적기업 　» 소비자생활협동조합법 제2조에 따른 '소비자생활협동조합(생협)' 및 '연합회' 　» 공공기관, 비영리법인 및 지자체 출연 공익법인 　◆ 영농조합법인과 협동조합은 조합원 10인 이상의 농업인 또는 생산자단체로 구성 　◆ 농업회사법인은 농업인 지분 51% 이상 　◆ 영농조합법인과 농업회사법인은 설립 후 1년 미만인 경우 총 출자금 5천만원 이상 (지자체 출자(출연) 법인 제외)이여야 함 　◆ 공익법인은 지자체 출자(출연)에 한함 　　* 명시된 내용 이외에는 농림축산식품분야 제정사업관리 기본규정 별표 6의 요건에 따름
지원한도	○ 로컬푸드 복합문화센터, 대도시형직매장, 일반직매장 등 　* 1년차 사업: 복합문화센터 최대 6억, 대도시형직매장 최대 6억, 일반직매장 최대 3억원까지 지원 　** 2년차 사업: 인허가 절차 이전에 필요한 설계비와 건축비 일부 지원

재원구성 (%)	국고	30%	지방비	30%	융자	-	자부담	40%

연도별 재정투입 현황	(단위 : 백만원)				
	구 분	2017년	2018년	2019년	2020년
	합 계	21,000	17,500	14,000	14,000
	국 고	6,300	5,250	4,200	4,200
	지방비	-	-	4,200	4,200
	자부담	14,700	12,250	5,600	5,600

담당기관	담당과	담당자	연락처
농림축산식품부 한국농수산식품유통공사	유통정책과 유통조성처 유통기획부	사무관 김남주 차 장 강선영	041-201-2285 061-931-1015
신청시기	전년도 9월	사업시행기관	지방자치단체
관련자료	직매장 지원 사업시행지침서		

409 채소가격안정지원

세부사업명	농산물생산유통조절지원			세목	민간경상보조
내역사업명	채소가격안정지원			예산 (백만원)	24,161
사업목적	○ 주요 채소류(배추, 무, 마늘, 양파, 고추)의 주산지 중심 사전적·자율적 수급안정 체계 구축 도모					
사업 주요내용	○ 계약재배 농업인의 일정 약정금액(도매시장 평년가격 80% 이내)을 보전해 주고 면적조절, 출하중지 등 강화된 수급의무를 부여하여 주산지 중심의 사전적·자율적 수급안정 체계 구축 지원* 　* 품목별 약정금액 보전, 사전면적조절, 출하중지 및 출하장려 등에 필요한 비용 지원					
국고보조 근거법령	○ 「농수산물 유통 및 가격안정에 관한 법률」 제4조(주산지의 지정 및 해제 등), 제6조(계약생산), 제9조(과잉생산시의 생산자의 보호), 「농업·농촌 및 식품산업 기본법」 제7조(농수산물과 식품의 안정적 공급)					
지원자격 및 요건	○ (지원대상) 농업인, 지역농협·품목농협, 영농조합법인, 조합공동사업법인, 농업회사법인 ○ (지원조건) 당해연도 계약재배 사업대상자이고, 해당품목 주산지협의체에 참여 한 농업인, 지역농협·품목농협, 영농조합법인, 조합공동사업법인, 농업회사법인 ○ (대상품목) 배추, 무, 마늘, 양파, 고추, 대파					
지원한도	신청 물량에 따라 지원금액을 산정하여 차등 지원					
재원구성 (%)	국고 30%	지방비 30%		융자 20%	자부담 20%	

연도별 재정투입 현황 (단위: 백만원)

구 분	2017년	2018년	2019년	2020년
합 계	33,333	56,063	50,456	80,536
국 고	10,000	16,819	15,137	24,161
지방비	10,000	16,819	15,137	24,161
농 협	6,666	11,212	10,091	16,107
자부담	6,666	11,212	10,091	16,107

담당기관	담당과	담당자	연락처
농림축산식품부 농협경제지주 한국농수산식품유통공사	원예산업과 원예사업부 채소사업부	김상돈 김정호 김성진	044-201-2232 02-2080-6355 061-931-1071

신청시기	'20년 1월 ~ (수시)	사업시행기관	농협경제지주 농수산식품유통공사
관련자료	채소가격안정제 사업시행지침서		

410 친환경농산물소비촉진

세부사업명	국가인증농식품지원		세목	민간경상보조
내역사업명	친환경농산물소비촉진		예산 (백만원)	397
사업목적	○ 친환경농산물 소비자 신뢰도 제고를 위한 현장 중심 가치 인식 및 공감대 형성			
사업 주요내용	○ 친환경농산물 가치 홍보 영상물제작 및 보도 등 ○ 현장 중심의 친환경농산물 가치 홍보			
국고보조 근거법령	○ 친환경농어업 육성 및 유기식품의 관리·지원에 관한 법률 제16조 (친환경농수산물 등의 생산·유통·수출 지원) ○ 농업·농촌 및 식품산업 기본법 제38조(친환경농업 등의 촉진)			
지원자격 및 요건	○ 홍보영상제작 및 언론보도 기획 전문업체 ○ 친환경급식 학교 학생(초등학생)			
지원한도	-			
재원구성 (%)	국고 100%	지방비	융자	자부담

(단위 : 백만원)

연도별 재정투입 현황	구 분	2017년	2018년	2019년	2020년
	합 계	397	397	397	397
	국 고	397	397	397	397

담당기관	담당과	담당자	연락처
농림축산식품부 농림수산식품교육문화정보원	친환경농업과 소비전략식실	이윤식 사무관 최원일 실장	044-201-2439 044-861-8858
신청시기	수시	사업시행기관	농림수산식품교육 문화정보원
관련자료	-		

411 친환경농산물직거래지원(융자)

세부사업명	친환경농산물직거래지원(융자)	세목	기타민간 융자금
내역사업명	친환경농산물직거래지원(융자)	예산 (백만원)	22,500
사업목적	○ 친환경농축산물 취급업체의 직거래 구매·판매장 개설을 위한 융자 지원하여 친환경농축산물의 안정적인 판로 확대, 수급조절 및 가격안정에 기여		
사업 주요내용	○ (운영)친환경농업인, 생산자단체, 유기가공식품업체로부터 국내산 친환경농축산물 구매비용 ○ (시설)친환경농축산물 전문매장 신규개설 또는 확장 시 임차보증금 및 시설비		
국고보조 근거법령	○ 친환경농어업 육성 및 유기식품의 관리·지원에 관한 법률 제16조(친환경농수산물 등의 생산·유통·수출 지원) ○ 농수산물유통 및 가격안정에 관한 법률 제57조(기금의 용도) ○ 농업·농촌 및 식품산업 기본법 제38조(친환경농업 등의 촉진)		
지원자격 및 요건	○ 친환경농축산물 직거래사업에 참여를 희망하는 생산자단체, 소비자단체, 전문유통업체, 유기가공식품업체, 전자상거래사업자, 개인사업자 등		
지원한도	○ (운영) 1년, (시설) 2년 거치 3년 균분 상환 * 운영자금 : 고정금리(생산자단체 연 2.5%, 일반업체 연 3%) 또는 변동금리 ○ (운영) 업체당 3,000백만원, (시설) 매장당 500백만원 ○ 시설자금 : 고정금리(생산자단체 연 2.0%, 일반업체 연 3%) 또는 변동금리		

재원구성(%)	국고		지방비		융자	80%	자부담	20%

연도별 재정투입 현황 (단위 : 백만원)

구 분	2017년	2018년	2019년	2020년
합 계	29,440	25,000	22,500	22,500
국 고	29,440	25,000	22,500	22,500

담당기관	담당과	담당자	연락처
농림축산식품부 농림축산식품부 농협경제지주 한국농수산식품유통공사	친환경농업과 친환경농업과 원예사업부 정책금융부	이윤식 사무관 홍금용 주무관 진유진 계장 어영광 대리	044-201-2439 044-201-2440 02-2080-6378 061-931-1147

신청시기	정기(1월), 수시	사업시행기관	농협경제지주 한국농수산식품유통공사
관련자료	-		

412 스마트팜 패키지 수출 활성화(데모온실 조성)

세부사업명	스마트팜 패키지 수출 활성화			세목		민간경상보조	
내역사업명	데모온실 조성			예산(백만원)		220	
사업목적	○ 기자재·인력·기술 등을 패키지화하여 한국형 스마트팜 모델수출을 활성화하고, 스마트팜 관련 기업 및 종사자 해외 진출 촉진						
사업 주요내용	○ 수출 전략국가 2개국에 한국형 스마트팜 모델 조성						
국고보조 근거법령	○ 농업·농촌 및 식품산업 기본법 제35조(농업 및 식품관련 기술·연구 등의 진흥), 제 36조(농업 및 식품관련 산업의 기술개발 추진)						
지원자격 및 요건	○ '스마트팜 패키지 수출 활성화' 사업 공모에 선정된 컨소시엄						
지원한도	○ 개소 당 1,680백만원(국비)						
재원구성(%)	국고	70	지방비	0	융자	0	자부담	30

연도별 재정투입 현황 (단위 : 백만원)

구 분	2017년	2018년	2019년	2020년
합 계	-	-	-	314
국 고	-	-	-	220
지방비	-	-	-	94
융 자	-	-	-	-
자부담	-	-	-	-

담당기관	담당과	담당자	연락처
농림축산식품부 농업기술실용화재단	농산업정책과 글로벌사업팀	박찬우 사무관 김진헌	044-201-2426 063-919-1450

신청시기	'20년 상반기	사업시행기관	농업기술실용화재단
관련자료	-		

413 스마트팜 패키지 수출 활성화(마케팅 지원)

세부사업명	스마트팜 패키지 수출 활성화			세목	민간경상보조
내역사업명	마케팅 지원			예산 (백만원)	250
사업목적	○ 마케팅 지원을 통한 스마트팜 관련 기업 및 종사자 해외 진출 촉진				
사업 주요내용	○ 시연회 개최, 박람회 참가 지원, 국내 수출상담회 개최, 해외 인·허가 취득 등 지원				
국고보조 근거법령	○ 농업·농촌 및 식품산업 기본법 제35조(농업 및 식품관련 기술·연구 등의 진흥), 제 36조(농업 및 식품관련 산업의 기술개발 추진)				
지원자격 및 요건	○ 스마트팜 수출(예정) 기업				
지원한도					
재원구성 (%)	국고	70	지방비	0	융자	0	자부담	30

(단위 : 백만원)

구 분	2017년	2018년	2019년	2020년
합 계	-	-	-	357
국 고	-	-	-	250
지방비	-	-	-	107
융 자	-	-	-	-
자부담	-	-	-	-

담당기관	담당과	담당자	연락처
농림축산식품부 코트라	농산업정책과 융복합산업팀	박찬우 사무관 김민정	044-201-2426 02-3460-7478
신청시기	정기(전년도 11.30까지)	사업시행기관	코트라
관련자료	-		

7-1. 생산기반확충

임업분야

414 조림사업

세부사업명	조림		세목	자치단체자본보조
내역사업명	조림(지자체)		예산 (백만원)	119,642
사업목적	○ 산림의 경제적·공익적 가치 증진을 위한 나무심기			
사업 주요내용	○ 수확 및 수종갱신 벌채지, 미립목지 등에 나무심기(경제림조성, 큰나무조림, 지역특화조림, 미세먼지 저감조림 등)를 통하여 산림자원을 조성			
국고보조 근거법령	○「보조금 관리에 관한 법률 시행령」제4조 ○「산림자원의 조성 및 관리에 관한 법률」제10조, 제12조, 제64조			
지원자격 및 요건	○ 지원대상 : 지방자치단체 ○ 지원조건 : 국고 50~60% ○ 수혜대상 : 산주, 일반국민			
지원한도	○ 조림 설계·감리 및 사업시행 지침 적용			

재원구성(%)	국고	50~60	지방비	30~50	융자	-	자부담	0~10

연도별 재정투입 계획 (단위 : 백만원)

구 분	2017년	2018년	2019년	2020년
합 계	144,479	159,479	190,648	214,265
국 고	79,859	90,359	104,779	119,642
지방비	57,438	61,938	80,257	86,191
자부담	7,182	7,182	5,612	8,432

담당기관	담당과	담당자	연락처
산림청 지방자치단체	산림자원과 시군구 산림부서	김종근 사무관	042-481-4185
신청시기	정기(전년도 2월말까지)	사업시행기관	지방자치단체
관련자료			

415 정책숲가꾸기사업

세부사업명	숲가꾸기		세목	자치단체자본보조
내역사업명	정책숲가꾸기		예산 (백만원)	113,374
사업목적	○ 산림의 연령에 따라 어린나무, 솎아베기 등 체계적인 숲가꾸기를 통해 산림의 경제·사회·환경적 가치와 편익이 최대한 발휘될 수 있는 산림자원으로 육성			
사업 주요내용	○ 풀베기, 덩굴제거, 어린나무, 솎아베기 등 산림의 연령에 따른 숲가꾸기 사업비 지원			
국고보조 근거법령	○ 「산림기본법」 제4조, 제6조 ○ 「산림자원의 조성및 관리에 관한 법률」 제11조, 제37조 ○ 「보조금 관리에 관한 법률 시행령」 제4조			
지원자격 및 요건	○ 산림소유자(국비 50%, 지방비 50%)			
지원한도	숲가꾸기 설계·감리 및 사업시행 지침 적용			

재원구성 (%)	국고	50%	지방비	50%	융자		자부담	

연도별 재정투입 현황	(단위 : 백만원)			
	구 분	2017년	2018년	2019년	2020년
	합 계	324,548	260,240	198,802	226,748
	국 고	162,274	130,120	99,401	113,374
	지방비	162,274	130,120	99,401	113,374

담당기관	담당과	담당자	연락처
산림청 자치단체	산림자원과 시·군·구 산림부서	이성호 사무관	042-481-4218
신청시기	정기(전년도 2월말까지)	사업시행기관	자치단체
관련자료	-		

416 공공산림가꾸기

세부사업명	숲가꾸기		세목	자치단체자본보조
내역사업명	공공산림가꾸기		예산(백만원)	24,688
사업목적	○ 도시·농산촌의 저소득계층 및 실업자를 숲가꾸기 사업에 고용하여 사회적 일자리 창출			
사업 주요내용	○ 공공산림가꾸기 참여자 인건비 및 교육비, 안전장구구입 지원			
국고보조 근거법령	○ 「산림기본법」 제4조, 제6조 ○ 「산림자원의 조성및 관리에 관한 법률」 제11조, 제37조 ○ 「보조금 관리에 관한 법률 시행령」 제4조			
지원자격 및 요건	○ 저소득계층 및 실업자(국비 50%, 지방비 50%)			
지원한도	재정지원일자리사업 종합지침 적용			
재원구성(%)	국고 50%	지방비 50%	융자	자부담

연도별 재정투입 현황

(단위 : 백만원)

구 분	2017년	2018년	2019년	2020년
합 계	23,512	26,866	26,757	48,625
국 고	11,946	13,623	13,554	24,688
지방비	11,566	13,243	13,203	23,937

담당기관	담당과	담당자	연락처
산림청 자치단체	산림자원과 시·군·구 산림부서	이성호 사무관	042-481-4218
신청시기	정기(전년도 2월말까지)	사업시행기관	자치단체
관련자료	-		

417 양묘시설현대화 공모사업

세부사업명	묘목생산		세목	자치단체자본보조
내역사업명	양묘시설현대화사업		예산 (백만원)	600
사업목적	○ 노동력에 의존하는 묘목생산 구조를 시설자동화를 통해 비용 절감 및 농촌 노동력 감소에 적극 대응			
사업 주요내용	○ 온실·야외 생육시설, 파종 및 포장 자동화를 통한 생산비 절감 ○ 생육환경조절시스템, 자주식 관수기 등을 통해 생육환경 개선 ○ 묘목품질유지 및 적기수급을 위한 저온저장고 시설, 기존시설의 개·보수, 장비 구입 등			
국고보조 근거법령	○ 「산림기본법」 제16조, 「산림자원의 조성 및 관리에 관한 법률」 제64조, 동법 시행령 제68조, 「보조금 관리에 관한 법률」 제4조 - 국가 및 지방자치단체는 우량한 종자와 묘목의 공급 등 산림자원의 질을 높이기 위하여 필요한 시책을 수립·시행하여야 함.			
지원자격 및 요건	○ 묘목대행생산자 소유 민유양묘장이 위치하고 있는 시·도지사 또는 시장·군수·구청장 중 지방비 확보가 가능한 지방자치단체			
지원한도	○ 개소당 총사업비 1억 이하 또는 2억 이상 10억 이하의 예산으로 현대화사업을 추진코자 하는 지방자치단체로 사업량의 제한은 없음			
재원구성 (%)	국고 30%	지방비 30%	융자 20%	자부담 20%

연도별 재정투입 현황 (단위: 백만원)

구 분	2017년	2018년	2019년	2020년
합 계	2,000	2,000	2,000	2,000
국 고	600	600	600	600
지방비	600	600	600	600
융 자	400	400	400	400
자부담	400	400	400	400

담당기관	담당과	담당자	연락처
산림청	산림자원과	김종근 사무관	042-481-4185
신청시기	정기(전년도 9월 선정)	사업시행기관	지방자치단체
관련자료	농림사업정보시스템(AGRIX) 사업시행지침서, 「보조금 관리에 관한 법률」, 「농림축산식품분야 재정사업관리 기본규정」, 「산림청 소관 국고보조금 관리지침」, 「산림사업종합자금 집행지침」		

418 임산물생산단지규모화사업 개요

세부사업명	청정임산물이용증진		세목	자치단체자본보조
내역사업명	임산물 생산단지 규모화		예산 (백만원)	17,420
사업목적	○ 임산물 생산기반의 규모화 현대화 추진			
사업 주요내용	○ (산림작물생산단지) 단기소득임산물 생산에 필요한 기반 시설 지원 ○ (산림복합경영단지) 기존 입목에 대한 숲가꾸기 + 단기소득임산물 생산에 필요한 기반 시설 지원			
국고보조 근거법령	○ 「산림기본법」 제21조 ○ 「임업 및 산촌 진흥촉진에 관한 법률」 제4조, 제8조, 제9조 ○ 「산림자원의 조성 및 관리에 관한 법률」 제64조			
지원자격 및 요건	○ 지원대상 : 임업인, 임업후계자, 신지식임업인, 독림가, 생산자단체 ○ 지원조건 : 공모 : 국고 40%, 지방비 20~40%, 융자 0%, 자부담 20~40% 　　　　　　소액 : 국고 20%, 지방비 30%, 융자 30%, 자부담 20%			
지원한도	○ (산림작물생산단지조성사업, 공모) 노지 1~5억원 이내, 시설재배 2~10억원 이내 ○ (산림복합경영단지조성사업, 공모) 1~5억원 이내 ○ (산림작물생산단지조성사업, 산림복합경영단지조성사업, 소액) 1억원 미만			

재원구성 (%)	국고	20~40	지방비	20~40	융자	0~30	자부담	20~40

연도별 재정투입 계획 (단위 : 백만원)

구 분	2018년	2019년	2020년	2021년 이후
합 계	48,550	48,550	43,550	43,550
국 고	19,420	19,420	17,420	17,420
지방비	9,710	9,710	8,710	8,710
융 자	-	-	-	-
자부담	19,420	19,420	17,420	17,420

담당기관	담당과	담당자	연락처
산림청	사유림경영소득과	황상훈 주무관	042-481-4209

신청시기	(공모) 전년도 4~6월 (소액) 전년도 1월 20일까지	사업시행기관	자치단체
관련자료	산림소득분야 사업시행지침서		

419 친환경임산물재배관리 개요

세부사업명	청정임산물이용증진			세목	자치단체자본보조
내역사업명	친환경임산물재배관리			예산 (백만원)	4,800
사업목적	○ 산성화된 토양을 적정 산도로 개량하고, 제초제 및 화학비료 등의 사용 억제로 토양산성화 방지 및 지력 회복					
사업 주요내용	○ 토양개량제 및 유기질비료 지원					
국고보조 근거법령	○ 「산림기본법」 제21조 ○ 「임업 및 산촌 진흥촉진에 관한 법률」 제4조, 제8조 ○ 「산림자원의 조성 및 관리에 관한 법률」 제64조					
지원자격 및 요건	○ 지원대상 : 생산자(임업인, 임업후계자, 신지식임업인, 독림가) 및 생산자단체 ○ 지원조건 : (토양개량제) 국고 70%, 지방비 30% / (유기질비료) 정액 지원					
지원한도	○ (토양개량제) 품종별 차등 지원 - 수실류 : ha당 총사업비 756천원(* 밤: ha당 504천원) - 관상산림식물류 : ha당 총사업비 4,750천원 - 잔디 : ha당 총사업비 1,150천원 - 기타임산물 : '임산물 표준재배 지침' 등 관련 지침에 따라 적정량 적용 ○ (유기질비료) '임산물 표준재배 지침' 등 관련 지침에 따라 시비량 적용					
재원구성 (%)	국고	70 또는 정액	지방비	30 또는 정액	융자	-	자부담	-

(단위 : 백만원)

구 분	2018년	2019년	2020년	2021년 이후
합 계	6,856	6,856	6,856	6,856
국 고	4,800	4,800	4,800	4,800
지방비	1,371	2,056	2,056	2,056
융 자	-	-	-	-
자부담	685	-	-	-

(연도별 재정투입 계획)

담당기관	담당과	담당자	연락처
산림청	사유림경영소득과	백명재 주무관	042-481-4196

신청시기	전년도 1월 20일까지	사업시행기관	자치단체
관련자료	산림소득분야 사업시행지침서		

420 목재산업시설 현대화 사업 개요

세부사업명	목재이용 및 산업육성			세목	자치단체자본보조
내역사업명	목재산업시설 현대화			예산 (백만원)	1,600
사업목적	○ 국산목재 생산시기가 도래함에 따라 목재의 고부가가치 실현으로 산주 소득을 늘려 국고 세입을 증대하고, 목재제품 제조시설 현대화로 산업경쟁력 강화 및 한-중 FTA 대응하고자 함					
사업 주요내용	○ 목재산업시설 현대화를 위한 건조, 제재·가공, 방부, 목탄 제조시설 등 노후화된 목재산업 시설의 교체 및 보강					
국고보조 근거법령	○「목재의 지속가능한 이용에 관한 법률」제38조					
지원자격 및 요건	○ 목재이용법에 따라 목재생산업 등록업체로 해당 제조시설이 위치하고 있는 자자체에서 지방비 확보가 가능해야함					
지원한도	○ 개소당 최대 2억원					
재원구성 (%)	국고	40	지방비	20	융자	-	자부담	40

(단위 : 백만원)

연도별 재정투입 계획	연도별	계	2015 ~ 2016	2017	2018	2019	2020
	계(A+B)	46,600	16,200	10,200	10,200	5,000	4,000
	국비(A)	23,300	8,100	5,100	5,100	2,500	1,600
	지방비+자부담(B)	23,300	8,100	5,100	5,100	2,500	2,400
	사업내용	233개소	81개소	51개소	51개소	25개소	20개소

담당기관	담당과	담당자	연락처
산림청	목재산업과	이명규사무관	042-481-4204

신청시기	전년도 6월 이전	사업시행기관	자치단체
관련자료			

421 수출기반구축 사업 개요

세부사업명	임산물수출촉진		세목	자치단체자본보조
내역사업명	수출기반구축		예산 (백만원)	1,000
사업목적	○ 수출품 규격·품질 관리를 위한 임산물 수출 시설·장비를 조성하여 임산물 수출 일관 시스템 구축			
사업 주요내용	○ 임산물 수출 공동시설 및 장비 조성			
국고보조 근거법령	○ 「산림기본법」 제11조, 제22조(임산물 수급 및 가격안정) ○ 「산림자원의 조성 및 관리에 관한 법률」 제64조 및 동법 시행령 제68조(자금지원) ○ 「임업 및 산촌 진흥촉진에 관한 법률」 제4조 및 동법 시행령 제4조(재정지원)			
지원자격 및 요건	○ 임산물 수출특화지역 사업을 신청한 임산물 생산자 단체 중 평가를 거쳐 선정·지원			
지원한도	○ 1개소 당 1,000백만원			

재원구성(%)	국고	50	지방비	20	융자	-	자부담	30

(단위 : 백만원)

연도별 재정투입 계획	구 분	2018년	2019년	2020년	2021년 이후
	합 계	4,000	2,000	2,000	2,000
	국 고	2,000	1,000	1,000	1,000
	지방비	800	400	400	400
	융 자	-	-	-	-
	자부담	1,200	600	600	600

담당기관	담당과	담당자	연락처
산림청	임업통상팀	손성애 주무관	042-481-4087
신청시기	정기(전년도 4~5월)	사업시행기관	자치단체
관련자료			

422 임산물 생산유통기반조성 개요

세부사업명	청정임산물이용증진				세목		자치단체자본보조	
내역사업명	임산물 생산·유통기반조성				예산 (백만원)		12,832	
사업목적	임산물의 생산 및 유통기반 조성							
사업 주요내용	○ 임산물 생산시설 및 장비 현대화 지원으로 임산물 생산·유통의 경쟁력 제고							
국고보조 근거법령	○「산림기본법」제21조 ○「임업 및 산촌 진흥촉진에 관한 법률」제4조, 제7조, 제8조, 제10조 ○「산림자원의 조성 및 관리에 관한 법률」제64조							
지원자격 및 요건	○ 지원대상 : 생산자(임업인, 임업후계자, 신지식임업인, 독림가) 및 생산자단체 ○ 지원조건 : 국고 20%, 지방비 30%, 융자 30%, 자부담 20%							
지원한도	○ 총사업비 100백만원 미만							
재원구성 (%)	국고	20	지방비	30	융자	30	자부담	20

연도별 재정투입 계획	구 분	2018년	2019년	2020년	2021년 이후
	합 계	64,160	64,160	64,160	64,160
	국 고	12,832	12,832	12,832	12,832
	지방비	12,832	12,832	19,248	19,248
	융 자	12,832	12,832	19,248	19,248
	자부담	25,664	25,664	12,832	12,832

(단위 : 백만원)

담당기관	담당과	담당자	연락처
산림청	사유림경영소득과	황상훈 주무관 오성완 주무관	042-481-4209 042-481-4207

신청시기	전년도 1월 20일까지	사업시행기관	자치단체
관련자료	산림소득분야 사업시행지침서		

423 청정임산물 소비촉진 및 홍보 개요

세부사업명	청정임산물이용증진		세목	민간경상보조
내역사업명	청정임산물 소비촉진 및 홍보		예산 (백만원)	415
사업목적	○ 임산물 소비촉진을 위한 행사 참여·추진			
사업 주요내용	○ 임산물의 소비심리위축 등 시장,환경 변화에 대응하기 위한 임산물 직거래장터, 우수임산물 전시회, 홍보사업 등 소비활성화사업 지원			
국고보조 근거법령	○ 「산림기본법」 제21조 ○ 「임업 및 산촌 진흥촉진에 관한 법률」 제4조, 제7조, 제8조, 제9조, 제10조 ○ 「산림자원의 조성 및 관리에 관한 법률」 제64조			
지원자격 및 요건	○ 지원대상 : 단기소득임산물 생산자 단체, 협회, 산림조합중앙회, 한국임업진흥원 ○ 지원조건 : 국고 100%			
지원한도	해당없음			

재원구성 (%)	국고	100	지방비	-	융자	-	자부담	-

연도별 재정투입 계획 (단위: 백만원)

구 분	2018년	2019년	2020년	2021년 이후
합 계	215	415	415	415
국 고	215	415	415	415
지방비	-	-	-	-
융 자	-	-	-	-
자부담	-	-	-	-

담당기관	담당과	담당자	연락처
산림청	사유림경영소득과	이승우 주무관	042-481-1808

신청시기	정기(전년도 12월말까지)	사업시행기관	민간단체
관련자료	산림소득분야 사업시행지침서		

424 목재펠릿보일러 보급

세부사업명	목재이용 및 산업육성					세목		자치단체자본보조	
내역사업명	목재펠릿보일러 보급					예산 (백만원)		1,820	
사업목적	○ 신재생에너지인 목재펠릿 보급을 통해 농산어촌 주민의 난방비 절감 및 화석연료 대체를 통한 온실가스 배출을 줄임으로써 기후변화 대응에 기여								
사업 주요내용	○ 주거용(주택, 일반시설), 주민편의·사회복지용 목재펠릿 보일러 보급								
국고보조 근거법령	○ 「산림자원의 조성 및 관리에 관한 법률」 제37조 제4항								
지원자격 및 요건	○ 목재펠릿보일러 설치를 희망하는 자로 자부담 능력이 있고 국고보조를 받아 화목보일러 및 목재펠릿보일러 설치 후 5년이 경과한 자								
지원한도	○ 1대당 400만원 * 기준단가 및 지원한도액은 보일러 용량에 따라 변경 가능								
재원구성 (%)	국고	30 (50)	지방비	40 (50)	융자	- (-)		자부담	30 (-)

연도별 재정투입 계획 (단위: 백만원)

연도별	계	2015~2016	2017	2018	2019	2020
계(A+B)	58,400	20,800	12,400	12,400	6,400	5,800
국비(A)	18,000	6,400	3,800	3,800	2,000	1,820
지방비+자부담(B)	40,400	14,400	8,600	8,600	4,400	3,980
사업내용	14,600대	5,200대	3,100대	3,100대	1,600대	1,450대

담당기관	담당과	담당자	연락처
산림청	목재산업과	박종열 주무관	042-481-8879

신청시기	당해 연도 6월 이전 * 지방자치단체에 따라 상이	사업시행기관	자치단체
관련자료			

425 산림사업종합자금(융자금)

세부사업명	산림사업종합자금(융자금)		세목	기타민간융자금
내역사업명	산림사업종합자금(융자금)		예산 (백만원)	70,000
사업목적	○ 임업인 및 생산자 단체 등에게 장기 저리의 정책융자(융자금)를 지원하여 산림사업 투자 활성화를 유도하고 임가소득 증대 및 임업경제 활성화 도모			
사업 주요내용	○ 산림경영기반조성, 사립휴양시설 등 산림사업을 하고자 하는 임업인 및 생산자 단체에 융자금 지원			
국고보조 근거법령	○ 산림자원의 조성 및 관리에 관한 법률 제64조(자금지원) ○ 임업 및 산촌 진흥촉진에 관한 법률 제4조(재정지원)			
지원자격 및 요건	○ 임업인 및 생산자 단체 융자 지원			
지원한도	○ 사업별 별도 적용			
재원구성 (%)	국고	-	지방비	-	융자	60~100	자부담	0~40

연도별 재정투입 현황 (단위: 백만원)

구 분	2017년	2018년	2019년	2020년
합 계	58,821	54,000	50,000	70,000
융 자	58,821	54,000	50,000	70,000

담당기관	담당과	담당자	연락처
산림청 산림조합중앙회	사유림경영소득과 상호금융여신부	정준수 사무관 박진웅 팀 장	042-481-4192 02-3434-7237
신청시기	-	사업시행기관	산림조합
관련자료	산림사업종합자금 집행지침 산림청 홈페이지(www.forest.go.kr)		

426 산림사업종합자금(이차보전)

세부사업명	산림사업종합자금(이차보전)			세목	이차보전금
내역사업명	산림사업종합자금(이차보전)			예산 (백만원)	6,534
사업목적	○ 임업인 및 생산자 단체 등에게 저금리의 정책융자(이차보전금)를 지원하여 산림사업 투자 활성화를 유도하고 임가소득 증대 및 임업경제 활성화 도모				
사업 주요내용	○ 임업정책자금 저리 지원에 따른 금융기관의 이자 차액을 보전				
국고보조 근거법령	○ 산림자원의 조성 및 관리에 관한 법률 제64조(자금지원) ○ 임업 및 산촌 진흥촉진에 관한 법률 제4조(재정지원)				
지원자격 및 요건	○ 임업인 및 생산자 단체 융자 지원				
지원한도	사업별 별도 적용				
재원구성 (%)	국고 0~20	지방비 0~20	융자 20~100	자부담 0~40	

(단위 : 백만원)

구 분	2017년	2018년	2019년	2020년
합 계	8,348	6,534	6,534	6,534
융 자	8,348	6,534	6,534	6,534

담당기관	담당과	담당자	연락처
산림청 산림조합중앙회	사유림경영소득과 상호금융여신부	정준수 사무관 박진웅 팀 장	042-481-4192 02-3434-7237
신청시기	-	사업시행기관	산림조합
관련자료	산림사업종합자금 집행지침 산림청 홈페이지(www.forest.go.kr)		

427 귀산촌인창업자금지원(융자금)

세부사업명	귀산촌인창업자금지원(융자금)		세목	기타민간융자금
내역사업명	귀산촌인 창업 및 주택구입 지원		예산 (백만원)	18,000
사업목적	○ 귀산촌인이 안정적으로 산촌에 정착할 수 있도록 창업 및 주거공간 마련을 위한 자금을 지원하여 임업인을 확대하고 사유림경영 활성화 도모			
사업 주요내용	○ 임업분야 창업 또는 주택 구입·신축 자금 지원			
국고보조 근거법령	○ 산림자원의 조성 및 관리에 관한 법률 제64조(자금지원) ○ 임업 및 산촌 진흥촉진에 관한 법률 제4조(재정지원)			
지원자격 및 요건	○ 귀산촌인 융자 지원			
지원한도	○ 창업 : 세대당 300백만원 ○ 정착 : 세대당 75백만원(목조주택 : 100백만원)			
재원구성 (%)	국고 - 지방비 - 융자 100 자부담 -			

연도별 재정투입 현황 (단위 : 백만원)

구 분	2017년	2018년	2019년	2020년
합 계	24,000	34,000	20,000	18,000
융 자	24,000	34,000	20,000	18,000

담당기관	담당과	담당자	연락처
산림청 산림조합중앙회	사유림경영소득과 상호금융여신부	정준수 사무관 박진웅 팀 장	042-481-4192 02-3434-7237
신청시기	-	사업시행기관	산림조합
관련자료	산림사업종합자금 집행지침 산림청 홈페이지(www.forest.go.kr)		

428 임업인경영자금지원(융자금)

세부사업명	임업인경영자금지원		세목	기타민간융자금
내역사업명	임업인 단기산림경영자금		예산 (백만원)	9,500
사업목적	○ 임업인의 일시적인 자금난 해소를 통한 경영안정 도모 및 임업분야 신규종사자의 진입장벽 해소로 산업화 추진			
사업 주요내용	○ 산림경영, 임산물(목재 포함)의 생산·이용·가공·유통·보관 등에 종사하는 임업인(경영체, 법인 포함)의 경영비			
국고보조 근거법령	○ 산림자원의 조성 및 관리에 관한 법률 제64조(자금지원) ○ 임업 및 산촌 진흥촉진에 관한 법률 제4조(재정지원)			
지원자격 및 요건	○ 임업인(경영체, 법인 포함) 융자 지원			
지원한도	○ 20백만원 이내			

재원구성 (%)	국고	-	지방비	-	융자	100	자부담	-

연도별 재정투입 현황 (단위 : 백만원)

구 분	2017년	2018년	2019년	2020년
합 계	-	10,000	9,500	8,000
융 자	-	10,000	9,500	8,000

담당기관	담당과	담당자	연락처
산림청 산림조합중앙회	사유림경영소득과 상호금융여신부	정준수 사무관 박진웅 팀 장	042-481-4192 02-3434-7237

신청시기	-	사업시행기관	산림조합
관련자료	산림사업종합자금 집행지침 산림청 홈페이지(www.forest.go.kr)		

429 사유림 산림경영계획작성사업

세부사업명	산림경영계획작성		세목	자치단체 경상보조
내역사업명	사유림 산림경영계획작성		예산 (백만원)	422
사업목적	○ 조림, 숲가꾸기, 벌채 등 지속가능한 산림경영·관리를 통한 산림의 공익적·경제적 가치 증진을 위해 사유림 산림경영계획 작성 지원			
사업 주요내용	○ 조림, 숲가꾸기, 벌채 등 10년 단위의 종합 산림경영계획 작성			
국고보조 근거법령	○ 산림자원의 조성 및 관리에 관한 법률 제13조 및 같은 법 제64조			
지원자격 및 요건	○ 지원대상 : 지방자치단체 ○ 지원조건 : 국고 50%, 지방비 50% ○ 수혜대상 : 사유림 소유자			
지원한도	○ ha당 20,457원			
재원구성 (%)	국고 50%	지방비 50%	융자 -	자부담 -

연도별 재정투입 현황 (단위 : 백만원)

구 분	2017년	2018년	2019년	2020년
합 계	1,146	740	820	844
국 고	573	370	410	422
지방비	573	370	410	422

담당기관	담당과	담당자	연락처
산림청	사유림경영소득과	정준수 정경득	042-481-4191 042-481-4195
신청시기	정기(전년도 2월말까지)	사업시행기관	지방자치단체
관련자료			

430 임산물 상품화 지원 개요

세부사업명	청정임산물이용증진			세목	자치단체경상보조
내역사업명	임산물 상품화 지원			예산 (백만원)	2,842
사업목적	○ 임산물표준규격에 따른 포장재 및 포장디자인 개선 비용				
사업 주요내용	○ 지리적표시 등록 임산물 등 임산물 명품화 및 임산물표준규격에 따른 포장재 및 포장디자인 개선사업 지원				
국고보조 근거법령	○ 「산림기본법」 제21조 ○ 「임업 및 산촌 진흥촉진에 관한 법률」 제4조, 제7조, 제8조, 제9조, 제10조 ○ 「산림자원의 조성 및 관리에 관한 법률」 제64조				
지원자격 및 요건	○ 지원대상 : 지방자치단체, 단기소득임산물 생산자 ○ 지원조건 : 국고 20%, 지방비 20%, 융자 20%, 자부담 40%				
지원한도	○ 총사업비 35백만원/건(국비 7백만원)				

재원구성 (%)	국고	20	지방비	30	융자	30	자부담	20

(단위 : 백만원)

연도별 재정투입 계획	구 분	2018년	2019년	2020년	2021년 이후
	합 계	14,210	14,210	14,210	14,210
	국 고	2,842	2,842	2,842	2,842
	지방비	2,842	2,842	2,842	2,842
	융 자	2,842	2,842	2,842	2,842
	자부담	5,684	5,684	5,684	5,684

담당기관	담당과	담당자	연락처
산림청	사유림경영소득과	오성완 주무관	042-481-4207

신청시기	정기(전년도 1월말까지)	사업시행기관	자치단체

관련자료	산림소득분야 사업시행지침서

431 목재산업단지 조성

세부사업명	목재이용 및 산업육성					세목		자치단체 자본보조
내역사업명	목재산업단지 조성					예산 (백만원)		500
사업목적	○ 지역별 특화된 목재산업단지를 조성하여 목재산업 주체인 산.학.연.관의 시너지 효과를 발휘하여 산업경쟁력을 강화하고 생산성 향상 및 지역경제 활성화에 기여							
사업 주요내용	○ 지자체 주도의 지역별 특화된 목재산업체의 생산기반을 집약화.규모화하고, 산업단지 내 전문화된 목재가공 공장을 신축하여 경영 효율성 높임 - 구조용 집성재, 방부목재, CLT 등 생산설비							
국고보조 근거법령	○ 「목재의 지속가능한 이용에 관한 법률」 제38조							
지원자격 및 요건	○ 「협동조합기본법」에 따라 설립된 협동조합(또는 협동조합연합회) 및 사회적협동조합(또는 사회적 협동조합연합회)으로 자본금이 2억원 이상인 협동조합으로, 자부담금 확보가능하고 재무재표 등 확인이 가능한 단체							
지원한도	○ 개소당 최대 50억원(1년차 10억원, 2년차 20억원, 3년차 20억원)							
재원구성 (%)	국고	50	지방비	20	융자	-	자부담	30

연도별 재정투입 계획 (단위 : 백만원)

구 분	2018	2019	2020	2021	2022	2023	2024	2025	계
합 계	1,000	2,000	3,000	2,000	2,000	1,000	2,000	2,000	30,000
소 계	500	2,000	3,000	2,000	2,000	500	2,000	1,000	15,000
국 고	500	1,000	1,500	1,000	1,000	500	1,000	1,000	15,000
지방비	200	400	600	400	400	200	400	400	6,000
자부담	300	600	900	600	600	300	600	600	9,000
사업량	1	1	1(종료) 1(신규)	1	1	1			3개소

담당기관	담당과	담당자	연락처
산림청 산림산업정책국	목재산업과	이명규	042-481-4204
신청시기	전년도 11~12월	사업시행기관	자치단체
관련자료			

432 산림조합 특화사업

세부사업명	산림경영지도사업		세목	자치단체자본보조
내역사업명	산림조합특화사업		예산 (백만원)	2,500
사업목적	○ 산림조합의 자립경영기반 구축 및 임업 경쟁력 강화를 위한 지역 특화사업 육성과 지원 ○ 지역여건 및 산림조합 특성을 고려한 지속가능한 사업발굴을 통해 산주.임업인의 소득증대 및 지역의 고용창출에 기여			
사업 주요내용	○ 지역특화품목의 생산.판매.이용 등 유통구조 개선을 위한 지원사업 ○ 산주.임업인의 소득 향상 및 고용증대를 위한 사업 ○ 산림조합의 자립경영기반 구축 및 「산림조합법」제46조에 의한 산림조합의 사업			
국고보조 근거법령	○ 「임업 및 산촌 진흥촉진에 관한 법률」 제4조(재정지원) 및 시행령 제4조(재정지원) ○ 「산림기본법」 제21조(임업경영기반의 조성) 및 제26조(임업관련 단체의 육성) ○ 「산림조합법」 제9조(국가 및 공공단체의 협력 등)			
지원자격 및 요건	○ 「산림조합법」에 따라 설립된 산림조합			
지원한도	1개소당 5억원 한도 이내 ※ '20년도 사업량 및 개소당 지원예산 규모(사업량 5개소, 개소 당 5억원 기준)			

재원구성 (%)	국고	50	지방비	20	융자	-	자부담	30

(단위: 백만원)

연도별 재정투입 계획	구 분	2018년	2019년	2020년	2021년 이후
	합 계	2,000	6,000	5,000	계속
	국 고	1,000	3,000	2,500	계속
	지방비	400	1,200	1,000	계속
	자부담	600	1,800	1,500	계속

담당기관	담당과	담당자	연락처
산림청/지자체	산림정책과	임창옥	042-481-4037

신청시기	수시	사업시행기관	자치단체
관련자료	농림사업정보시스템(AGRIX) 사업시행지침서		

433 백두대간 주민지원사업

세부사업명	산림복원		세목	자치단체자본보조
내역사업명	백두대간 주민지원사업		예산 (백만 원)	4,154
사업목적	○ 지역주민을 보호·관리 주체로 육성하여 백두대간의 실효성 있는 관리기반 마련			
사업 주요내용	○ 백두대간 내 임산물 소득지원대상 품목관련 생산, 저장·건조·가공 시설 등 지원			
국고보조 근거법령	○「백두대간 보호에 관한 법률」제11조의2 ○「보조금 관리에 관한 법률 시행령」제4조			
지원자격 및 요건	○ 보호지역에 거주하는 주민 또는 보호지역에 토지를 소유하고 있는 자			
지원한도	○ [공동사업] 참여 가구당 5백만 원을 기준으로 하되, 300백만 원 이하로 지원 ○ [개인사업 (1가구 참여 사업)] 7.5백만 원 이하로 지원 ○ [공모사업] 100백만 원 이상 300백만 원 이하로 지원			

재원구성(%)	국고	70	지방비	20	융자	-	자부담	10

연도별 재정투입 계획 (단위: 백만 원)

구 분	2018년	2019년	2020년	2021년 이후
합 계	5,934	5,934	5,934	29,670
국 고	4,154	4,154	4,154	20,770
지방비	1,187	1,187	1,187	5,935
자부담	593	593	593	2,965

담당기관	담당과	담당자	연락처
산림청	백두대간보전팀	팀 장 김명종 서기관 김성만	042-481-8811 042-481-8814

신청시기	정기(전년도 1.20.까지)	사업시행기관	자치단체

관련자료	백두대간주민지원사업 시행지침서 참조 「보조금 관리에 관한 법률」,「농림축산식품분야 재정사업관리 기본규정」, 「산림청 소관 국고보조금 관리지침」

2020년 농식품사업 안내서

저 자 농림축산식품부
발행인 김갑용

발행처 진한엠앤비
주소 서울시 서대문구 독립문로 14길 66 205호(냉천동 260)
전화 02) 364 - 8491(대) / 팩스 02) 319 - 3537
홈페이지주소 http://www.jinhanbook.co.kr
등록번호 제25100-2016-000019호 (등록일자 : 1993년 05월 25일)
ⓒ2020 jinhan M&B INC, Printed in Korea

ISBN 979-11-290-1582-2 (93520)　　[정가 48,000원]

☞ 이 책에 담긴 내용의 무단 전재 및 복제 행위를 금합니다.
☞ 잘못 만들어진 책자는 구입처에서 교환해 드립니다.
☞ 본 도서는 [공공데이터 제공 및 이용 활성화에 관한 법률]을 근거로 출판되었습니다.